당신의 꿈은 우연이 아니다

뇌가 설계하고 기억이 써내려가는 꿈의 과학

당신의 꿈은

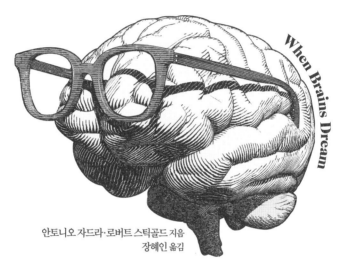

When Brains Dream

안토니오 자드라·로버트 스틱골드 지음
장혜인 옮김

우연이 아니다

추수밭

한 그루의 나무가 모여 푸른 숲을 이루듯이
청림의 책들은 삶을 풍요롭게 합니다.

혁신적인 방법과 놀라운 통찰로 꿈에 대한
과학적 연구의 초석을 놓은 초기 꿈 탐험가들,
우리가 왜 꿈을 꾸고 꿈이 어디에서 오는지,
꿈이 어떤 의미를 갖는지 궁금해하는 모든 이에게 바칩니다.

꿈, 미래를 창조하는 예술가가 되는 시간

이 책은 '잠과 꿈'에 관한 놀랍도록 대담하고, 과학적으로 정교한 가설을 제시한다. 잠과 꿈의 생리학적 본질이 궁금한 독자라면 흥미롭게 읽을 수 있다.

20세기 정신의학이 프로이트의 정신분석학(특히 1899년에 출간된《꿈의 해석》)으로부터 벗어나기 위한 '무의식과의 전쟁'이었다면, 그 정수에는 '꿈과 수면의 신경학'이 자리하고 있다. 1950년대에 유진 애서린스키와 너새니얼 클라이트먼이 렘REM수면 상태를 발견하면서 렘수면 동안 우리가 꿈을 꾼다는 사실을 밝혀냈고, 1970년대에 앨런 홉슨과 로버트 맥칼리는 '활성화-통합 가설'을 통해 꿈은 렘수면 동안 뇌에서 무작위적으로 만들어진 자동발화 전기신호를 무의미하게 반영하는 현상일 뿐이라는 주장을 펼쳤다. 이러한 흐름이 이어지며 20세기 후반 정신의학계는 꿈의 내용을 그다지 주목하지 않았다.

하지만 21세기에 벌어진 새로운 탐구는 꿈의 내용이 '근심과 불안을 시뮬레이션하고 중요한 경험을 장기기억으로 넘기기 위한 재생 및 인출 과정'이라는 가설을 넘어, 꿈에 대한 좀 더 심오한 의미를 제시하고 있다. 꿈꾸는 뇌는 자아 감각과 세계에 대한 인식의 기저에 있는 신경 지도를 활성화하고, 그 과정에서 우리는 풍부하고 몰입적이며 다면적이고 감각적인 꿈의 세계를 경험하고 끊임없이 상호작용한다는 것이다. 그리고 이 과정은 우리의 창의성을 이끌어내고 자기 통찰의 원천으로 작용한다고 이야기한다.

이 책은 바로 이러한 꿈에 대한 새로운 해석의 중심에 서 있는 로버트 스틱골드 교수와 안토니오 자드라 교수가 직접 저술한 책이다. 21세기 꿈 과학의 역사를 드라마틱하게 서술하고, 꿈의 경이로움에 감탄을 감추지 못하면서도 한편으로는 침착한 어조로 성찰한다. 이 책의 매력은 19세기 정신분석학에서부터 21세기 최신 꿈 이론까지 수면 신경학을 중심으로 정신의학의 지형도를 그릴 수 있게 해주고, 잠과 꿈의 본질을 깊이 있게 이해할 수 있도록 도와준다는 데 있다.

꿈이 미래에 유용할 새롭고 창조적인 세계를 만들고 상상하는 예술의 과정이었다니! 꿈을 꾸는 동안, 우리 모두가 미래를 그리는 예술가가 된다는 사실을 깨닫게 해줄 이 책은 앞으로 당신을 매번 흥미로운 탐험가의 마음으로 잠자리에 들게 해줄 것이다.

정재승

뇌는 당신의 꿈을 알고 있다

꿈은 무엇인가? 꿈은 어디에서 오는가? 꿈은 무엇을 의미하나? 꿈을 왜 꾸는가? 인류는 수천 년 동안 꿈에 대한 질문에 답하려 노력했지만 큰 성과를 거두지 못했다. 하지만 19세기 이후 과학자들은 뇌와 마음, 꿈 사이의 관계를 풀기 위해 새로운 질문을 거듭해왔다. 21세기인 지금, 우리는 해답에 조금은 가까워졌을지도 모른다.

이 책을 읽는 당신도 꿈에 대해 나름의 관점이 있을 것이다. 어떤 사람들은 '꿈의 과학'이라는 생각이 모순이거나 아예 불가능한 것이라고 여긴다. 과학자란 보고 측정할 수 있는 사물과 과정을 연구하는 사람이다. 무한히 작은 대상부터 우주의 가장자리까지, 관찰하고 정량할 수 있는 세계를 연구한다. 하지만 꿈은 꿈꾸는 사람 외의 다른 사람에게는 보이지 않는 주관적인 사건이며, 꿈을 꾼 사람이 말해주는 단편적이고 흐릿한 기억을 통하지 않고는 파악할 수 없다. 또 어떤 사람들은 꿈을 과학

적으로 설명할수록 꿈의 고유한 신비와 경이가 줄어들거나 파괴된다고
생각한다. 꿈은 우리가 잠자는 동안 뇌 속 뉴런이 무작위적으로 발화하
며 생긴 무의미한 반영일 뿐이라는 사실이 이미 과학적으로도 밝혀지지
않았느냐고 말하는 이들도 있다. 하지만 우리 생각에는 어떤 주장도 진
실에 가깝지 않다. 오히려 정반대이다.

우리는 1990년대 초부터 꿈 연구를 시작해 지금까지 잠과 꿈에 대
한 200여 편의 논문을 발표했다. 하지만 꿈의 신비와 경이는 계속 커졌
다. 사실 꿈이라는 보편적인 '경험'에 오랫동안 매료되어 '인간은 왜, 그
리고 어떻게 꿈을 꾸는가'라고 질문해온 것이 우리가 이 책을 쓰기로 한
이유의 핵심이다. 최근의 풍부한 발견과 통찰로 잠자는 뇌와 꿈의 본질
이 밝혀지면서 우리는 꿈이 재미없기는커녕 심리적·신경학적으로 중
요하고 의미 있는 경험이라는 사실을 깨달았다.

이 책에서는 먼저 우리가 어린이들처럼 꿈과 꿈꾸기가 무엇인지 점
차 이해하게 되는 과정을 살펴본다. 그다음 선구적인 방법과 아이디어
로 꿈을 연구하는 다양한 과학적 접근법의 시초가 된 19세기 초 꿈 탐험
가들의 연구를 살펴보며 꿈 연구로 향하는 여정을 시작한다. 이어 지그
문트 프로이트와 카를 구스타프 융의 꿈 연구를 약간은 생소한 방식으
로 살펴본다. 가장 생생한 꿈이 일어나는 렘수면의 발견과 잠의 기능을
바라보는 현대의 여러 관점, 꿈의 기능을 둘러싼 논쟁도 살펴본다. 누가,
언제, 무엇을 꿈꾸는지, 그리고 동물도 꿈을 꾸는지 알아본다. 꿈의 전형

적인 내용, 반복되는 꿈, 성적인 꿈, 악몽도 다룬다. 꿈이 어떻게 창의성을 촉진하는지 살펴보고, 자기 통찰에 이용하는 방법을 알아보며 자각몽이나 텔레파시, 예지몽도 다룬다. 하지만 이 책에서 가장 흥미로운 내용은 우리가 왜 꿈을 꾸는지에 대해 새로운 통찰을 제시하는 부분일 것이다.

이 책에서는 잠과 꿈을 다루는 연구에서 제시된 주목할 만한 신경과학적 아이디어와 최신의 발견을 바탕으로 우리가 왜 꿈을 꾸는지 설명하는 새롭고 혁신적인 모델을 제안한다. 우리는 이를 넥스트업NEXTUP, Network Exploration to Understand Possibilities, 즉 '가능성 이해를 위한 네트워크 탐색 모델'이라 부를 것이다. 쉽게 말해 꿈의 의미와 가능성을 연구하는 새로운 이론이다. 우리는 넥스트업의 작동 방식을 상세히 살펴보며 인간의 뇌에 왜 꿈이 필요한지 밝히는 한편 꿈은 무엇인지, 어디에서 왔는지, 꿈은 무슨 의미인지, 왜 꿈을 꾸는지 등 4가지 근본적인 질문에 새로운 답을 제시하려 한다.

이 과정에서 우리는 꿈에 대한 여러 주장을 살펴보며 근거를 제시할 것이다. 꿈은 렘수면 동안에만 일어나는 것은 아니다. 꿈은 흑백도 아니다. 게다가 꿈이 억압된 소망에서 유래된 경우는 거의 없다. 실은 꿈은 깨어 있을 때는 불가능한 방식으로 미래를 예측한다. 꿈은 인지적 토대에 바탕을 둔다. 꿈이 그토록 현실적이고 의미 있게 느껴지는 데는 이유가 있다. 시각장애인은 무슨 꿈을 꾸는지, 꿈을 구성하는 이미지와 개념을 어디에서 얻는지도 다룬다. 악몽이나 여러 꿈 장애에 대한 새로운 통찰도 제공한다. 이 책을 읽고 나면 다른 사람의 꿈뿐 아니라 자신의 꿈을 더 잘 이해할 수 있을 것이다. 하지만 이처럼 지식이 발전해도 꿈 세계를 둘러싼 수많은 신비와 마법은 여전히 경이롭다고 느끼게 된다.

독자 여러분도 우리가 그러했던 것처럼 이 책을 읽는 동안 꿈의 세계로 향하는 여정을 즐기기를 바란다.

6장 "개도 꿈을 꿀까?"

7장 "우리는 왜 꿈을 꿀까?"

8장 가능성 이해를 위한 네트워크 탐색

9장 헤아릴 수 없는 꿈의 내용

10장 우리는 무슨 꿈을 꾸는가

11장 꿈과 내면의 창의성

12장 꿈 작업

13장 밤에 마주하는 것들

14장 깨어 있는 마음, 잠자는 뇌

15장 텔레파시와 예지몽

후기 꿈에 대해 우리가 아는 것과 모르는 것

1장
꿈이란 무엇인가

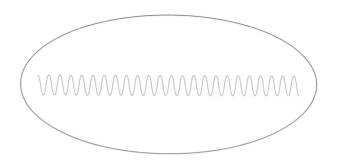

"꿈(들): 명사, 복수형. 수면 중에 일어나는 일련의 생각이나 이미지, 감정."

　대부분의 사전에서는 꿈을 이렇게 정의한다. 이런 정의는 꿈이 무엇이고 꿈을 어떻게 다룰지에 대한 질문을 시작할 괜찮은 실마리가 되지만, 사실 정답을 주기보다 더 많은 질문을 불러일으킨다. 꿈속의 생각이나 이미지, 감정은 어디에서 오는가? 이들은 깨어 있는 동안의 생각, 이미지, 감정과 어떤 관련이 있는가? 그리고 대체 우리는 왜 꿈을 꾸는가?

꿈, 현실처럼 느껴지는 가짜 현실

이 책에서 다룰 이런 질문을 제시한 것은 우리가 처음은 아니다. 꿈의 기원과 의미에 대한 궁금증은 인류의 역사만큼 오래되었다. 기록된 서사 중 가장 오래된 4천 년 역사의 《길가메시 서사시》에서 고대 그리스 철학과 현대 의학의 탄생에 이르기까지, 꿈은 오인될 때도 있었지만 인류의 역사에서 언제나 특권적 지위를 누렸다.《구약성서》,《탈무드》,《우파니샤드》(기원전 1천 년~기원전 800년에 쓰인 인도 사상 경전),《바르도 퇴돌Bardo Thodol》(《티베트 사자의 서》로도 알려져 있음), 호메로스의《오디세이아》와《일리아스》, 히포크라테스의《꿈에 관하여On Dreams》, 무엇보다 아리스토텔레스의 세 저작《꿈에 관하여》,《잠과 깨어 있음에 관하여On sleep and Waking》,《꿈속의 예언에 관하여On Prophesy in Dreams》와 같은 고대 문헌에서도 꿈은 두드러지게 나타난다.

다른 고전 문헌과 마찬가지로 이 기념비적인 작품들은 꿈에 대해 많은 것을 일러주는 동시에 꿈에 대한 흥미로운 질문에 결정적인, 때로는 모순되는 대답을 제시했다. 꿈은 징조인가? 신의 전언인가? 더 진실하고 고차원적인 실제인가? 꿈의 의미를 어떻게 이해할 수 있는가? 이런 질문에 선조들이 내놓은 대답은 우리의 꿈에 대한 믿음은 물론 미지의 우주에 사는 인간의 조건과 역할을 탐구하는 인식 방법에도 큰 영향을 미쳤다.

따라서 우리는 고대 문명부터 19세기 저술에 이르는 꿈을 다룬 역사적 문헌을 학술적으로 고찰한 끝에 꿈이 주요 종교의 탄생은 물론 성스럽고 신적인 세계와 세속 세계가 만나는 방법 및 죽음의 본질, 우주에 대한 개념 구축에 중요한 역할을 해왔다는 사실을 알게 되었다.[1] 사실 꿈은 우리가 속한 장소를 포함한 세계에 대한 개념을 형성했다.

꿈이 개인적 차원에서 '우리'가 주변 세상을 이해하는 방법에 분명한 영향을 주었다는 견해를 살펴보자. 믿지 못하겠다고? 그렇다면 성인인 우리가 점차 어려움을 겪으며 꿈이나 꿈꾸기의 의미를 어떻게 이해하게 되었는지 살펴보자.

〈그림 1.1〉 제시의 오리 인형
(출처: 퍼펫펫츠puppetpets.etsy.com)

우리가 처음 꿈에 대해 듣는 말은 대체로 부정적이다.

"얘야, 그건 그냥 꿈이었어!"

하지만 어린 시절을 돌이켜 보면 그런 말은 그다지 도움이 되지 않았다. 괴물, 공룡, 악당이 바로 우리 눈앞에 있는데 이게 그냥 꿈이라고? 대체 꿈이 뭔데? "그냥 꿈이야"라는 말은 무슨 뜻일까? 장난감? 유령? 괴물 가면을 쓴 사람 같은 걸까? 다행히 나를 해치지는 않지만 옷장이나 침대 밑에 숨어 사는 무서운 것일까? 꿈이라는 말은 무슨 의미일까? 하지만 성인이 된 우리는 꿈이라는 개념이 얼마나 이상하고 믿기 힘든 것이었는지는 까맣게 잊은 채 그 개념에 익숙해졌다.

꿈에 대해 생각하는 여러 방식에는 나름대로 일리가 있다. 어릴 때 떠올렸을 가장 간단한 설명은 꿈에서 경험하는 일이 실제로 일어난다는 생각이었을 것이다.

밥(저자 로버트 스틱골드-옮긴이)의 딸 제시가 두 살이었을 때 할아버지어브는 손녀에게 나무에 노끈을 달아 만든 오리 인형을 주었다. 뒤뚱거리며 걸어 다니는 듯 움직여 보이고 "꽥, 꽥" 소리를 내며 손녀에게 뽀뽀하는 흉내도 냈다. 제시도 오리 인형을 좋아해서 잠들기 전에 아빠와 할아버지에게 인형을 벽에 걸어달라고 했다.

하지만 그날 밤 밥은 공포에 질린 비명을 듣고 제시의 방으로 뛰어 올라갔다. 제시는 겁에 질린 채 일어나 침대 난간 사이로 팔을 뻗었다. 밥이 딸을 안아 올리자 제시는 아빠 팔을 감싸 안고 침대를 돌아보며 "아빠, 침대에 오리가 있어요!"라고 소리쳤다.

어른은 꿈이 현실처럼 보일 수 있다는 사실을 안다. 하지만 제시처럼 어릴 때 꿈이 진짜 현실이 아니라는 사실을 깨닫기까지 시간이 조금 걸린다. 사실 꿈이 무엇을 의미하는지 이해하는 과정은 성인에게도 절대 간단하지 않다.

토니(저자 안토니오 자드라-옮긴이)의 조카 세바스티안은 제시가 오리 인형을 받았을 때보다 세 살이 많은 다섯 살이 되자 꿈이 무엇인지 상당히 잘 이해하게 되었다. 하지만 세바스티안이 이해한 바로는 토니의 질문에 온전히 대답할 수 없었다.

> 토니: 자, 세바스티안. 꿈이 기억날 때도 있니?
>
> 세바스티안: 네.
>
> 토니: 좋아. 그럼 꿈은 어디에서 일어날까?
>
> 세바스티안: 음, 제 앞에서 일어나는 것 같아요.
>
> 토니: 네 앞에서 어떻게?
>
> 세바스티안: 바로 앞에 있거든요. 눈으로 볼 수 있어요.

토니: 그럼 꿈을 꿀 때는 잘 때야, 깨어 있을 때야?

세바스티안: (토니를 이상하다는 듯 쳐다보며) 잘 때죠.

토니: 그렇구나. 그럼 세바스티안은 잘 때 눈을 뜨고 자니, 감고 자니?

세바스티안: 당연히 감고 자죠.

토니: 잘 때 눈을 감으면 꿈을 어떻게 보는 거야?

세바스티안: (잠깐 멈칫하더니) 엄마! 삼촌이 계속 이상한 질문을 해요!

가엾은 세바스티안. 토니는 세바스티안에게 이 질문을 몇 년 더 했다. 우리는 이 대화에서도 몇 가지 가르침을 얻을 수 있다. 첫 번째는 가족 중에 꿈 연구자가 있다고 항상 재미나지는 않다는 점이다. 두 번째는 고작 다섯 살밖에 되지 않은 세바스티안도 눈을 감고 꿈을 볼 수 있지만 어떻게 그럴 수 있는지는 몰라 혼란스러워했다는 점이다.

토니의 질문을 떠올려보자. 당신이라면 어떻게 대답할까? 아마 눈을 감고 무언가를 상상할 때와 같은 방식이라고 대답할 것이다. 어느 정도는 맞는 말이다. 하지만 질문에 딱 맞는 대답은 아니다. 상상할 때는 대체 어떻게 눈을 감고 볼 수 있는 걸까? 왜 꿈은 상상보다 10배는 생생하고 현실처럼 느껴질까? 꿈꾸는 뇌는 깨어 있을 때만큼 현실적으로 보고 듣고 느끼는 '경험'을 어떻게 만들어내는 걸까? 세바스티안만 혼란스러워한 게 아니다. 꿈에 대한 이야기를 제대로 다루려면 우리는 꿈이 '대체 무엇인가'라는 문제를 해결해야 한다.

아이들은 꿈을 어떻게 인식할까?

꿈이라는 개념을 파악하려면 성인은 물론 아이들도 마음의 눈으로든 실제 눈으로든 애초에 보이는 것을 넘어 세상이 어떻게 작동하는지 더 깊게 통찰해야 한다. 기억하든 그렇지 못하든 당신 역시 '꿈'이라 부르는 것이 무엇인지 이해하기 위해 비슷한 과정을 겪었을 것이다.

아동 인지 발달 연구의 개척자인 스위스의 저명한 심리학자 장 피아제Jean Piaget는 아이들이 자라면서 꿈을 어떻게 이해하는지 체계적으로 연구했다. 피아제는 미취학 아동 대부분이 꿈을 꿈꾸는 사람 바깥에서 온 현실이며 다른 사람도 볼 수 있다고 여긴다는 사실을 발견했다. 꿈이 상상일 뿐만 아니라 다른 사람이 볼 수도 없다는 사실을 깨닫는 것은 여섯 살에서 여덟 살 정도가 되었을 때다. 비신체적이고 사적이며 내밀한 꿈의 본성을 완전히 이해하는 것은 열한 살은 되어야 가능하다.

피아제의 연구로부터 약 30년 후인 1962년, 몬트리올의 모니크 로랑도Monique Laurendeau와 아드리앙 피나르Adrien Pinard는 어린이의 꿈 개념을 다룰 때 널리 인용되는 상당히 광범위한 연구를 진행했다.[2] 두 사람은 어린이의 인과적 사고 발달을 다루는 대규모 연구의 하나로 네 살에서 열두 살 사이의 어린이 500여 명에게 "꿈이 뭔지 아나요?"나 "꿈꿀 때 꿈은 어디에서 일어나나요?" 같은 꿈에 대한 다양한 질문을 했다. 피아제의 의견과 비슷하게 이들은 어린이의 꿈 이해 단계를 0~3단계로 구분했다.

0단계는 네 살 어린이 가운데 절반 정도가 도달한 단계로, 꿈이 무엇인지 모르고 질문조차 이해하지 못한다. 1단계에서는 꿈이 깨어 있을 때처럼 현실적이고 꿈꾸는 사람과 분리되어 있으며 방에 있는 다른 사람도 꿈을 볼 수 있다고 믿는다. 2단계는 여섯 살 어린이 가운데 절반에 조금 미치지 못하는 정도가 도달한 단계로, 꿈이 '내 눈앞에서' 또는 '내 방에서' 일어나는 외적 사건이라고 보는 관점에서 '내 머릿속'에서 일어나는 영화 같은 사건이라고 보는 관점으로 이행하는 과도기 단계다. 보통 여덟 살에서 열 살 사이의 어린이가 겪는 마지막 3단계가 되면 꿈이 내밀하고 사적인 상상의 정신적 경험이라는 사실을 완전히 이해한다.

최근 연구에 따르면 세 살에서 다섯 살 사이의 어린이도 꿈이 외부 세계의 일부가 아니라는 사실을 이해한다. 이런 아이들도 어른처럼 꿈을 이해하는 단계를 그대로 거친다. 처음에는 꿈을 현실 세계의 일부라고 믿고 그다음에는 현실이 아니라는 사실을 깨닫는다. 이어서 꿈의 사적인 본질을 깨닫고 마지막으로 꿈이 마음속에서 일어나는 현상이라는 사실을 이해한다. 다소 차이는 있다. 예를 들어 어떤 아이들은 꿈이 '내 머릿속'에서 왔다고 하면서도 여전히 꿈은 현실이고, 같이 자는 사람이나 같은 방에 있는 사람은 꿈을 볼 수 있다고 생각한다. 꿈이 사적이고 주관적이라는 사실은 이해하지만 적어도 꿈꾸는 동안에는 꿈 세계가 물리적으로 현실이라고 믿는 아이들도 있다. 물론 그렇게 믿는 어른도 있기는 하다(아이들이 '언제' 꿈꾸기 시작하고 그 꿈의 '내용'은 무엇인지는 6장에서 더 살펴보겠다).

비현실적이고 사적이며 내밀한 꿈의 특성을 이해한 후에도 꿈이 어디서 왔는지 물으면 공기나 하늘, 밤에서 왔다고 대답하는 아이들도 있다. 문화나 종교에 따라 하느님이나 천국 같은 초자연적인 원천에서 나온다고 대답하기도 한다. 로랑도와 피나르가 지적했듯 "신이나 초자연적인 존재에 대한 의존은 많은 원시 신앙의 특징이라기보다 꿈을 이해하는 모든 단계에서 나타나는 특징이다. 사실 꿈이 주관적이고 개인적이라고 강하게 믿는 아이들조차 신의 힘이 나타나는 것이라고 말하는 경우도 종종 있다"[3]

아동의 꿈 개념 발달은 수천 년에 걸쳐 진화한 우리 사회의 꿈 개념화 과정과 여러 면에서 닮았다. 사실 우리는 자라면서 꿈의 의미와 기원에 대해 어른들이 말해준 내용을 내면화하면서 그저 스스로 꿈의 본질과 기원을 이해했다고 믿게 되는 것일지도 모른다. 만약 꿈이 '머릿속에서' 일어난다고 배우는 대신 우리를 인도하거나 현혹하려는 높으신 힘이 보내준 것이라고 배웠다면 어땠을까? 아니면 꿈이 신체적·정신적 세계 속 실제 장소 어딘가로 우리를 데려간다고 배웠다면 어땠을까?

어린이가 성장하면서 근대적 꿈 개념을 이해하려면 분명 인지 단계가 필요하다. 하지만 부모님, 친구, 사회가 꿈에 대해 알려준 사실을 바탕으로 이해한 저마다의 꿈 경험은 모두 간밤에 일어난 당혹스러운 경험의 기원과 가치 및 의미, 또는 아무런 가치나 의미가 없음을 궁극적으로 어떻게 받아들일지에 영향을 미친다.

꿈과 각성 상태의 불확실성

꿈을 이해하려면 현실과 상상을 구별하는 능력이 필요하다는 사실로 잠시 되돌아가보자. 어른은 가끔 기억을 떠올리며 자문한다. "정말 그 일이 일어났던 걸까? 아니면 내가 꿈을 꾼 걸까?" 보통 이런 기억은 희미해서 시공간을 파악하기 힘들다. 하지만 어떤 이들에게는 아주 명확하기도 하다.

밥의 동료인 탐 스캐멜Tom Scammell은 의사이자 연구자로, 수면-각성 주기 조절에 영향을 미치는 신경학적 장애인 기면병narcolepsy을 연구한다. 어느 날 스캐멜은 남동생에게 새처럼 나는 법을 보여주려고 계단에서 뛰어내린 기면병 소녀 이야기를 해주었다. 당연히 소녀는 계단에서 완전히 굴러떨어졌다. 하지만 소녀는 단념하지 않았다. 자신이 날 수 있다고 단단히 믿은 나머지 다시 계단을 올라가 뛰어내렸다! 날아오르는 꿈이 너무 현실적이어서 소녀는 자신이 진짜 날았다고 믿은 것이다. 스캐멜은 밥에게 이런 경우가 상당히 많은 것 같다고 말했다.

사실이었다. 밥은 스캐멜과 보스턴, 네덜란드에 있는 동료들과 함께 기면병 환자 46명과 대조군 41명에게 현실인지 꿈인지 애매한 경험을 한 적이 있냐고 질문했다.[4] 연구자들은 추적 면담을 통해 기면병 환자에게는 이런 혼돈이 최소 몇 시간 동안 지속되며, 꿈에 정보를 덧붙여 그 사건이 실제로 일어났다고 확신하려 한다는 사실을 확인했다. 대조군에서 현실인지 꿈인지 분명하지 않은 경험을 했다고 응답한 사람은 15퍼센트였으며, 이 중 일생에 한 번 이상 그런 경험을 한 사람은 두 명뿐이었다. 반면 기면병 환자는 4분의 3 이상이 그런 경험이 있다고 말했으며, 이 중 한 명을 제외하고 모두 한 달에 한 번 이상 비슷한 일이 발생한다고 말했다. 사실 일주일에 한 번 이상 겪는다고 말한 환자도 3분의 2나 되었다!

보통 기면병 환자가 일반인보다 더 생생한 꿈을 꾸는 것은 사실이다. 하지만 현실인지 꿈인지 혼란스러운 경험을 겪는 기면병 환자가 다른 사람보다 더 생생한 꿈을 꾼다고 보고한 것은 아니므로 꿈이 생생해서 이런 혼란이 생긴다고 단정할 수는 없다. 오히려 기면병과 관련된 신경 및 신경 화학적 이상 때문에 꿈이 유달리 강하게 기억에 남았기 때문이라고 볼 수 있다. 그러나 이 글을 쓰고 있는 지금도 우리는 기면병 환자들이 왜 이런 고통을 겪는지 여전히 알지 못한다.

하지만 우리는 이런 극심한 혼란이 기면병 환자의 삶에 큰 영향을 미친다는 사실은 잘 안다. 연구에 참여한 한 환자는 어떤 소녀가 근처 호수에서 익사하는 꿈을 꾼 후 아내에게 지역 신문을 샅샅이 조사해 실제로 비슷한 사건이 일어났는지 알아봐달라고 부탁하기도 했다. 어떤 환자는 다른 남자와 바람을 피우는 성적인 꿈을 꾸었다. 이 환자는 그런 일이 정말 일어났다고 믿어서 실제로 꿈속 '내연남'을 마주친 후 서로 몇 년간 만난 적이 없고 연인 관계였던 적도 없다는 사실을 확인하기 전까지 계속 죄책감에 시달렸다. 부모님이나 자녀, 반려동물이 죽는 꿈을 꾸고 사실이라고 믿는 경우도 있다. 심지어 어떤 환자는 전화를 걸어 장례 절차를 알아보기도 했다. 이들은 죽었다고 생각한 사람이 갑자기 다시 나타날 때에야 비로소 큰 충격과 함께 안도감을 느낀다.

꿈과 각성 상태 사이에서 혼돈을 느끼는 것은 기면병 환자만이 아니다. 일상적인 수면 환경에서 잠을 자다 깼는데 여전히 '꿈을 꾸는' 거짓 각성 false awakening은 누구나 겪을 수 있다. 꿈속의 꿈을 꾸는 사람들은 '깨어나서' 침대에서 나와 샤워를 하고 아침 식사를 준비하다가 갑자기 다시 깨어나며 깜짝 놀란다! 거짓 각성을 겪은 사람은 꿈의 세부가 너무 정교해서 감쪽같이 속았다는 사실에 몹시 놀라워한다. 꿈이 정말 현실처럼 '보이고' '느껴졌기' 때문이다. 사실 꿈이 너무 사실적이어서 현실로 오인한 것이다.

토니는 수백 명의 남녀가 작성한 1만 5천 건 이상의 꿈 보고서를 수집해 꿈을 연구했다. 이 중 사람들이 자발적으로 언급한 몇 가지 사례가 있다. 한밤중에 꿈을 꾸다 깬 뒤 기억난 꿈을 기록하고 다시 잠들었다가 아침에 일어나 꿈 일기를 확인했더니 아무것도 쓰여 있지 않았던 것이다! 이들은 꿈에서 깬 뒤 글로 쓰거나 음성 녹음으로 꿈을 기록하는 '꿈을 꾸었고', 그다음에 꿈에서 한 그 행동을 실제로 했다고 확신하면서 '깨어난' 것이다.

꿈과 각성 상태의 불확실성을 가장 잘 포착한 사람은 중국의 장자일 것이다. 장자는 유명한 '나비 꿈(호접몽)'을 이렇게 묘사했다.

어느 날 내가 나비가 된 꿈을 꾸었다. 자유롭게 여기저기 펄럭이며 날아다니는 나는 진짜 나비였다. 나비가 되어 행복하다는 사실만 알았고 내가 사람이었다는 사실은 깨닫지 못했다. 꿈에서 깨어난 나는 갑자기 나 자신으로 돌아왔다. 이제 나는 그때의 내가 나비가 된 꿈을 꾸던 사람인지, 지금은 사람이 된 꿈을 꾸는 나비인지 알지 못한다.

이 사례들로 미루어 보면 뇌가 꿈을 꿀 때 만드는 꿈은 꿈꾸는 동안에만 그럴듯한 것이 아니라 깨어난 후에도 마찬가지다. 그렇다면 제시가 오리 인형을 현실로 믿거나 기면병 환자가 혼돈을 겪는 것처럼 각자 상황에 따라 꿈을 현실이라 믿는다고 해도 놀랍지 않다. 꿈을 현실과 마찬가지로 사실적이고 대안적인 다른 세계로 통하는 문, 또는 신으로부터의 전언이나 예언, 이루어지지 않은 소망, 무작위적인 뇌의 잡음, 밤의 오락거리, 미래나 죽은 사람 또는 다른 사람과의 소통으로 볼 수도 있다. 꿈은 자기 통찰이나 문제 해결, 창의성의 원천일 수도, 기억 처리의 창구일 수도 있다.

뇌가 꿈을 꿀 때 무슨 일이 일어나는지에 대해서는 다양한 설명이 가능하다. 이 책에서 우리는 이런 가능한 설명을 모두 다루며 이들이 우리를 어디로 이끄는지 살펴보려 한다. 정답은 없으며 설명들은 배타적이지도 않다. 때로는 조금 더 유연하게 바라보면 모두 합리적일 수도 있다. 하지만 지적으로나 과학적으로 가장 흥미로운 설명은 마지막에 언급한 것처럼 꿈이 기억 처리 과정이라는 접근 방식이다. 나중에 더 자세히 논하겠지만 여기서 조금만 살펴보자.

무엇을 '꿈'으로 볼 수 있을까?

지난 20여 년의 연구로 뇌는 우리가 잠자는 동안 끊임없이 작동해 잠들기 전의 기억을 처리한다는 사실이 잘 알려졌다. 깨어 있으면서 새로운 정보를 받아들이는 데 두 시간이 걸린다면, 뇌가 모든 외부 입력을 차단하고 '이것이 모두 무슨 의미인지' 알아내는 데는 한 시간이 필요하다.

밥의 첫 컴퓨터는 애플 II 플러스였다. 메모리는 48킬로바이트였다. 맞다. 킬로바이트다. 0.048메가바이트, 0.000048기가바이트. 즉 지금 밥이 가진 휴대전화인 아이폰 메모리의 0.0001퍼센트에 불과했다. CPU는 2,400배 느렸다. 이런 한계가 있었지만 이 컴퓨터는 키보드로 치는 글과 카세트 녹음기에서 나온 음악, 초기 태블릿으로 그린 그림을 모두 기억할 수 있었다. 이 정보가 무슨 의미인지 알려줄 수 없었을 뿐이었다. 아마 의미라는 개념조차 없었을 것이다. 하지만 지난 수년에 걸쳐 10테라바이트 하드디스크 드라이브와 새로운 인공지능^AI 및 딥 러닝^deep learning 프로그래밍 기술이 도입되면서 컴퓨터는 이 정보 모음이 무엇을 '의미'하는지에 답할 수 있게 되었다. 이 과정은 컴퓨터나 인간 모두에게 어려운 작업이며, 뇌는 우리가 잠자는 동안 이 중 가장 어려운 작업을 수행한다.

잠자는 동안 뇌가 수행하는 계산은 놀라울 정도다. 우리는 뇌가 이 놀라운 과정을 수행하기 위해 정보의 혼합물에 의식을 약간 흘려 넣어 꿈의 형태로 만들었다고 믿는다. 꿈이 어떻게 이런 과정을 수행하는지는 7장과 8장에서 더 자세히 살펴보겠다.

이 장을 마치기 전에 어린이들이 흔히 이해하기 어려워하는 꿈의 핵심 측면으로 돌아가보자. 삶에서 어떤 것은 현실이고 어떤 것은 그렇지 않다는 사실을 깨닫거나 물질적인 세계에 속한 것과 비물질적인 것을 구별하려면, 아이들은 '자신만' 꿈을 볼 수 있고 다른 사람은 볼 수 없다는 사실을 깨달아야 한다. 꿈이 사적이라는 특성은 다른 사람의 꿈에 관심을 갖는 모든 사람에게 중요한 의미를 지닌다. 신경과학자, 의사, 목사, 아이를 걱정하는 부모라도 다른 사람의 꿈 경험을 직접 연구할 수는 없기 때문이다. 꿈꾼 사람이 자신의 경험을 '묘사'한 말이나 글, 그림, 행위 예술 등을 통해 접근할 수 있을 뿐이다. 따라서 꿈은 "수면 중에 일어나는 일련의 생각이나 지각, 감정"일 뿐만 아니라 이 경험에 대한 '기억', 꿈꾸는 사람이 오래가지 못하는 기억을 바탕으로 말이나 글로 최종적으로 제공하는 '보고'로도 정의될 수 있다.

결론적으로 꿈은 개념상, 그리고 실제 경험상 우리의 상상보다 훨씬 까다롭다. 게다가 무엇을 꿈으로 볼 수 있는가에 대해 학계에서도 의견이 분분하다는 점은 문제를 더욱 어렵게 만든다.

국제꿈연구협회International Asscociation for the Study of Dream와 미국수면 의학회American Academy of Sleep Medicine의 학제 간 연구단은 "꿈 연구와 관련된 분야의 광범위함과 현재 적용되는 정의의 다양성을 고려하면 꿈에 대해 단일한 정의를 내리기는 거의 불가능하다"라고 결론 내렸다.[5] 따라서 관점에 따라 꿈은 수면 중에 일어나는 '지각·신체적 느낌·독립된 생각을 포함한 모든 정신 활동'의 경험을 의미하는 '수면 정신 활동'일 수도 있고, 더욱 제한적으로는 깨어날 때 떠오르는 정교하고 생생한 이야기 같은 경험이라고 볼 수도 있다.

이 책에서는 꿈을 생각 비슷하게 단편적이고 순식간에 지나가는 수면 정신 활동으로 보는 견해부터 극적이고 서사적인 밤의 모험으로 보는 견해까지 다양한 관점을 모두 받아들일 것이다. 하지만 전반적으로 우리는 꿈의 복잡하고 뒤얽힌 형태에 주목해, 꿈에 신비로운 느낌을 부여하며 태곳적부터 우리를 당혹스럽게 하면서도 흥미를 불러일으킨 풍부하고 몰입적인 꿈의 경험에 초점을 맞추려고 한다.

2장
꿈 세계의 초기 탐험가들

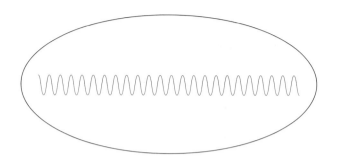

학생이나 친구, 공개 강연에 참여한 청중에게 꿈에 대한 과학적 연구가
어디서부터 시작되었다고 생각하는지 물으면 대부분 프로이트라고 대
답한다(가끔 렘수면 발견이라고 말하는 사람도 있다). 실제로 꿈에 대한 우리
의 믿음에 프로이트가 지대한 영향을 미쳤다는 점은 아무리 강조해도
지나치지 않다. 다음 인용문을 보자.

　　어떤 사물을 지각하거나 상상하면 순간적인 욕구가 일어날 수 있는데,
　　우리는 보통 이런 욕구를 어리석거나 잘못되었다고 여긴다. 밤이 되면 이
　　불완전한 정신적 경향은 완전히 자제력을 잃고 멋대로 활동한다. …… 각
　　각의 꿈은 깨어 있는 마음이 가진 희미하고 덧없는 소망을 확장하고 완전
　　히 발전시킨 것이라 볼 수 있다. …… 꿈은 계시가 된다. 꿈은 인위적으로
　　덧씌워진 외피를 벗겨내고 자아의 본래 모습을 드러낸다. 꿈은 무의식적
　　삶 깊숙한 어둠에서 원시적이고 본능적인 충동을 불러온다. …… 꿈의 기
　　록은 암호로 쓴 편지처럼 언뜻 보기에는 허튼소리 같지만 찬찬히 살펴보

면 진지하고 이해할 수 있는 메시지다.

프로이트 꿈 이론의 핵심을 이보다 잘 요약할 수 있는 사람이 있을까? 영국의 심리학자 제임스 설리James Sully라면 가능할지도 모른다. 사실 설리가 이 글을 쓰고 발표한 시기는 프로이트의《꿈의 해석》이 출간되기 7년 전이다. 1893년에 발표한 논문 〈계시로서의 꿈The Dream as Revelation〉에서 설리는 꿈의 기원과 해석에 대해 많은 언급을 했다.[1] 설리의 글에는 프로이트의 꿈 모델에 사용된 것과 비슷한 여러 요소가 담겨 있다. 심지어 이 글이 발표된 지 20년도 더 지난 1914년에야 프로이트가 《꿈의 해석》 제4판에서 다루었던 요소도 있다.

프로이트의 오만

프로이트의《꿈의 해석》이 출간되기 수십 년 전에도 꿈의 본질을 다루는 혁신적인 연구는 많았다. 게다가 우리가 이 책 전반에서 다루는 잠과 꿈에 대한 다양한 현대 신경과학적 이론은 프로이트나 융의 연구에서 비롯했다기보다 우리가 이름과 업적을 거의 무시하고 잊은 초기 꿈 세계 탐험가들의 연구에서 출발했다. 하지만 오늘날까지 꿈의 과학을 다룬 입문 서적은 물론 고급 문헌조차 대부분 프로이트라는 단 하나의 이름에서 시작한다. 19세기 후반에 이루어진 광범위하고 훌륭한 꿈 연구는 거의 언급되지 않는다. 이유는 명확하다.

프로이트는《꿈의 해석》 제1장에서 20세기 이전에 발표된 과학적 꿈 연구 문헌을 검토한 후 상당히 영향력 있는 논평을 제시했다. 다른 저자

50명이 수행한 연구를 요약한 이 1장은 이후 수십 년간 프로이트 이전의 꿈 연구 역사에 관심 있는 모든 사람에게 '결정적인' 자료가 되었다. 프로이트가 문헌을 검토한 덕분에, 꿈에 대한 과학적 관심의 역사가 오래되었다는 사실이 사람들의 주목을 받기는 했다. 하지만 많은 연구자와 역사학자는 프로이트의 저작은 '물론' 그가 인용한 연구를 자세히 조사한 끝에 중요한 사실을 여럿 밝혀냈다.[2]

첫째, 프로이트의 꿈 이론 대부분은 프로이트의 주장만큼 아주 독창적이지는 않았다. 사실 프로이트는 자신의 이론을 세우는 데 바탕을 둔 다른 사람들의 연구를 제대로 이해하지 못한 경우도 많았다. 예를 들어 앞서 인용한 설리의 글에서 볼 수 있듯, 프로이트에 앞선 연구자들 역시 꿈이 때로 억압된 소망을 포함한 여러 소망을 반영한다고 주장했다. 다른 연구자들 역시 프로이트가 꿈 이미지 형성 과정을 설명하려고 끌어들인 몇몇 메커니즘을 예견했었다.

게다가 프로이트는 부당하게도 《꿈의 해석》 출간 전에 이루어진 꿈 연구는 완전히 무시했다. 특히 연구자들 사이에서 의견이 일치되지 않는 지점을 과장하고, 꿈에 함축된 심리적 요소의 중요성을 밝힌 '의학 중심적' 연구자들의 주장을 과소평가했으며, 많은 연구자가 꿈의 신체적 원천 또는 당시 꿈의 '신체 이론somatic theory'으로 알려졌던 내용에만 관심이 있다며 그들의 견해를 왜곡했다.

프로이트는 자신이 의학의 반대편에서 꿈을 바라보는 심리학적 꿈 연구의 '창시자'라고 내세우는, 오해의 소지가 다분한 주장을 펼치기도 했다. 앞으로 살펴볼 것처럼 프로이트에 앞선 여러 연구자들 역시 꿈의 심리학적 차원을 다루는 혁신적인 아이디어를 많이 내놓았는데도 말이다.

급기야 프로이트는 다른 사람의 꿈 연구는 읽기 싫다고 인정하며 "지금 읽고 있는 꿈 연구 문헌은 날 완전히 바보로 만드는군. 이런 걸 연구자가 읽다니 너무 끔찍한 형벌이나 다름없네"라고 쓰기도 했다.[3]

이런 이유로 프로이트는 《꿈의 해석》 이전의 문헌을 조사한 끝에 "꿈에 대한 과학적 이해에는 거의 진전이 없었다"라고 결론 내렸다.[4] 프로이트의 이런 주장은 다른 꿈 연구를 깎아내리는, 불공정하고 편파적이며 이기적인 평가다.

캘리포니아공과대학교 교수이자 정신분석학 역사 연구로 유명한 G. W. 피그먼G. W. Pigman은 프로이트의 문헌 검토를 상세히 분석해 명쾌하게 요약했다. 피그먼은 《꿈의 해석》의 1장을 두고 "프로이트는 자신의 이론을 실제보다 더욱 혁명적으로 보이도록 꾸몄다. 프로이트는 자신의 주장이 우월하다고 과장하며 꿈에 대한 생리학적 이론의 복잡성은 무시한다. 또 꿈을 계시로 보는 전통도 깎아내린다.…… 하지만 프로이트의 주장과 달리 당시 꿈이 해석될 수 있고 의미 있다고 믿는 과학자나 의사는 프로이트뿐만이 아니었다"[5]라고 했다.

프로이트는 자신의 연구 이전에 이루어진 다양한 연구를 하찮게 여기고 본질적으로 순전히 생리학이나 의학적인 면에만 치중했다고 치부하면서 자신의 심리학적 꿈 이론이 선구적이라는 주장에 힘을 실었다. 결국 꿈은 프로이트학파 정신분석학자들의 전유물이 되었고, 사람들은 꿈의 원천과 내용을 과학적으로 어떻게 연구할 수 있는지보다 특정 꿈을 어떻게 해석할 수 있는지에 더 흥미를 느끼게 되었다. 프로이트가 꿈의 '숨겨진' 의미 외의 본질에 초점을 맞춘 연구의 중요성을 거의 무시한 탓에 이런 연구는 관심을 받지 못하고 잊히거나 무시당했다.

3장에서도 살펴보겠지만 프로이트의 생각과 이론은 분명 혁명적이었고 《꿈의 해석》은 꿈 연구에 지대한 영향을 미쳤다. 하지만 프로이트가 자신의 걸작보다 앞선 꿈 이론과 연구를 경멸하고 선택적으로 설명한 탓에 프로이트 이전 수십 명의 연구자가 이룬 귀중한 공헌은 흐려졌고, 이후 50여 년간 과학적 꿈 연구는 사실상 힘을 잃었다. 프로이트 이전의 꿈 연구는 점점 쓰레기통으로 밀려나 결국 사람들에게 잊혔다. 그래서 우리는 꿈의 과학으로 가는 여정을 그간 잊힌 꿈 연구의 선구자들에서부터 시작하려 한다. 마땅히 인정받을 만한 이들의 공로를 되살리는 첫걸음이다.

프로이트 이전의 꿈 연구자들

　수 세기 동안 우리는 꿈을 종교적이고 형이상학적인 믿음 체계 안에서 설명하거나 미래의 사건을 예지하는 초자연적인 경험으로 여겼다. 18~19세기 철학자들은 아리스토텔레스와 데카르트의 지적 전통을 바탕으로 점차 꿈을 합리적이고 세속적인 방식으로 연구하기 시작했다. 곧 꿈이 다른 세계나 초자연적인 힘에서 유래한 것이 아니라 꿈꾸는 사람의 마음에서 왔다는 생각이 설득력을 얻었다.

　1850년대 중반이 되자 잠과 꿈을 의학적·과학적으로 접근하는 연구가 활발해졌다. 이런 연구는 1795년에 설립되어 지금도 활동하는 프랑스 학술기관 도덕정치과학아카데미Academie des Sciences Morales et Poitiques의 철학 분과가 잠과 꿈을 학술대회 주제로 던진 1855년 이후 점차 늘어났다. 연구자들은 두 가지 중요한 질문을 했다. "잠자는 동안 어떤 정신적 능력이 지속되고, 멈추고, 변하는가?"와 "꿈과 사고의 근본적인 차이는 무엇인가?"였다. 이 질문들은 당시에도 훌륭하고 도전적인 문제제기였지만 오늘날 현대 꿈 연구 학계에서도 핵심적인 질문이다.

그 후 수십 년 동안 꿈의 기원과 내용, 구조를 다루는 과학적 이론이 점점 풍부해졌다. 연구자들은 특히 마음이 어떻게 밤의 꿈 세계를 축조하는지에 관심을 가졌다. 수면 실험실이 발명되기 전까지 연구자들은 실험 참가자들에게 자신의 집에서 잠을 자도록 하고 그 모습을 관찰했다. 초기 꿈 연구자들은 잠자는 모습을 관찰해줄 조수의 도움을 받아 자신의 꿈을 연구하기도 했다. 타인의 꿈을 연구하는 이들도 있었다.

연구자들은 꿈이 어떻게 해석될 수 있는지, 꿈이 미래의 사건을 예측할 수 있는지에는 관심이 없었다. 꿈의 원천을 밝히고 어떻게 설명할지에 관심을 가졌다. 꿈 연구 개척자 중 일부는 사람들의 꿈 내용을 뇌의 작동 원리처럼 새로 발견한 생리 작용이나 최신 이론과 나란히 비교하는 데까지 나아가기도 했다. 정말 멋진 시대였다.

이제 19세기 후반 프로이트 이전의 꿈 세계를 탐사했던 5명의 연구자가 제시한 주요 개념과 발견을 연대순으로 따라가보자.

스스로 꿈의 세계에 접속한 알프레드 모리

꿈은 단 몇 초만 꾼다는 이야기를 들어본 적이 있는가? 오늘날에도 몇몇 학계에 남아 있는 이런 생각을 처음 한 인물은 프랑스대학교 역사 및 윤리학 교수이자 아카데미프랑세즈 학술대회 참가자였던 알프레드 모리Alfred Maury(1817~1892)다. 모리는 아주 이상한 꿈을 꾼 후에 꿈이 순간적으로 발생한다는 생각을 고안했고, 이외에도 초기 꿈 연구에 많은 공헌을 했다.

1861년에 출간된 《수면과 꿈Le Sommeil et les Rêves》에서 모리는 수면 중에는 진정한 자유 의지가 없으므로 꿈속 행동은 자동적인 과정을 통해 유도된 것이라고 주장했다.[6] 마치 잘 설계된 로봇이 무엇을 왜 하는지 전혀 인지하지 못한 채 작동하는 것처럼 모리는 꿈에서 '자동화'가 일어난다고 확고하게 주장했다. 하지만 강둑이 빠르게 흐르는 물살을 유도하듯, 모리는 세상에 대한 생각과 지식, 어린 시절부터의 경험 등 모든 후천적 경험이 꿈속 행동에 생명을 불어넣는다고도 주장했다. 게다가 모리는 당시 다른 연구자들과 마찬가지로 낮에 있었던 다양한 경험에서 연관성을 찾는 자연스러운 경향이야말로 꿈이 형성되는 과정의 핵심이라고 믿었다.

모리는 꿈에서 일어나는 특정한 생각·광경·소리·사건·감정에 대한 기억이 일련의 연상작용을 통해 서로 연결된다고 주장했다. 하지만 꿈에서는 이 연상 과정이 깨어 있을 때와는 다른 방식으로 작동한다고 여겼다. 왜 그럴까? 모리는 깨어 있는 뇌와 달리 꿈꾸는 뇌는 동조화되고 일관된 전체로서 반응하거나 작동하지 않고 지각·기억·의지·판단 같은 능력들은 서로 독립적으로 변한다고 가정했다. 그 결과 꿈꾸는 마음은 동시에 여러 방향으로 이끌려 기괴하고 일관성 없는 꿈을 만든다. 따라서 모리는 잠자는 동안 서로 다른 뇌 영역이 각기 다르게 작용하는 까닭에 꿈속 경험이 다양해진다고 믿었다. 나중에 더 살펴보겠지만, 오늘날에는 잠자는 뇌의 여러 영역이 서로 다른 정도로 활성화되면서 꿈꾸는 동안 인지 능력 부족(자각 부족, 집중력 유지 불능, 논리적이고 비판적인 판단력 부재 등)을 일으킨다는 사실을 밝히는 충분한 근거가 발견되었다. 이 사실을 알았다면 모리는 상당히 기뻐했을 것이다.

모리는 자신의 경험을 바탕으로 꿈을 통해 이름이나 장소, 사건 등 의식적인 마음에서 잊힌 기억을 되찾을 수 있다고 주장했다. 또한 밤에 꾸는 꿈을 상세히 기록해서 날씨나 그날 먹은 음식 같은 요소와 관련 있는지 연구했다. 하지만 모리는 자신을 대상으로 연구한 실험으로 더욱 유명한데, 이 실험을 통해 다양한 감각 경험이 꿈에 영향을 주는지, 준다면 어떻게 주는지 연구하고자 했다.

모리는 조수에게 자기가 잠을 자는 동안 이마에 물방울을 똑똑 떨어뜨리거나 코밑에 향수병을 대거나 깃털로 입술이나 콧구멍을 간지럽히는 등 다양한 자극을 가하게 했다. 그 결과 모리는 놀라운 사실을 알아냈다. 예를 들어 조수가 귓가에 핀셋을 들고 가위로 톡톡 쳐서 작은 울림소리를 내자 꿈에서 혁명의 발발을 알리는 경종 소리를 들었다(모리는 1848년 프랑스 대혁명을 직접 겪었다). 근처에 달궈진 쇳조각을 들고 있을 때는 집에 강도가 침입해 발에 불을 가져다 대고 돈이 어디 있는지 당장 말하라고 협박하는 꿈을 꾸었다. 또한 코밑에 성냥불을 들고 있자 바다 위에서 배의 화약고가 폭발하는 꿈을 꾸었다.

이런 실험을 통해 모리는 잠자는 동안 우리의 감각이 뇌로 정보를 전달하고, 반대로 뇌도 이 정보를 활용해 관련된 꿈을 만든다고 결론 내렸다. 꿈속에 알람 소리가 끼어든 경험을 한 적이 있는 사람이라면 누구나 모리가 옳았다는 사실을 알 수 있다.

모리의 실험은 지금 보면 아주 단순하지만 과학적 방법으로 인과 원리에 따라 꿈을 다룬 최초의 연구 중 하나였다. 렘수면의 발견 이래 실험실에서 수행된 초기 연구 일부는 외부 자극이 실험 참가자의 꿈에 미치는 영향에 주목했다. 모리가 자신을 대상으로 실험한 지 100년쯤 지나서야 비슷한 실험이 이루어졌다는 사실은 정말 놀랍다.

꿈의 상징성을 발견한 카를 셰너

많은 이들이 꿈의 상징성, 특히 성적 상징이라는 개념이 프로이트의 《꿈의 해석》에서 나왔다고 여긴다. 하지만 꿈의 상징성이라는 본질을 심리학적으로 연구한 최초의 정교한 주장은 프로이트보다 약 40년 앞선, 카를 셰너Karl Scherner(1825~1889)가 출간한 《꿈의 생애Das Leben des Traumes》(1861)에서 찾아볼 수 있다.[7]

셰너는 잠자는 동안 자아, 즉 자기 통제가 약해지기 때문에 "우리가 환상이라 부르는 영혼의 활동은 모든 이성의 규칙에서 자유롭다.……그것은 대부분의 섬세한 감정적 자극에 극도로 민감하고 내면의 삶을 즉각적으로 외부 세계의 생생한 이미지로 바꾼다"라고 썼다.[8] 셰너는 꿈이 사물을 직접 묘사하지 않고 다른 이미지를 빌려 사물의 주요 속성을 나타낸다고 조심스럽게 설명했다. 셰너는 꿈에서 나타나는 신체 표상에 특별한 관심을 보여 집이 인체를 상징하고 집의 특정 부분은 인체의 특정 기관을 상징한다고 보았다. 셰너의 설명에 따르면 한 여성은 심한 두통을 겪으며 잠을 자다 거미줄로 덮인 천장에 크고 불쾌한 거미들이 기어다니는 꿈을 꾸었다고 한다.

셰너는 꿈에서 표현되는 성적 상징에도 깊이 매료되어 책의 12페이지를 할애해 이 상징의 중요성을 설명했다. 남성의 음경은 담배 파이프

·칼·클라리넷으로, 여성의 성기는 집으로 둘러싸인 좁은 길로 나타난다고 지적했다. 어쩐지 익숙하지 않은가?

잠자는 동안 자아가 약해지는 현상과 꿈 상징, 특히 성적 기원과 관련된 상징의 은밀한 본질을 강조한 셰너의 주장이 프로이트의 꿈 이론에 어떤 영향을 미쳤을지는 쉽게 짐작할 수 있다. 프로이트는 셰너의 몇몇 생각에 비판적이었지만, 셰너의 작업이 "꿈을 수면 상태에서만 자유롭게 확장되는 마음의 특별한 활동으로 설명하는 가장 독창적이고 원대한 시도"라는 사실을 인정하고, 나중에는 셰너가 "꿈의 상징성에 대한 진정한 발견자"라고 인정했다.**9** 하지만 결국 세상은 이런 생각을 제안한 공로에 대해 셰너가 아닌 프로이트의 손을 들어주었다.

자각몽 연구의 선구자 생드니

잠들면 우리 마음에 정확히 어떤 일이 일어나는지 궁금해한 적이 있는가? 아니면 깨어 있는 동안에는 결코 경험할 수 없는 일을 꿈에서 경험할 수 있는지는? 프랑스대학교 민족지학 교수인 장 마리 레옹 데비 드 생드니Jean Marie Léon d'Hervey de Saint-Denys(1822~1892)는 주목할 만한 저서인 《꿈과 꿈을 이끄는 방법: 실제적 관찰Les Rêves et les Moyens de Diriger: Observations Pratiques》(1867)에서 이런 질문을 다뤘다.**10** 그는 외부 자극이 꿈에 도입되는 과정을 탐구하는 새로운 방법을 제안하고 자각몽을 유도하는 혁신적인 기술을 개발했다.

생드니는 꿈을 수동적으로 관찰하지 않았다. 자각몽을 꾸었던 생드니는 꿈속에서부터 꿈을 연구하기 위해 정교한 기술로 눈앞에서(더 정확하게는 눈 뒤에서) 펼쳐지는 꿈 이미지, 기억 원천, 내적 논리를 탐색했다. 책 전반에 펼쳐진 이런 연구에서 그의 열정을 느낄 수 있다. 무엇보다 생드니의 저서 《꿈과 꿈을 이끄는 방법》은 꿈에 대한 책 중 토니가 가장 좋아하는 책이다.

파리에서 외동아이로 자란 생드니는 어린 시절 그림을 그리고 색칠하며 많은 시간을 보냈다. 그는 열세 살 때부터 꿈을 기록하기 시작했다. 책이 출간될 무렵에는 채색된 그림이 곁들여진 꼼꼼하고 상세한 꿈 보고서가 22권이나 됐다. 생드니의 주요 주장은 꿈 이미지가 꿈꾸는 사람의 마음을 관통하는 생각을 시각적으로 표상한 것이라는 점이었다. 그리고 일련의 생각이 빠르게 진전되거나 갑자기 방향을 바꾸면 꿈 이미지도 꿈꾸는 사람의 눈앞에서 빠르게 펼쳐지고 변한다고 보았다. 이런 관점에서 볼 때 꿈의 기괴함은 꿈의 이미지가 유도되고 결합하는 방법에 따른 자연스러운 결과로 설명할 수 있다.

생드니는 생각과 기억에서 파생된 이미지가 서로 뒤섞이는 메커니즘도 제안했다. 그의 핵심 개념 중 하나는 '추상화abstraction'이다. 이 개념은 마음이 어떤 사람 또는 사물의 특징이나 속성을 다른 사람 또는 사물로 어떻게 옮기는지 설명한다. 생드니는 오렌지를 생각할 때 모양, 색깔, 냄새 중 어디에 집중하는지에 따라 꿈속에서 서로 다른 감각 경험이 일어나는 사례를 들었다. 집중하는 감각에 따라 오렌지는 둥근 비치볼이 되거나 오렌지빛 노을 또는 레몬나무 숲의 이미지로 꿈에 나타난다. 전체 사물 대신 사물의 특정한 본질이나 세부사항이 꿈에 통합된다. 생드니는 말장난, 개인적 믿음, 도덕적 판단, 사회적 전통 등에 기반한 다른 추상화 형식도 논했고, 꿈을 제대로 해석하려면 추상화를 고려해야 한다고 주장했다(꿈 '해석interpret'이 무엇을 의미하는지는 나중에 좀 더 자세히 살펴보자).

생드니는 계속해서 '이미지 중첩superimposition of images'이라는 두 번째 과정을 제안해 꿈속에서 이미지가 어떻게 다양한 생각을 표현하는지 설명했다. 꿈속에서 상충하는 두 가지 생각이 동시에 펼쳐지거나 시각적으로 표현되기 위해 서로 경쟁하면, 그 생각들이 서로 융합되어 기괴한 꿈 요소를 만든다. 생드니는 나무에서 커다란 복숭아를 땄는데 친구의 딸과 똑 닮아 보였던 꿈을 예로 들었다. 그는 그날 아침에 누군가 친구 딸의 뺨이 복숭아처럼 보드랍다고 말하는 것을 들었기 때문에 이런 이미지가 꿈에 나왔다고 생각했다.《꿈과 꿈을 이끄는 방법》이 출간된 지 약 30년 후, 프로이트는 생드니의 추상화 개념과 이미지 중첩 개념을 부활시켜 각각 '전치displacement'와 '압축condensation'이라고 이름 붙였다.

생드니는 여러 꿈 실험의 하나로 감각 자극이 꿈에 미치는 영향을 살핀 모리의 선구적인 연구를 살짝 비틀어 사고의 연상작용 원리에 따라 특정 냄새가 꿈에서 특정 기억을 불러일으킬 수 있는지 확인하려 했다 (마르셀 프루스트가 마들렌 냄새로 기억을 불러일으키는 순간을 묘사한 그 유명한 소설이 나오기 50년 전이라는 사실을 기억하자).

이 실험을 위해 생드니는 여행할 때마다 새로운 향수를 샀는데, 일단 목적지에 도착하면 그 향수를 손수건에 뿌리고 머무는 동안 매일 냄새를 맡았다. 집에 돌아온 몇 달 뒤 생드니는 하인에게 잠자는 동안 베개에 향수를 몇 방울 떨어뜨리도록 했다. 어떤 향수인지는 모르게 했다. 이 방법은 효과가 있었다. 생드니가 베개에 떨어뜨린 향수 냄새를 맡고 그 향수와 관련된 장면과 경험을 꿈꾼 여러 사례를 보고한 것이다. 생드니는 이런 발견에 그치지 않고 하인에게 2개의 다른 향수를 베개에 떨어뜨리도록 했다. 그 결과 두 번의 여행에서 경험한 요소가 하나의 꿈으로 결합돼 나타났다.

이런 놀라운 발견에 이어 생드니는 실험을 확장해 서로 다른 감각 자극과 깨어 있는 동안의 사건을 연결했다. 예를 들어 무도회에 참석한 그는 한 여성과 춤을 출 때와 다른 여성과 춤을 출 때 각각 다른 왈츠를 연주해달라고 오케스트라에 요청했다. 그러고 잠자는 동안 왈츠를 틀자 그 음악과 관련된 여성이 꿈에 나타났다. 하지만 꿈 내용은 무도회에 대한 것이 아닌 경우가 많았다. 다른 실험에서는 아름다운 여성 조각상을 그리면서 향기로운 흰 붓꽃 뿌리를 씹었다. 나중에 잠자는 동안 이 뿌리 향기를 맡자 생드니는 자신의 그림과 닮은 아름다운 여성 꿈을 꾸었다.

생드니는 꿈 연구에 대한 수많은 공헌 외에도 꿈이 진행되는 동안 이것이 꿈이라는 사실을 인식하는 비범한 능력인 자각몽으로 유명하다. 생드니는 숙련된 자각몽자가 되는 자신만의 방법을 설명하며 꿈의 형성과 전개를 탐구하는 동시에, 꿈속에서 자각을 이용해 기억력과 추론 능력을 시험하는 다양한 방법을 제안했다. 특히 재미있는 사례가 하나 있다. 생드니는 자신이 꿈을 꾸고 있다는 사실을 완벽하게 인식하면서도 잠자는 동안은 뇌가 전체로서 작용하지 않는다는 모리의 주장을 떠올리고, 모리라면 뇌의 어느 영역 때문에 꿈속에서 머리가 그렇게 명료해질 수 있다고 생각할지 궁금해하는 꿈을 꾸기도 했다.

생드니가 저서에서 제안한 많은 내용은 오늘날 현대 꿈 이론에도 이어지고 있다. 그는 오늘날 임상의가 '행동 둔감화*behavioral desensitization*'라고 부르는 방식을 이용해 스스로 반복되는 악몽에서 벗어난 과정을 설명했다. 샌드니가 주목한 꿈속 기억 처리 과정, 생각의 연상작용, 사고가 정신적 이미지로 전환되는 과정은 나중에 언급할 우리의 꿈 이론에도 이어진다.

샌드니의《꿈과 꿈을 이끄는 방법》은 출간 당시에는 물론 지금 봐도 놀랍다. 2016년부터는 캐롤러스 덴 블랑켄Carolus den Blanken과 엘리 메이 저Eli Meijer가 제공한 무료 영역본을 온라인에서도 찾아볼 수 있다. 프로이트의《꿈의 해석》을 좋아하든 아니든 샌드니의 이 놀라운 책은 충분히 즐길 수 있을 것이다.

통계적 꿈 연구의 기초를 닦은 칼킨스

1893년 4월《미국 심리학 저널American Journal of Psychology》에는 〈꿈의 통계학Statistics of Dreams〉이라는 흥미로운 제목의 논문이 실렸다.[11] 저자는 남녀공학이 받아들여지지 않았던 시절 하버드대학교에서 대학원 과정을 밟은 후 웰즐리대학교의 선구적인 여성 심리학자가 된 메리 휘튼 칼킨스Mary Whiton Calkins(1863~1930)였다.

칼킨스는 19세기 후반 학계를 지배했던 가부장적 전통에 흔들리지 않고 고등교육에 대한 갈망과 교수이자 연구자로서의 입지를 다지려는 열망을 밀고 나갔다. 약 40년 동안 놀라운 경력을 쌓은 칼킨스는 미국 초기 심리학 연구소들 가운데 하나를 설립했고, 미국심리학협회의 첫 여성 회장이 되었으며, 훗날 미국철학협회의 회장으로도 선출되었고, 4권의 책과 100종 이상의 논문을 출간했다.

〈꿈의 통계학〉은 칼킨스의 초기 연구 논문 중 하나였다. 이 논문에서 칼킨스는 자신과 32세 남성 참가자의 꿈 400여 건을 두 달에 걸쳐 수집하고, 통계 원리를 적용해 그 내용을 분석하며 꿈을 연구하는 새로운 실험적 접근법을 제시했다.

칼킨스는 현대 실험실의 꿈 연구 과정과 비슷하게 밤에 자는 동안 각각 다른 시간에 알람 시계를 이용해 자신과 남성 참가자를 깨웠다. 이 방법으로 꿈 보고를 받을 가능성을 높였을 뿐만 아니라 꿈의 기억과 생생함이 밤새 바뀌었는지도 조사할 수 있었다. "꿈이 아주 생생해서 나중에 기억날 것이라 확신하고 아침까지 기록을 미루는 일은 치명적인 실수다"라고 생각한 칼킨스는 항상 연필과 촛불, 성냥을 가까이에 두었다.[12]

칼킨스는 기억나는 각 꿈의 시간, 길이, 생생함에 주목하고 그 결과를 기록한 끝에 이른 밤에도 꿈을 꾸지만, 특히 생생한 꿈을 포함한 꿈 대부분은 아침 수면 중에 발생한다는 사실을 밝혔다. 약 70년 후 칼킨스의 두 가지 관찰 모두 현대 실험실의 꿈 연구에서 증명되었다.

실험 참가자의 꿈 보고 10개 중 9개에서는 참가자가 꿈 내용과 실제 삶의 요소 사이에 분명한 연관성을 확인할 수 있었다는 흥미로운 사실이 연구 결과를 통해 밝혀졌다. 이를 통해 칼킨스는 깨어 있는 삶과 꿈꾸는 삶 사이에는 '일치성congruity과 연속성continuity'이 있다는 중요한 사실을 밝혔다. 이 이론은 이후 오늘날까지 가장 광범위하고 집중적으로 논의되는 꿈 내용 모델 중 하나인 꿈 '연속성 가설continuity hypothesis'로 이어진다.

칼킨스는 표준화된 설문지를 개발해 자신이나 다른 사람을 꿈 연구에 참여시켜 일상적인 꿈에서 시각·청각·촉각·후각·미각 이미지를 포함한 꿈의 비율이 각각 얼마나 되는지 결정하는 데 이용하기도 했다.

칼킨스는 이 연구 결과로 꿈에서의 감각적 표상sensory representations 계층을 제안했다. 이 주장은 이후 집과 실험실에서 수행한 현대 꿈 연구에서도 확인된다.

관심 있는 핵심 변수를 정의하고, 다른 사람이 재현할 수 있는 실험을 설계하고, 일화적 자료보다 계량을 강조한 칼킨스의 꿈 연구법은 이후 꿈 과학의 본질을 구현했다.

꿈 연구의 다각적 접근을 이루어낸 드 산크티스

마지막으로 살펴볼 가장 최근의 19세기 꿈 탐험가는 1899년 《꿈: 정신의학자의 심리학적 · 임상적 연구I Sogni: Studi Clinici Psicologicali di un Alienista》를 출간한 이탈리아 과학자 산테 드 산크티스Sante de Sanctis(1862~1935)다. 로마 라 사피엔자대학교에서 연구한 드 산크티스는 이탈리아에서 심리학을 과학의 한 분야로 발전시키는 데 주도적인 역할을 했다. 드 산크티스는 프로이트처럼 꿈이 심리적으로 중요하며 해석될 수 있다고 믿었다. 하지만 드 산크티스는 프로이트와 달리 부수적인 다양한 방법으로 꿈을 연구하고, 수면 중 뇌가 어떻게 기능하는지 파악하고, 과학적 관찰에 기반해 꿈 이론을 정립해야 꿈을 진정으로 이해할 수 있다고 주장했다.

드 산크티스는 모리와 칼킨스 등 이전 연구자들의 작업을 바탕으로 꿈을 연구하는 다각적인 접근법을 개발했다. 이 접근법에는 구체적인 설문지나 수면의 각 단계에서 실험 참가자의 각성을 유도하는 체계적인 방법은 물론, 일화적 보고 대신 반복적인 관찰과 통계 분석에 기반한 방법이 포함된다.

꿈이 꿈꾸는 사람의 심리적 측면을 어떻게 드러내는지에 오랫동안 매료됐던 드 산크티스는 건강한 중년은 물론 어린이, 노인, 범죄자, 간질환자, 정신질환자의 꿈을 연구했다. 드 산크티스는 다양한 집단의 꿈 내용을 조사해 깨어 있는 동안의 감정이 꿈의 구성 방식에 중요한 역할을 한다는 사실을 알게 되었다. 또한 참가자의 각성 상태 의식과 꿈 의식 사이의 유사점과 차이점을 확인하고 남성과 여성의 꿈에서 드러나는 차이점을 기록했으며, 꿈의 생생함은 뇌 기능 발달 또는 노인의 경우 뇌 기능 감퇴와 관련이 있다는 주장을 펼쳤다.

드 산크티스는 개와 말 등 동물의 수면을 상세히 기록하면 인간의 수면과 꿈 사이의 관계를 잘 이해할 수 있다고 확신했는데, 잠자는 개가 짖는 모습 등 움직임과 경련을 관찰해 동물도 꿈을 꾼다는 결론을 내렸다. 특히 드 산크티스가 이런 관찰을 통해 현대 꿈 연구의 최전선에 있는 두 가지 꿈 개념화 방법인 발달적·진화적 관점에서 꿈의 본질과 형태를 연구했다는 점은 더욱 중요하다.

드 산크티스는 통제된 상태에서 잠과 꿈을 연구하기 위해 당시 새로 개발된 전기생리학적 도구를 이용한 초기 연구자 가운데 한 명이다. 그는 지각계esthesiometer(다양한 강도의 촉각 자극을 주어 정신적 피로 또는 수면의 '깊이'를 측정하도록 고안된 장치)와 흉부 호흡운동 기록기thoracic pneumograph(가슴에 밴드를 둘러 호흡 패턴을 측정하는 장치)를 활용했다.

특히 드 산크티스는 독창적인 일련의 실험에서 깊은 잠을 자는 밤 전반기에는 밤 후반기보다 꿈을 덜 꾼다는 사실을 밝혔다.[13] 또 밤 후반기의 얕은 수면 동안 꾼 꿈이 더 생생하다는 사실을 확인하고, 이때의 꿈은 불규칙한 호흡을 하는 동안 더 자주 일어난다는 사실도 발견했다. 이런 연구 결과는 대부분 밤 후반기에 일어나고 불규칙한 호흡을 동반하는 렘수면을 포함한 수면 단계의 형식적 발견을 놀라울 만큼 잘 예견한다.[14] 드 산크티스는 수면, 꿈, 기억의 상호작용을 밝히고 꿈을 시작하는 뇌 구조와 꿈 내용을 정교하게 만드는 다른 뇌 구조를 구분해 복잡한 꿈 모델을 설명하며 최근의 신경과학적 발견을 예견하기도 했다. 이런 뇌 구조의 구분은 7장에서 논할 홉슨과 맥칼리의 1977년 '활성화-통합 모델activation-synthesis model'에서도 다시 확인할 수 있다.

드 산크티스가 제안한 다면적이고 통합적인 꿈 접근법은 꿈을 제대로 이해하고 해석하려면 꿈을 수학적인 합으로 보아야 한다는 그의 말에서 가장 잘 드러난다. "꿈꾸는 사람의 기본적인 상태(과거의 경험, 지성, 성격, 오래된 습관)+그 순간의 상태(호흡, 흥분, 건강, 장기 및 기관의 상태)+잠자는 동안 외적 조건으로 유발된 즉각적인 경험, 이 세 가지의 합이 꿈이다"라는 말에, 120년이 지난 오늘날에도 우리는 전적으로 동의한다.[15]

프로이트의 《꿈의 해석》이 출간되기 전에 발표된 19세기 후반 꿈 탐험가 다섯 명의 연구는 꿈에 대한 풍부하고 매혹적이며 새로운 관점을 세상에 제시했다. 이들은 혁신적인 실험 방법을 이용해 꿈의 기억 원천, 꿈 상징의 본질, 그리고 꿈을 만드는 감정적·인지적·생리학적 메커니즘의 역할을 포함해 수천 년 동안 사람들에게 던져지고 우리를 매혹했던 질문을 다루었다. 이들은 꿈에 대한 근본적인 질문을 실증적·과학적으로 다룰 수 있다는 사실을 증명하며 초기 꿈 과학의 발전을 북돋웠다.

하지만 초기 꿈 탐험가들은 이들이 전부가 아니다. 사실 이 장에 포함할 수 있었던 저자들은 훨씬 많다. 특히 우리는 다음과 같은 네 권의 저작을 더 언급하고 싶다. 프랭크 시필드Frank Seafield의 《꿈에 대한 문헌과 호기심The Literature and Curiosities of Dreams》(1865), F. W. 힐더브란트F. W. Hildebrandst의 《꿈과 그 해석Dreams and Their Interpretation》(1875), 조제프 델뵈Joseph Delboeuf의 《잠과 꿈Sleep and Dreams》(1885), 율리우스 넬슨Julius Nelson의 《꿈 연구Study of Dreams》(1888)다. 구하기도 쉽고 읽을 가치가 충분한 책들이다.

선구적인 꿈 연구자들은 꿈에 대한 이해를 명확히 하고 이후에 올 과학적 꿈 연구의 기반을 다졌다. 이 책에서 당신이 발견할 내용 대부분은 프로이트 이전에 시작된 꿈과 꿈꾸기에 대한 아이디어와 접근법에 뿌리를 두고 있다.

3장
프로이트는 꿈의 비밀을 밝혔는가

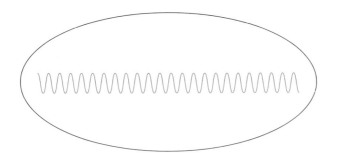

프로이트의《꿈의 해석》은 1899년에 발표되었다(출판연도는 1900년이어서 새로운 세기를 연 책으로 기억된다). 밥 역시 다른 사람들처럼 프로이트의 책이 출간 즉시 성공을 거두면서 꿈에 대한 서구의 관점을 하룻밤 사이에 완전히 바꾸었다고 생각했다. 그러던 어느 날 오후였다. 우리 책의 아이디어를 구상하던 밥은 아버지가 물려주신《브리태니커 백과사전》제11쇄를 펼쳤다. 프로이트의《꿈의 해석》이 나온 지 10년 후인 1910년에 출간된 것이다. '꿈'이라는 항목은 약 6천여 개의 단어로 설명되어 있었지만, 프로이트의 이론과 관련된 이야기는 찾아볼 수 없었다. 스무가지 인용 문헌에《꿈의 해석》이 포함되어 있기는 했지만 말이다.

프로이트의 작업을 홀대한 것은《브리태니커 백과사전》만이 아니었다.《꿈의 해석》초판 출간 10년 뒤에도 당시 주요 의학 및 정신의학 문헌 대부분은 이 책을 거의 또는 전혀 언급하지 않았다. 사실 초판 600부가 다 팔리는 데도 8년이 걸렸다. 게다가 프로이트가 언급하고 이후 다른 연구자들이 상세히 지적했듯 의학과 과학 및 정신의학계는 프로이트의 책을 거의 받아들이지 않았다.[1]《꿈의 해석》이 출간된 지 9년 후, 프로이트는 과학 저널에 게재된 자신의 이론에 대한 논평을 보고 "내 이론은 완전히 묻혀 버릴 수밖에 없다고 생각하게 될 것"이라고 적었다.[2] 그러나 결국《꿈의 해석》은 프로이트의 가장 유명한 저작이 되었으며 프로이트 정신분석 모델의 기초가 된 한편, 한 세기 전반에 걸쳐 꿈 자체는 물론 꿈과 무의식의 상관관계를 바라보는 사람들의 관점에 큰 영향을 미쳤다. 가히 일대 전환이라 할 만하다!

학생이나 기자들, 혹은 처음 보는 사람이 "이 사람 꿈 전문가래!"라고 하며 토니에게 프로이트의 꿈 이론에 대한 의견을 물으면, 토니는 상대방에게 질문을 돌려 프로이트가 내놓은 꿈에 대한 새로운 견해가 무엇이라고 생각하는지 되묻곤 한다. 사람들의 대답은 언제나 매우 짧고 두말할 것 없이 다음 중 하나다. 꿈은 무의식에서 발생한다. 꿈은 사실 모두 성에 대한 것이다. 꿈은 억압된 소망과 관련 있다. 꿈은 상징적이므로 제대로 이해하려면 해석되어야 한다. 하지만 2장에서 살펴보았듯 이런 생각들은《꿈의 해석》이전에도 있었다. 분명 프로이트의 아이디어는 오늘날 사람들이 생각하는 것처럼 아주 새로운 이론은 아니었다.

꿈은 잠의 수호자

프로이트의 꿈 이론은 꿈에 상호 관련된 두 가지 기능이 있다고 주장한 첫 번째 이론이다. 꿈의 기능 중 하나는 성적이거나 공격적인 본성의 억압된 소망을 표현하는 것으로, 대개 어릴 때 시작된다. 잘 알려지지 않은 다른 기능은 잠이 방해받지 않도록 보호하는 것이다. 프로이트는 "꿈은 잠의 수호자"라고 설명했다.³ 이 기능이 어떻게 작용하는지 살펴보자.

프로이트는 검열관c cenosr이라는 존재를 가정했다. 검열관은 수용되지 않는 무의식적 요소가 낮 동안 의식적 인식conscious awareness에 도달하지 않도록 막는 마음속 감시 메커니즘이다. 하지만 잠자는 동안은 감시 기능도 무력해진다. 말하자면 검열관은 경계를 늦추고 수용되지 않던 요소가 의식에 떠오르도록 놓아둔다. 프로이트는 억압된 소망이 본질적으로 부도덕하고 반사회적이므로 잠자는 동안에도 직접적으로 표현되지 않아야 한다는 점이 매우 중요하다고 보았다. 그렇지 않으면 꿈 꾸는 사람이 충격을 받아 잠에서 깰 수도 있기 때문이다. 따라서 꿈 작업dreamwork이라고도 불리는 '잔여 꿈 검열관residual dream censor'은 정상적으로 억압된 무의식 요소를 인지할 수 없는 형태로 왜곡하는 임무를 맡는다. 프로이트는 압축, 전치, 표상 가능성의 고려considerations of representation, 2차적 수정 작업secondary revision이라는 네 가지 위장 메커니즘이 함께 꿈 작업을 수행한다고 주장했다. 따라서 꿈은 평온한 잠을 유지하는 한편, 억압되고 때로는 외설적인 소망을 부분적으로 표현한다. 즉 꿈은 '잠의 수호자'인 동시에 '소망 충족'이다.

프로이트가 '모든' 꿈이 소망을 충족하려는 시도라는 믿음을 굽히지 않았다는 점을 기억해야 한다. 즉 모든 꿈은 먼저 억압된 소망이라는 정신 에너지를 받아 구체화된다.

이런 꿈의 개념화 과정에서 꿈의 발현 내용manifest content(꿈꾸는 사람이 경험하고 보고한 실제 꿈)과 잠재 내용latent content(꿈의 '진정한' 의미로, 꿈을 '불러일으키는' 억압된 소망) 사이에 중요한 차이가 생긴다. 꿈의 숨겨진 의미는 자유 연상free association 기법으로 드러난다. 꿈꾸는 사람은 자유 연상의 도움을 받아 꿈속 다양한 요소가 유발하는 감정과 생각을 검열하지 않고 설명할 수 있다. 프로이트에 따르면 노련한 정신분석가는 자유 연상을 이용해 꿈 검열관이 만든 왜곡을 '되돌리기undo'하고 이를 통해 꿈의 발현 내용을 만든 무의식적 갈등과 소망으로 거슬러 올라갈 수 있다.

비록 당대의 대중은 프로이트가 설명하는 꿈의 기원과 의미에 열광했지만, 임상의나 철학자, 과학자들은 대중과 달리 상당한 비판의 날을 세웠다.《꿈의 해석》출간 이후 수년간 제기된 몇 가지 반론을 살펴보자.

- 프로이트는 억압된 유아기의 소망을 꿈의 주요 원천으로 보고 이에 초점을 맞추었지만 이런 견해는 지나치게 제한적이다. 꿈은 다양한 선천적 반사작용, 추동 원인, 감정에서 나올 수 있다. 또한 은밀하게 감춰진 충동을 거론하지 않더라도 꿈꾸는 사람이 일상에서 몰두하는 생각에서 비롯된 것으로 보이는 경우도 많다.
- 프로이트의 꿈 이론은 입증되지 않은 일화적 증거, 선별된 증례 보고서, 추측성 가설에 의존한 전혀 과학적이지 않은 이론이다.
- 프로이트는 꿈의 발현 내용이 지닌 중요성을 지나치게 간과했다.
- 잘 알려져 있다시피 프로이트의 이론과 달리 많은 꿈, 특히 악몽은 잠을 보호하지 못하고 오히려 꿈꾸는 사람을 깨운다.
- 프로이트의 꿈 해석으로 도출된 결과는 대개 편파적이고 강제적이며 자의적이다.
- 악몽 등 많은 꿈은 검열이나 왜곡을 거쳤다는 명백한 증거가 없다.
- 결정적으로 프로이트의 이론은 과학 이론이 갖춰야 할 근본적인

요구 사항을 전혀 충족하지 못했다. 프로이트의 이론은 실험으로 입증할 수도, 반증할 수도 없다.

프로이트 꿈 이론의 엄밀성과 정당성에 대한 의심은 프로이트학파 바깥에서만 일어나지는 않았다. 알프레드 아들러Alfred Adler(프로이트의 초기 제자 가운데 한 명으로 개인심리학 분야를 확립한 인물)나 프로이트의 후계자인 융 등 프로이트의 추종자 사이에서도 열띤 논쟁이 일어났다.

융과 임상적 꿈 개념화의 대안

프로이트는 꿈을 병적인 소망을 완화하는 장치로 보았다. 반면 융은 꿈이 개인의 인격 발달에 중요한 보상적 기능을 한다고 보았다. 꿈은 균형 잡힌 자의식을 형성하기 위해 인식하고 통합해야 하는 무의식적 요소를 꿈꾸는 사람에게 보여준다는 것이다. 융에 따르면 이 무의식적 요소는 보통 꿈꾸는 사람 개인의 무의식에서 발생하며 "우리가 간과했던 일상적 상황의 의미나 끌어내지 못한 결론, 허용하지 않았던 영향력, 받아들이기 꺼렸던 비판"을 포함한다.[4]

또 융은 꿈이 인류 공통이며 인류의 축적된 경험을 포괄하는 깊은 무의식층인 집단적 무의식collective unconscious에서 발생한다고 믿었다. 융은 고대부터 이어 온 인격personality의 집단적 측면은 유전되고, 여러 문화에 걸쳐 동화나 신화, 신성한 의식, 신비로운 체험, 예술 작품은 물론 꿈에서 나타나는 원형(보편적 패턴이나 이미지)의 형태로 표현된다고 추정했다. 융은 그림자, 트릭스터trickster(신과 자연계의 질서를 깨는 양면성을 지닌 신화 속 장난꾸러기 인물-옮긴이), 현자, 대모, 영웅 등의 원형적 인물을 포함한 다양한 원형적 모티브와 상징을 언급했다.

융은 꿈이 예견 또는 '예지적prospective' 기능을 갖는다고도 생각했다. 꿈꾸는 사람의 과거를 추적하면 꿈 형성 과정의 저변에 놓인 무의식 과정을 통해 미래에 닥칠 상황과 어려움, 규정할 수 없는 가능성, 상상할 수 있는 결과에 대한 비전을 개인에게 보여줄 수 있다. 8장에서 더 살펴보겠지만 이런 개념은 생각만큼 얼토당토않지는 않다.

프로이트는 꿈을 신경증적 증상과 유사한 '비정상적인 정신적 현상abnormal psychical phenomena'이라고 보며 꿈의 속임수 같은 본질을 강조했지만, 융은 꿈을 건전하고 자연스러운 과정이라 여기며 창조적이고 초월적이며 때로 문제를 해결하는 본질을 지녔다는 점에 주목했다. 융도 프로이트처럼 꿈 작업 기술을 제안했고 꿈 해석이 중요한 통찰을 줄 수 있다고 확신했다. 프로이트가 자신의 이론이 중요하다며 독단적인 주장을 펼쳤던 데 반해, 꿈 해석이 때로 자의적일 수 있다는 사실을 인지한 융은 자신의 기술이 '방법'이라는 이름을 붙일 만한 자격이 있는지조차 의심했다. 융은 꿈 작업 방법을 결코 독단적으로 사용하지 않았다.

프로이트와 융의 꿈 이론은 1900년대에 비교적 덜 알려진 꿈의 여러 '임상적 개념화clinical conceptualization'로 나아가는 초석이 되었다. 앞서 언급한 아들러의 주장도 임상적 개념화에 해당한다. 아들러의 스승인 프로이트는 꿈의 발현 내용이 무의식과 관련 있다고 주장했지만, 아들러는 꿈꾸는 사람의 현실 속 근심 또는 생활 양식과 밀접한 관련이 있다고 주장했다. 스위스의 정신분석가 메다드 보스Medard Boss가 개발한 실존 현상학적 접근법existential-phenomenological approach에 따르면, 꿈이란 경험만큼이나 실제로 '세계 속에 존재하는 자신being-in-the-world'을 진정으로 경험하는 과정이다. 고전적 정신분석가인 토머스 프렌치Thomas French와 에리카 프롬Erika Fromm은 초점 갈등 이론focal conflict theory을 펼치며 꿈꾸기가 현실의 중요한 고민을 해결하려는 자아의 시도를 반영한다고 주장한다. 프레드릭 펄스Frederick Perls의 게슈탈트Gestalt(여러 부분이 하나의 완전한 구조와 전체성을 지닌 통합된 전체로 지각되는 형상과 상태-옮긴이) 접근법에 따르면 각각의 꿈 요소는 꿈꾸는 사람의 인격이 수용하는 측면과 비소유disown(자신의 것으로 인정하지 못함-옮긴이)하는 측면을 모두 반영한다. 이외에도 1953년 렘수면의 발견에 이은 실험적 꿈 연구의 물결은 1900년대 후반 꿈의 본질과 기능을 다루는 수많은 이론으로 이어졌다.

이 꿈 이론들이 모두 프로이트의 말대로 '꿈은 소망의 충족'이라거나 '잠의 수호자'라는 주장에 부합할까? 수많은 꿈 연구는 프로이트가 주장한 이런 꿈 기능을 실증적으로 뒷받침하는 증거는 거의 없다는 간단한 결론에 도달했다. 게다가 잠과 꿈을 연구하는 과학자 대부분은 오래전부터 프로이트의 꿈 개념화를 포기하고 현대 임상 및 신경과학에 뿌리를 둔 간결하고 실험 가능한 모델을 지향했다. 하지만 그렇다고 꿈이 개인적 의미가 있고, 꿈꾸는 사람이 깨어 있는 동안 지닌 근심을 반영하고, 꿈이 오래된 기억을 참조하거나 꿈 작업이 임상적으로 유용하다는 개념을 현대 꿈 연구자들이 버렸다는 말은 아니다. 이런 개념은 모두 혁신적인 연구 주제였으며 앞으로도 그럴 것이다. 프로이트의 꿈 이론 자체와는 거의 관계가 없을 뿐이다.

지금쯤 독자 중 일부는 다음과 같은 점을 궁금해할 것이다. 당대의 많은 사람이 프로이트의 꿈 이론이 틀렸다고 생각했는데도, 왜 그 후

100여 년간 프로이트의 이론을 바탕으로 수많은 대안 이론이 탄생했을까? 그리고 프로이트의 꿈 모델을 뒷받침할 실증적인 증거가 부족한데도 왜 그의 이론은 그토록 서구 문화에 깊이 배어 있을까? 여기에는 긴 이야기가 있다.

과대평가된 프로이트

프로이트가 《꿈의 해석》을 정신분석 이론의 초석으로 삼았기 때문에, 정신분석 전반에 의문을 제기하지 않고 프로이트의 꿈 이론을 비판하기란 사실상 불가능하다. 결과적으로 당연하게 여겨지는 꿈의 기능에 대해 반론을 제기하면 으레 수많은 다른 문제에 대한 논쟁으로 이어진다. 여기에는 억압의 개념, 기억의 본질, 신경증적 증상의 기원, 아동 발달 모델, 자유 연상의 임상적 장점, 무의식의 구조 및 일상에 미칠 무의식의 영향 같은 여러 문제가 해당한다. 이런 상황은 프로이트의 꿈 이론을 둘러싼 오늘날의 논쟁에서도 드러난다. 가히 광적인 믿음이라고도 할 만한 극도의 신랄한 적의에 익숙하지 않은 독자들은 이 '프로이트 전쟁Freud wars'을 신중하게 살펴보아야 한다.[5] 관심 있는 독자라도 무심코 찾아본다면 매력적이지만 분명 악의적인 문헌을 만날 것이다.

논쟁이 계속되었지만 1975년까지는 프로이트에게 호의적인 시대였다. 프로이트의 이론에 크게 자극받은 수많은 옹호자와 정신분석 방법을 적용해 전문가들을 훈련하는 많은 단체가 생겨났다. 이들의 지지를 받은 정신분석학파는 이내 점점 하나의 운동으로 자리 잡아 우세해지고 널리 퍼져 의학·정신의학·임상 심리학 전반에 고루 스며들었다. 정신분석 운동은 사회과학뿐만 아니라 예술에도 스며들었다는 점이 중요하다. 역사와 문학, 살바도르 달리의 그림, 앨프리드 히치콕의 영화 〈스펠바운드Spellbound〉와 수많은 문학작품에 이르기까지 꿈과 마음에 대한 프로이트의 개념이 가미된 아이디어는 여러 미디어와 예술에 넘쳐났고, 나이를 불문하고 사람들의 상상력을 사로잡았다. 캘리포니아대학교 버클리 캠퍼스의 심리학자 존 킬스트롬John Kihlstrom은 "현대 문화에 프로이트가 미친 영향은 아인슈타인, 왓슨과 크릭, 히틀러, 레닌, 루스벨트, 케네디보다, 피카소, 엘리엇, 스트라빈스키, 비틀스, 밥 딜런이 미친 영향보다 깊고 오래 지속되고 있다"라고 논하기도 했다.[6] 그리고 꿈에 있어 프로이트의 유산에 필적할 것은 없다.

하지만 지금까지 살펴본 것처럼 사람들은 프로이트를 둘러싼 신화와 그가 실제로 주장한 생각을 혼동한다. 꿈이 억압된 소망이나 욕망을 포함하며, 상징적이고 무의식에서 나왔다고 주장한 최초의 사람은 프로이트라고 오인하는 사람도 많다. 무의식이라는 개념은 흔히 프로이트에게서 시작되었다고 여겨지지만, 사실 수천 년 전으로 거슬러 올라간다. 무의식이라는 단어 자체가 생긴 것도 프로이트가 태어나기 100년쯤 전이다.[7] 무의식적 마음을 연구한 최초의 임상 이론을 남겼다는 명예는 프로이트가 아니라 프로이트의 정신분석적 사고에 큰 영향을 미친 저작을 남긴 프랑스 정신과 의사 피에르 자네Pierre Janet의 몫으로 돌려야 한다. 그런데도 《꿈의 해석》이 출간된 지 120여 년이 지난 지금도 꿈에 대한 이런 생각 대부분은 맹목적이지는 않더라도 상당히 강력하게 프로이트의 몫으로 여겨진다.

마지막으로 모든 좋은 마케팅 활동이 그렇듯 프로이트의 이론이 탄생한 시기도 적절했다. 프로이트의 정신분석적 꿈 이론이 도착한 시기에는 꿈을 자연스러운 신체적 과정으로 설명할 수 있는 밤 사이의 무의미한 사건으로 여겼고, 꿈에 대한 대중적 견해가 더 합리적인 것으로 세속화되고 있었다. 하지만 오늘날처럼 이런 개념을 거부하고 꿈이 아무리 기괴하더라도 중요한 메시지를 전달하고 있으며 해석이 필요하다고 확신한 많은 사람이 있었다. 인류의 역사만큼 오래된 이런 기본적인 생각은 바로 프로이트의 개념과 정확히 일치한다. 프로이트는 다양한 출처와 이론에서 아이디어를 가져와 능숙하고 설득력 있는 문체로 꿈이 중요하다는 믿음이 옳다고 주장하는 한편, 꿈이 어떻게 왜 중요한지를 풍부하고 흡인력 있는 내러티브로 엮어냈다. 사실 프로이트의 이런 아이디어는 인간이란 깊이 들여다보면 알 수 없는 존재라는 사실을 일깨우며 자기애적 위안을 준다. 우리의 행동은 우리가 알 수 없는 동기와 욕망에서 유발되며, 꿈을 통해 바로 자신의 본질을 알 수 있다는 주장은 썩 괜찮은 믿음이었다.

프로이트의 이론에 반기를 든 실험심리학자

프로이트가 꿈 해석과 정신분석 이론을 정립하는 과정은 전혀 쉽지 않았다. 오늘날 프로이트가 신경학자로 교육을 받았다거나, 많은 이들의 예상과 달리 정신과 의사가 아니었다는 사실을 아는 사람은 거의 없다. 프로이트의 첫 연구 주제가 뱀장어의 정소였다는 사실을 아는 사람은 더 드물다. 뱀장어의 불가사의한 생식 습관에 대한 논란은 아리스토텔레스 시대로 거슬러 올라간다. 이 오래된 질문을 풀기 위해 젊은 프로이트는 몇 주 동안 뱀장어 수백 마리를 해부하며 공을 들였지만 숨어 있는 정소를 찾는 데는 결국 실패했다. 어린 시절 친구에게 보낸 편지에서 프로이트는 "내가 해부한 뱀장어는 모두 암컷이었던 것 같네"라고 쓰기도 했다.[8] 이때의 고생이 프로이트의 꿈 이론은 물론 그의 꿈 자체에 어떤 영향을 미쳤을지는 짐작만 할 수 있을 뿐이다. 그의 나이 겨우 열아홉 살 때였다.

그다음에 프로이트는 훗날 "내가 만난 가장 훌륭한 권위자"라고 묘사한 독일의 유명 생리학자 에른스트 빌헬름 폰 브뤼커Ernst Wilhelm von Brücke의 지도로 생리학연구소에서 6년간 일했다. 여기서 프로이트는 뇌줄기 영역에 있는 연수의 구조와 기능을 상세히 서술한 첫 보고서를 발표했고, 해부한 조직에서 신경세포를 두드러지게 관찰할 수 있게 하는 새로운 염색 기법을 개발했다.

10여 년 후 프로이트는 정신분석 이론을 개념화하기 시작했다. 절친한 친구이자 동료인 빌헬름 플리스Wilhelm Fliess에게 보낸 편지에 따르면 프로이트는 신경학적으로 정확한 정신 모델을 제안하려는 열망에 온통 마음을 빼앗겼던 것 같다. 그는 신경학 개념과 혁신적인 발견을 이용해 정상적·비정상적 정신 과정을 설명하려는 작업에 착수했다. 그 결과로 나온 원고 대부분은 잠과 꿈에 대한 것이었다. 프로이트가 지금은 유명한 '이르마의 주사에 대한 꿈Irma's injection'을 꾼 것도 이 시기였다. 프로이트는 자신의 꿈을 연구해 꿈이 소망의 충족이라는 결론에 도달했다. 후에 플리스에게 보낸 편지에서 프로이트는 "언젠가 이곳 대리석 현판 위에 이렇게 쓰여 있을 것 같지 않은가? '1895년 7월 24일, 이곳에서 지그문트 프로이트가 꿈의 비밀을 밝히다'라고 말일세"라고 썼다.[9]

《꿈의 해석》이 출간되기 4년 전, 거의 알려지지 않은 초고에서 프로이트는 꿈의 소망 충족 가설을 처음 언급했다. 하지만 결국 그 가설을 포기하고 이후 출간된 어떤 작업에서도 다시 이를 언급하지 않았다. 이 미완성 원고가 발견되어 《과학적 심리학 연구Project for a Scientific Psychology》라는 제목으로 출간된 것은 55년이 더 지난 1950년으로 프로이트 사후였다.[10]

아이러니하게도 이야기는 여기서 끝나지 않는다. 놀라운 운명의 장난으로 오랫동안 자취를 감췄던, 프로이트와 동시대에 작성된 어떤 원고의 필사본이 수십 년이 지난 후 그 모습을 드러냈다. 2014년에 복원된 이 원고는 신경세포 발견으로 1906년 노벨 생리의학상을 수상한 스페인의 조직학자이자 해부학자 산티아고 라몬 이 카할Santiago Ramón y Cajal이 쓴 원고였다. 카할은 혁명적인 작업과 개념을 제안한 현대 신경과학의 아버지로 널리 알려져 있다. 하지만 사라졌던 원고는 해부학이나 조직학 기술에 대한 것이 아니었다. 바로 꿈에 대한, 그것도 자신의 꿈에 대한 글이었다. 1918년부터 1934년 사망할 때까지 카할은 프로이트가 틀렸다는 것을 증명하려는 명백한 목적으로 꿈 일기를 썼다.

카할은 마음에 대한 프로이트의 견해에 반대한다는 사실을 언제나 숨기지 않았다. 카할이 프로이트의 꿈 이론을 무시했다는 사실은 친구에게 쓴 다음과 같은 편지에도 명백하게 드러난다.

극히 드문 경우를 제외하면 분명 자만심에 빠진 이 빈 출신 저자의 논리를 입증하기란 불가능하다. 프로이트는 늘 과학적 이론의 근거를 준엄하게 지키기보다 선정적인 이론을 확립하는 데 골몰한다.[11]

대부분의 사람들이 프로이트가 신경생리학 교육을 받았다는 사실에 놀라듯, 카할의 초기 관심사가 암시, 최면, 수면 메커니즘을 다루는 실험 심리학이었다는 사실을 아는 사람은 드물다. 게다가 카할의 논문 350여 편 중 꿈을 다룬 논문은 단 한 편뿐이다. 1908년 출간된 이 논문은 "꿈 은 가장 흥미롭고 놀라운 뇌 생리 현상 중 하나다"라는 문장으로 시작 한다. 어떻게 반론을 제기하겠는가? 카할은 "프로이트의 이론에 반하는 수천 가지의 자기 관찰 결과"를 요약해 "수면과 꿈 현상"에 대한 상세한 작업을 출간하겠다고도 암시했다. 카할은 꿈이 뇌의 각 영역에서 일어 나는 자연적 신경 발화에서 유발된다고 주장했다. 이 주장은 약 70년 후 하버드대학교 정신과 의사인 앨런 홉슨Allan Hobson이 제기해 유명해지는 꿈의 신경과학 모델로 이어진다. 카할이 약속했던 작업은 완성되지 못 했지만 그의 꿈 일기와 이에 대한 주석은 최근 카할의 일생을 연구하는 데 도움이 되었고, 이 꿈들이 19세기 훌륭한 과학자 중 한 사람에 대해 무엇을 말해줄 수 있을지 밝히는 멋진 책으로 출간되었다.[12]

신경과학의 아버지이자 실험심리학자로 활동했던 신경생리학자가, 심리학으로 눈을 돌리기 전까지 신경생리학자로 활동했던 정신분석의 아버지가 제기한 이론이 틀렸음을 밝히려고 무려 16년이나 자신의 꿈 을 기록했다는 사실은 믿기 어렵다. 하지만 다시 말하지만 이것이 우리 가 꿈이라 부르는 '몹시도 흥미로운' 현상의 매혹적인 본질이다.

4장
새로운 꿈 과학의 탄생

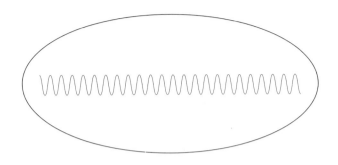

1951년 12월의 어느 추운 밤, 우리가 꿈에 대해 안다고 생각한 모든 것은 완전히 뒤바뀌었다. 아들 아르몬드의 잠을 연구하던 유진 애서린스키Eugene Aserinsky가 아들이 잠에서 깼다고 생각하고 무언가를 발견한 바로 그날이었다. 전형적인 가난한 대학원생이었던 애서린스키는 시카고 대학교에서 연구하고 있었다. 임신한 아내와 어린 아들도 있어서 삶은 고달팠다. 애서린스키의 딸은 이렇게 회상하기도 했다. "너무 가난해서 한번은 아빠가 감자를 훔쳐 와서야 겨우 배를 채운 적도 있었죠." 그러나 학사 학위를 받기도 전에 대학원에 들어온 서른 살의 애서린스키는 박사 학위를 따려 열심이었다. 12월 그날 밤도 애서린스키는 잠든 여덟 살 아들의 눈동자 움직임이 보이는 약한 전기 신호를 기록하려 애썼다.

애서린스키는 운이 좋았다. 시카고대학교의 프랭크 오프너Frank Offner가 애서린스키보다 한발 앞서 오프너 다이노그래프Offner Dynograph를 발명했기 때문이다. 이 장치는 눈동자의 움직임에서 생성되는 전기 신호를 둘둘 말린 종이에 연속해서 기록할 수 있었다. 애서린스키는 다이노그래프를 이용해 아들이 눈을 깜빡이는, 즉 분명 깨어 있는 순간을 확인할 수 있다고 여겼다. 아들이 잠들고 얼마 지나지 않아 다이노그래프 종이에 무수한 전기 신호가 그려지기 시작했고 애서린스키는 아들이 잠에서 깼다고 생각했다. 그는 아들의 상태를 확인하러 방으로 갔다.

하지만 아들은 깨어 있지 않았다. 푹 잠들어 있었다! 다이노그래프에 뭔가 이상이 생긴 게 분명했다. 아니면 잠에 대해 애서린스키가 생각한 것이 잘못되었거나.

렘, 빠르고 갑작스러운 눈 운동

2년이 채 지나지 않아 애서린스키와 지도교수인 너새니얼 클라이트먼Nathaniel Kleitman은 권위 있는 과학 저널 《사이언스Science》에 두 쪽짜리 논문을 발표했다. 〈수면 중 일어나는 규칙적인 눈 움직임 주기와 이에 수반되는 현상Regularly Occurring Periods of Eye Motility, and Concomitant Phenomena, during Sleep〉이라는 논문에서 두 사람은 밤새 주기적으로 일어나는 빠르고 갑작스러운 눈 운동이 있다고 밝혔다.[1] 애서린스키와 클라이트먼은 빠른 눈 운동REM, Rapid Eye Movement이 일어나는 렘수면의 존재와 이 현상이 밤새 90분마다 되풀이된다는 사실을 단번에 발견했다.

클라이트먼은 4년 후인 1957년에 다른 학생인 윌리엄 디멘트William Dement와 공동 저자로 논문을 한 편 더 발표했다. 디멘트는 애서린스키를 통해 렘수면과 꿈의 명백한 연관성에 대해 들은 바 있었다. 렘수면과 꿈이 정말 관련 있는지 궁금했던 디멘트는 성인 9명의 수면을 총 61일 동안 기록했고, 이 기간에 참가자들을 하룻밤 평균 6번 깨워 총 351건의 꿈 보고서를 수집했다. 참가자를 렘수면 중 깨워 얻은 꿈 보고서와 비렘수면 중 깨워 얻은 보고서를 비교하자 놀라운 결과가 나타났다.[2] 참가자를 비렘수면 중 깨웠을 때 '꿈 내용을 일관성 있고 아주 상세하게 설명'한 경우는 7퍼센트에 불과했다. 하지만 렘수면 중 깨우면 이보다 10배 이상 많은 80퍼센트가 일관성 있는 꿈 보고서를 제출했다. 꿈은 이제 정신의 숨겨진 깊은 곳 어딘가에서 나오는 신비로운 정신적 현상이 아니었다. 단숨에 꿈은 '생물학적 작용'이 되었다.

애서린스키와 클라이트먼이 "빠르고 갑작스러운 눈 운동"이라고 이름 붙인, 새로 발견된 밤의 주기는 꿈과 관련 있는 것만은 아니었다. 오늘날에는 수많은 신체 기능을 섬세하게 조절하는 일반적인 뇌 기능이 렘수면 동안에는 꺼진다는 사실이 잘 알려져 있다. 렘수면 동안에는 심박수, 혈압, 호흡 등 모든 기능이 평소와 크게 달라진다. 뿐만 아니라 남성은 렘수면 동안 발기가 연장되고 여성은 클리토리스가 부푼다. 뇌 활동에도 확연한 변화가 일어난다. 뇌의 전기적 활동은 깨어 있을 때와 구분할 수 없을 정도로 비슷해진다. 근육 긴장도도 거의 사라지는 등의 변화가 일어나 몸이 사실상 마비된다. 뇌에서 분비되어 뇌 활동을 조절하는 화학물질에도 변화가 일어난다. 즉 렘수면은 낮이나 밤 동안의 다른 시간대에서는 찾아볼 수 없는 뇌와 몸의 독특한 상태이다.

애서린스키의 발견은 독일 예나대학교의 신경학 및 정신의학 교수인 한스 베르거Hans Berger가 최초로 인간의 뇌전도EEG, electroencephalogram를 기록한 지 22년이 지난 후에 나왔다. 뇌전도란 뇌 속에서('encephala', 그리스어 en과 kephale가 합성된 단어로 '머릿속'을 의미) 일어나는 전기적 활동 electro을 기록('gram', 전보telegram의 'gram'과 마찬가지의 의미)한 것이다. 베르거는 정신적 에너지를 이루는 생리학적 기반에 관심이 많았지만 이 연구가 좀처럼 진전되지 않자 뇌의 전기적 활동으로 눈을 돌렸다.[3] 렘수면에서 보이는 뇌 활동의 독특한 패턴을 발견하는 데 더없이 적절한 시점이었다.

하지만 밤새 주기적으로 되풀이되는 렘수면의 다른 특징은 오래전에 발견될 수도 있었다. 사춘기 소년이라면 누구나 수면 중 발기 현상을 알고 있으며, 로마 황제 마르쿠스 아우렐리우스의 주치의였던 갈렌Galen은 이미 1세기에 수면 중 발기 현상을 설명했다.[4] 갈렌은 이 현상과 꿈의 연관성도 언급했다. 누군가 밤새 수면 전반에 걸쳐 일어나는 이 현상을 기록했다면 렘수면의 주기성과 꿈의 관계가 2천 년쯤 일찍 발견될 수 있었을 것이다. 오늘날 새내기 부모들도 잠자는 아기의 얇은 눈꺼풀 아래로 빠르게 움직이는 눈 운동을 볼 수 있다. 사실 렘수면은 보려고만 했다면 언제든 발견될 수 있는 것이었다.

렘수면 주기

연구자들은 밤의 각 수면 단계에 대해 점점 더 많이 알게 되었는데 기본은 간단하다. 사람은 밤새 90분마다 렘수면에 들어갔다 나갔다 하는 주기를 거친다. 각 렘수면 사이에는 세 번의 비렘수면이 일어나는데 각각 N1, N2, N3 단계로 구분된다. 숫자가 커질수록 점점 깊은 수면을 나타낸다. 건강한 수면 상태는 그림 4.1의 수면 그래프와 같다.

굵은 선은 한 시간 반마다 일어나는 렘수면을 나타낸다. 밤 11시쯤 잠이 든다면 첫 번째 렘수면은 자정 직후 일어난다. 이 90분 주기는 밤

건강한 수면 상태

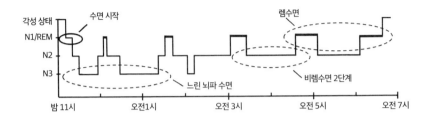

〈그림 4.1〉 건강한 수면 상태에서의 렘수면과 비렘수면 N1, N2, N3 단계

새 비교적 일정하게 유지되지만 각 주기를 거칠 때마다 렘수면의 길이가 늘어나는 것을 볼 수 있다. 반면 깊은 N3 단계 수면 시간은 점점 줄어들어 한밤중이 되면 완전히 사라진다. 이 수면 단계는 1968년 앨런 레흐샤펜Alan Rechtschaffen과 앤서니 케일스Anthony Kales가 전문가들을 불러 모아 마지막까지 치열한 논의를 거친 끝에 완성한 수면 점수화 매뉴얼에도 있다. 전문가들은 렘수면과 비렘수면 1~4단계라는 수면의 다섯 단계를 정의했다.[5] 40여 년 후 비렘수면 3단계와 4단계(느린 뇌파 수면)를 합쳐 오늘날의 렘수면 및 비렘수면 N1~N3 단계라는 이름이 확정되었다.

수면 연구자들이 수면 기록을 점수화할 때는 뇌전도만 보지 않는다. 안전도EOG, electrooculogram와 근전도EMG, electromyogram를 통해 눈 운동과 근육 긴장도를 함께 관찰한다. 이 명칭을 분해하면 뇌전도EEG, electroencephalogram라는 이름과 비슷하다는 사실을 알 수 있다. 일렉트로-엔세팔로encephalo(뇌)-그램, 일렉트로-오큘로occulo(눈)-그램, 일렉트로-미오myo(근육)-그램은 각각 뇌와 눈, 근육의 전기적 활동을 기록한다. 앞서 언급한 것처럼 뇌와 눈, 근육 활동은 렘수면 동안 달라진다. 하지만 이 활동들은 비렘수면의 세 단계에서도 각기 다르다. 그림 4.2의 상단에서 보면 뇌 활동 EEG 패턴이 각성 상태, N2 단계, N3 단계, 렘수면 동안 모두 다르다는 사실을 알 수 있다. 극적인 차이다.

각성 상태의 EEG 패턴은 특별한 점이 없다. 물론 아무 일도 일어나지 않는다는 말은 아니다. 단지 서로 다른 뇌 신경세포나 뉴런이 반응하는 방식이 그다지 관련 없다는 의미이다. EEG 패턴으로 뇌의 전기적 활동을 기록하려면 두피에 전극 2개를 붙이고 시간이 지남에 따라 두 전극 사이의 전압이 어떻게 달라지는지 기록하면 된다. 건전지가 얼마나 남았는지 확인할 때 양극과 음극을 연결하는 것처럼 두피에 전극을 붙이기만 하면 전압계로 간단히 뇌의 전기적 활동을 측정할 수 있다. 전극을 머리에 대면 전압계의 바늘이 앞뒤로 움직이는데, 이것이 EEG 패턴이다.

사실 아주 똑같지는 않다. 당신의 집 지하실에 있는 전압계가 측정할 수 있는 전압은 1~6볼트인데, EEG에서 확인할 수 있는 가장 큰 신호는 1만 분의 1볼트, 즉 100마이크로볼트 정도밖에 되지 않는다. 하지만 기본 원리는 같다.

그렇다면 실제로 우리가 측정하는 것은 무엇일까? 축구 경기가 시작하기 전에 경기장 밖 콘크리트 벽에 청진기를 대고 있다고 상상해보자. 들리는 건 수천수만 명의 관중이 저마다 말하는 소리가 모여 끊임없이 웅웅거리는 낮은 소리일 뿐이다. 소리의 강도를 측정한다면, 각성 상태의 EEG 패턴처럼 수많은 관중의 말소리 높낮이에 따라 미세한 출렁임만 보일 것이다. 이제 경기가 시작되고 그라운드의 한가운데에 있

수면의 생리학

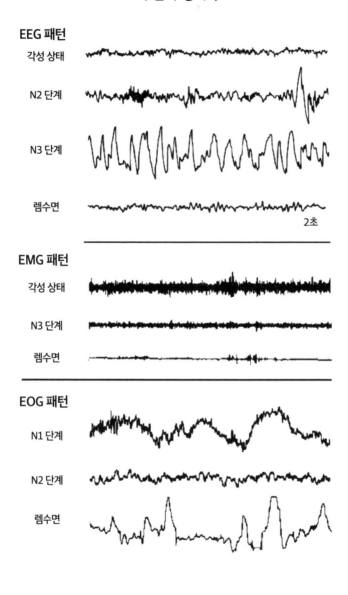

EEG 패턴

각성 상태

N2 단계

N3 단계

렘수면

2초

EMG 패턴

각성 상태

N3 단계

렘수면

EOG 패턴

N1 단계

N2 단계

렘수면

〈그림 4.2〉 각 수면 단계의 EEG, EMG, EOG 패턴

다고 상상해보자. 선수들이 주변에서 움직이면서 소리의 강도는 N2 단계 EEG 패턴과 비슷해진다. 경기가 시작되면서 무리를 지어 있던 선수들이 각자 포지션에 자리를 잡고 팬들이 환호하면 더 큰 출렁임이 여럿 보인다. N2 단계 EEG 패턴에서 보이는 끝자락의 큰 출렁임은 선수들이 공을 패스할 때 관중들이 동시에 함성을 지를 때 보이는 패턴과 비슷하다. N3 단계 EEG 패턴은 팬들이 하나가 되어 손뼉을 치는 모습과 일치한다. 경기장 밖에서는 한 명이 손뼉을 치는 소리를 들을 수는 없지만 수천 명이 하나가 되어 손뼉을 치면 청진기 없이도 그 소리를 들을 수 있다.

밥은 하버드대학교 축구경기장에서 1킬로미터 정도 떨어진 곳에 사는데, 서풍이 불 때 마당에 앉아 있으면 하버드대 선수들이 득점을 했을 때 함성이 울리는 것을 들을 수 있다. 마찬가지로 N3 단계 EEG 패턴을 보면 수천수만 개 정도가 아니라 수백만 수천만 개의 뉴런이 1초에 1~2회씩 리듬감 있게 동시에 발화하는 현상을 볼 수 있다. 각성 상태에서 깊은 수면으로 들어갈수록 뇌 전체는 낮 동안의 기억을 검토하고 재생하는 데 집중하면서 점점 많은 세포가 동시에 발화했다가 10분의 몇 초 동안 동시에 쉬는 패턴을 번갈아 반복한다. 이에 따라 EEG 신호는 점점 강해진다. N3 단계 수면 뇌파는 크고 느려서 일반적으로는 '느린 뇌파 수면slow-wave sleep'이라고 불린다.

그렇다면 렘수면 상태에서는 어떤 일이 일어나는가? EEG 패턴은 각성 상태의 패턴과 비슷하다. 애서린스키가 아들이 깨어 있다고 착각한 것도 어느 정도는 이 패턴 때문이다. 사실 수년 동안 렘수면은 '역설 수면paradoxical sleep'이라고 알려져 있었다. 역설 수면 상태에서는 깊이 잠들어 있는데도 완전히 깨어 있는 것 같은 EEG 패턴을 보인다. 그래서 수면 연구자들은 EMG와 EOG도 함께 관찰했다. 그림 4.2의 EMG 패턴에서 보듯 근육 긴장도를 살펴보면 렘수면과 각성 상태를 쉽게 구별할 수 있다. 예상대로 처음 수면에 들면 몸은 긴장을 풀고, 깊은 비렘수면에 빠질수록 몸은 더욱 이완되며 뇌파는 점점 크고 느려진다. 하지만 렘수면에 들면 이상한 일이 일어난다. 뇌파는 깨어 있는 상태처럼 다시 빨라지는데, 근육 긴장도는 거의 0으로 떨어진다. 의자에 앉아서 잠이 들었다면 미끄러질 것이다. 근육 긴장이 전혀 없고 근육을 제어할 능력이 없는 무긴장^{atonia} 상태다. 각성 상태와 비슷한 EEG와 0에 가까운 EMG의 조합은 렘수면에 빠졌다는 결정적인 증거다.

깨어 있는 동안에도 렘 무긴장 상태가 나타나기도 하는데, 이렇게 되면 상당히 당혹스러운 결과가 나타난다. 1장에서 우리는 꿈속 경험과 현실 경험의 기억을 구별하지 못하는 기면병 환자 이야기를 했다. 기면병은 각성-수면 주기를 조절하는 뇌 회로가 방해받는 수면 장애로, 기면병 환자는 잠이 들고 한두 시간 후가 아니라 즉시 렘수면에 빠진다. 게다가 보통 렘수면 동안에만 보이는 마비 증상이 깨어 있는 상태에서도 발생해, 마치 보이지 않은 손이 '내려친' 것처럼 땅에 쓰러지는 탈력 발작^{cataplexy}(그리스어로 '아래로'를 의미하는 'kata'와 '타격'을 의미하는 'plessien'의 합성어)이 일어난다. 신기하게도 이런 갑작스러운 타격은 감정이 격해져서 일어나는 경우가 많은데 가장 흔한 경우는 크게 웃을 때다. 깨어 있다가도 갑자기 근육 제어력을 모두 잃고, 다시 근육 긴장이 돌아오기까지는 1분 정도가 걸린다. 탈력 발작을 일으킨 기면병 환자의 영상을 온라인에서 찾아볼 수 있다. 이들이 기면병 환자라는 사실을 모르면 무슨 일이 일어난 것인지 전혀 알 수 없을 것이다.

깨어 있을 때 렘수면 무긴장이 발생하는 흔한 예로 수면 마비paralysis를 들 수 있다. 수면 마비는 보통 아침에 렘수면에서 깨어날 때 발생한다. 뇌는 렘수면에서 각성으로 이동하는데 렘수면 무긴장 시스템은 느리게 꺼져 아직 몸이 마비된 상태로 깨어나는 것이다. 더 심각한 문제는 이미 깨어났고 눈을 떴는데도 뇌는 계속 꿈을 꾸고 싶어 한다는 점이다. 이렇게 되면 눈에 보이는 침실의 이미지에 꿈이 결합한 시각적 환각이 발생한다. 낯선 사람이나 괴물이 방에 들어오는 것처럼 보이기도 한다. 내 친구는 60센티미터가 넘는 거대 거미가 침실 구석에 매달려 있는 환각을 본 적도 있다. 성인 4명 중 1명은 살면서 한 번쯤은 이런 경험을 하는데, 며칠 밤을 연이어 제대로 자지 못했을 때 더 흔히 발생한다.

렘수면의 특징은 이름처럼 '빠른 눈 운동'이다(R.E.M.수면이라고 부르기도 하는데, 아마 록 밴드가 이름을 따 온 유일한 수면 상태일 것이다). 빠르고 갑작스러운 눈 운동은 그림 4.2처럼 EOG 패턴으로 확인할 수 있다. 렘수면을 하는 동안에는 빠르게 양쪽으로 움직이는 물체를 보려고 의식적으로 시선을 좌우로 움직이는 것처럼 급격한 눈 운동이 일어난다. 몇 초 동안 눈이 왔다 갔다 하다가 멈추고, 그림 4.2의 EOG 패턴처럼 수 초 또는 1~2분 후 다시 이어지다 렘수면이 끝난다.

빠른 눈 운동은 렘수면 조절에 중요한 영역인 뇌줄기 깊숙한 곳에서 시작된다. 논란의 여지는 있지만 빠른 눈 운동이 왜 일어나는지 설명하는 중요한 이론으로 '스캐닝 가설scanning hypothesis'이 있다. 렘수면 발견 직후인 1962년 하워드 로프워그Howard Roffwarg가 처음 제안한 이 가설은 렘수면의 빠른 눈 운동이 꿈속 행동을 추적하며 시선을 따라가는 뇌에서 유발된다고 주장한다.[6] 스캐닝 가설과 정반대인 이론도 있다. 뇌는 꿈을 꾸는 사람의 눈 운동에 맞춰 내러티브를 만들고, 이 내러티브를 만드는 뇌의 의도에 따라 꿈속 움직임이 만들어진다는 주장이다.

빠른 눈 운동, 무긴장, 깨어 있는 상태와 유사한 EEG 패턴이라는 3가지 뚜렷한 특징이 렘수면을 이렇게 독특한 뇌 상태로 만든다. 이 특징들은 서로 30초 이내에 나타나 30분 이내로 함께 유지되다가 처음 발생했던 것처럼 재빨리 조용히 사라진다.

렘수면은 비렘수면과 크게 다르지만, 비렘수면의 세 단계에는 정도의 차이만 있다. N3 단계는 그림 4.2에서 보듯 '깊은' 수면의 표지인 느린 뇌파를 더 많이 보이지만, 다른 특성은 N2 단계와 비슷하다. N1 단계는 잠든 직후 1~2분 정도만 유지되지만 그림 4.2에서 보듯 느린 눈 운동SEM, Slow Eye Movement이라는 독특한 특징을 지닌다. 느린 눈 운동을 하는 동안 눈동자는 빠른 눈 운동의 10분의 1 이하의 속도로 2~4초에 걸쳐 앞뒤로 천천히 움직인다.[7] 느린 눈 운동을 만드는 뇌의 메커니즘과 기능은 아직 알려지지 않았지만 이런 움직임이 나타나는 순간은 현실 세계의 각성이 사라지는 순간과 밀접한 관련이 있다. 수면 시작 단계에서 흔히 나타나는 환각 이미지는 보통 느린 눈 운동이 나타나고 몇 초 안에 시작된다.[8] 수면 연구자들은 두 현상이 서로 어떻게 의미 있게 연결되는지 아직 파악하지 못했지만, N1 단계와 렘수면은 둘 다 정형화된 눈 운동과 환각 이미지의 조합으로 특징지을 수 있다는 점은 확실하다.

밤 동안의 꿈

사람들은 정확히 언제 꿈을 꿀까? 보통 수면 시작 단계나 렘수면에서 꿈을 꾼다고 알려져 있다. 하지만 N2 단계와 N3 단계에서도 꿈을 꿀까? 언제 꿈을 꾸는지 알면 뇌의 어떤 메커니즘이 꿈과 관련 있는지 이해하는 데 도움이 된다.

밤 동안 실제로 얼마나 꿈을 꿀까? 프로이트는 우리가 거의 꿈을 꾸지 않는다고 생각했고, 꿈을 꾼다면 신경증이 있는 경우에만 그렇다고 주장했다. 우리가 밤새 꿈을 꾼다면 프로이트의 이론을 뒷받침하기 어렵다. 꿈이 수면 단계나 시간에 따라 다를까? 간단히 말하면 우리는 모든 수면 단계에서 꿈을 꾼다. 밤 동안 대부분 꿈을 꾸지만 수면 단계나 시간에 따라 꿈의 일관성은 다르다. 평균적으로 꿈은 수면 단계마다 다르고, 이른 밤에 꾸는지 늦은 밤에 꾸는지에 따라서도 다르다.

더 완벽한 대답은 예상하다시피 훨씬 복잡하다. 이에 답하려면 우선 1장에서 논했던 것처럼 무엇을 꿈으로 간주할 수 있는지에 대한 질문으로 되돌아가야 한다. 1장에서 우리는 꿈이 무엇인지에 대해 합의된 정의가 없고, 우리가 얼마나 언제 꿈을 꾸는지도 정의에 따라 달라진다는 사실을 살펴보았다. 한 가지 정의에 따르면 백일몽도 꿈의 일종이지만, 다른 정의에 따르면 렘수면 동안 꾸는 복잡한 것만 꿈으로 간주해야 한다. 논쟁을 피하기 위해 여기서는 단순한 정의를 적용해 잠자는 동안 일어나는 정신적 경험, 즉 잠자는 동안 우리의 인식에 들어오는 모든 생각, 감정, 이미지를 꿈으로 볼 것이다.

꿈 이미지도 단지 시각 이미지만이 아니라 모든 감각을 의미한다. 감각 역시 근육통이나 복통처럼 내부에서 일어나는 감각은 물론 시각, 청각, 후각, 미각, 촉각, 온각, 신체 위치 감각 및 균형감 등 외부에서 일어나는 감각도 포함된다. 방광이 가득 찬 것 같은 진짜 감각은 물론 사람 얼굴이나 트럼펫 소리 같은 환각적 감각도 해당한다. 꿈은 시각, 청각, 사람, 동물, 교통 상황, 논쟁, 혼란, 기쁨, 두려움 등을 포함한 복잡하고 기괴한 이야기일 수도 있다. 이렇게 보면 인간의 꿈 경험은 개별 감각이나 생각에서 다른 세계로 향하는 서사적 여행의 연속선상에 놓여 있다. 이 모든 경험이 수면 정신 작용이며, 1장에서 논한 우리의 '꿈' 정의에 부합한다.

이런 정의에서 볼 때 우리는 비렘수면 동안 꿈을 꿀까? 물론이다. 디멘트와 클라이트먼의 연구 이래 렘 각성 동안 꿈을 꾼다는 보고는 꾸준히 약 80퍼센트를 유지하고 있다. 하지만 비렘수면 N2 단계 각성에서의 꿈 보고는 디멘트와 클라이트먼의 최초 논문에서 보고된 7퍼센트에서 최고 50~60퍼센트까지 서서히 증가했으며, 어떤 연구에서는 70퍼센트 이상으로 보고되기도 했다.[9] 심지어 수면의 첫 몇 분인 '입면' 단계의 비렘수면 N1 단계에서 수집된 꿈의 비율은 더 높다. '입면hypnagogic'이라는 단어는 그리스어로 '잠'을 의미하는 hypnos와 '이끌다'라는 의미의 agōgos에서 나온 것으로, 잠으로 이끄는 수면 시작기sleep-onset period를 의미한다. 입면기에 깬 사람은 75퍼센트 정도가 꿈을 꾼다고 보고하는데, 렘수면에서 꿈을 꾼다는 비율인 80퍼센트와 거의 구분할 수 없는 정도다. 깊은 비렘수면 N3 단계에서도 50퍼센트 정도가 꿈을 꾼다고 보고하기도 했다. 결국 모든 비렘수면 단계 대부분에서 꿈을 꾼다는 결론을 얻을 수 있다.

어떤 연구자들은 잠에서 깬 우리가 기억하든 그렇지 못하든 밤새 꿈을 꾼다고 주장하기도 한다. 나중에 기억난 수많은 일화적 보고를 보면 이런 주장의 가능성을 뒷받침할 수 있다. 예를 들어 꿈꾼 사실을 기억하지 못하고 깼는데, 나중에 샤워하거나 길에서 고양이를 마주치는 등 어떤 사건을 만나고 갑작스럽게 샤워나 고양이와 관련된 생생한 꿈의 세부를 떠올릴 수도 있다. 꿈 기억이 없다는 것이 꿈을 꾸지 않았다는 명확한 증거는 아니다.

물론 모든 수면 단계의 꿈이 같다는 의미는 아니다. 예를 들어 꿈 보고서에 몇 가지 단어가 있는지 세어 보면, N1 단계 꿈 보고서는 N2 단계 보고서보다 짧고 렘수면 보고서보다는 더 짧다. 하지만 그 의미는 생각보다 명확하지 않다. 렘수면 동안의 보고서가 긴 것은 실제로 렘수면 동안의 꿈이 더 길기 때문일 수도 있지만, 단지 렘수면이 더 생생하거나 기괴해서 더 많은 단어로 묘사했기 때문일 수도 있다. 렘수면에서 깨어났을 때 더 많은 꿈을 기억할 수 있다는 의미일 수도 있다. 아마도 이 3가지 설명이 모두 해당될 것이다.

꿈 내용 이야기하기

데비는 연구 초반 사흘간의 꿈 연구를 위해 수면 실험실을 찾았다. 잠옷과 칫솔을 가져온 데비는 옷을 갈아입은 다음 우리가 EEG, EOG, EMG 패턴을 관찰하기 위해 30여 분에 걸쳐 머리와 눈 옆, 턱에 전극을 부착하는 동안 참을성 있게 앉아 있었다. 전극을 통해 밤새도록 기록된 데비의 뇌파, 눈 운동, 근육 긴장도는 컴퓨터 하드 드라이브에 압축해서 저장했다. 부채처럼 접힌 20센티미터×30센티미터 넓이의 종이 수천 장을 사용하는 옛날 방식이 아닌 1990년대식 최신 기법이다. 우리는 데비에게 전극을 달면서 무엇을 확인하려 하는지 말해주었다.

"이 연구에서 우리는 당신이 꿈속에서 하는 생각을 관찰하려고 합니다. 사람들은 보통 꿈속에서 하는 생각은 보고하지 않는데요, 꿈속 시각 이미지나 행동, 감정이 너무 강해서 꿈 보고서를 지배하는 것 같습니다. 그래서 우리가 오늘 밤늦게 당신을 깨워서 꿈 보고서를 작성해달라고 하면, 잠시 멈춰서 깨어나기 직전 꾼 꿈을 최대한 상세히 기억해주세요. 그리고 보고서를 시작할 때 기억나는 생각에서 출발해 보고해주세요. 아무것도 기억나지 않아도 괜찮습니다. 그리고 물론 꿈이 기억나지 않거나 내용이 말하기 불편하다면 그렇다고 말해주세요. 기록해두고 나중에 검토하겠습니다."

전극을 연결하고 나서 데비는 침대로 가 10분 안에 푹 잠이 들었다. 90분 후 데비는 '깨어나기 전' 기억나는 모든 꿈을 보고해달라는 녹음된 목소리를 듣고 깨어났다.

방금 묘사한 방법은 현대 과학자들이 꿈 보고서를 수집할 때 사용하는 여러 방법 가운데 하나다. 실험 참가자에게 직접 꿈 보고서를 쓰거나 녹음하게 하기도 한다. 집에서 실험하거나 데비처럼 수면 실험실에 참가자를 데려와서 실시하기도 한다. 참가자가 집에서 실험할 때는 깨어날 때마다 꿈을 기록하게 하거나, 아침에만 또는 내킬 때만 기록하게 요청할 수도 있다. 실험실에서는 깨울 때마다(일부 연구에서는 하룻밤에 무려 열두 번 정도), 또는 스스로 일어나는 아침에만 기록하게 하기도 한다. 과거(지난주, 지난달, 작년, 또는 생애 전체) 중 기억나는 꿈을 기록할 때도 있다. 가장 기억에 남는 꿈을 기록하거나 가장 최근의 꿈을 기록하게 하기도 한다. 모두 우리가 답하려고 하는 질문에 따라 다르다.

참가자에게 다음과 같은 사실을 보고해달라고 요청하기도 한다. 최소한 다음과 같은 3가지 중 선택할 수도 있다. 꿈꿨다는 사실을 기억하지 못하는지, '화이트 드림white dream'처럼 꿈꿨다는 사실은 기억하지만 내용은 기억나지 않는지, 아니면 꿈꿨다는 사실과 내용 모두 기억나는지이다. "깨기 전에 마음속에서 일어난 모든 것(보고 듣고 냄새 맡은 것, 행동한 것과 생각하고 느낀 것)을 기록하되, 그것이 무엇을 의미하는지나 어디에서 왔다고 생각하는지는 포함하지 말고 그냥 꿈만 보고할 것"을 요청하는 경우도 흔하다. 아니면 TV 드라마에 등장하는 탐정 '조 프라이데이'의 대사를 약간 바꿔서 이렇게 말하기도 한다. "부인, 그냥 꿈, 꿈만 말해주세요Just the dream, ma'am, just the dream."(미국 드라마 〈수사망Dragnet〉에서 주인공의 대사 "부인, 그냥 사실만 말해주세요Just the facts, ma'am"를 변용한 것-옮긴이)

때로 '적극적 탐침affirmative probes' 방법을 사용해 관심 있는 특정 질문에 대한 정보를 얻기도 한다. 예를 들어 꿈속 냄새나 맛에 대한 보고는 거의 없는데, 이런 현상은 우리가 이와 관련된 꿈은 거의 꾸지 않기 때문일 수도 있다. 하지만 밤은 낮 동안 참가자들의 호출기를 울려(휴대전화가 나오기 전이다) 호출 직전 경험한 모든 것을 보고하게 했다. 깨어 있고 식사를 하고 있다는 보고는 몇백 건이나 받았다. 하지만 식사 중 어떤 행동을 하고 무엇을 보고 들었는지는 설명했지만, 맛이나 냄새를 묘사한 경우는 거의 없었다. 우리는 맛이나 냄새와 관련된 정보는 보고하지 않는 셈이다. 따라서 꿈 연구를 할 때 "꿈꾸는 동안 경험한 맛이나 냄새에 특히 주의를 기울여 보고해주세요"라는 지침을 추가할 수 있다.

하버드대학교의 수면 및 꿈 연구자 앨런 홉슨은 《꿈꾸는 뇌The Dreaming Brain》(1988)에서 '불확실성uncertainties'을 꿈에서 발견되는 기괴한 것의 한 유형으로 설명했다.[10] 한 보고서에서 어떤 참가자는 이렇게 말했다.

"해변에 앉아 있었어요. 음, 수영장이었던 것도 같아요."

무슨 의미일까? 어디였는지 기억하지 못한다는 말일까? 몇 년 후 밥은 홉슨과 함께 이 질문의 답을 구하려고 적극적 탐침을 이용한 연구를 했다. 두 사람은 실험 참가자들에게 "확실하지 않은 부분은 보고서에 밑줄을 쳐 주세요. 그다음 그 불확실함이 세부를 잊어버려서인지, 실제로 꿈에서 모호했는지 알려주세요. 후자라면 꿈꾸는 동안 모호하다고 느꼈는지 나중에 깨어나서 모호하다고 느꼈는지 알려주세요"라고 요청했다. 적극적 탐침을 통해 꿈 연구자들은 꿈의 세부적 구조에 대한 수많은 질문을 해결할 수 있었다.

참가자들에게 꿈을 꾼 후 설문지를 작성하게 할 수도 있다. 초기 꿈 연구자 칼킨스가 19세기에 사용했던 방법과 비슷하다. 참가자들에게 감정 목록을 주고 꿈에서 경험한 모든 감정을 표시하게 하거나, 꿈에 나오는 인물을 모두 나열하고 그들이 유명한 사람인지, 개인적으로 알고 있는 사람인지, 전혀 모르는 사람인지 표시하게 한다. 꿈의 지배적인 감정이 무엇인지, 그 감정이 얼마나 오래 지속되는지 질문할 수도 있다. 다시 말하면 참가자에게 요구하는 정보는 우리가 답하고자 하는 질문에 따라 달라진다.

일단 여러 꿈 보고서를 수집하면 그 정보로 무엇을 할지는 우리가 꿈 보고서를 왜 수집했는지에 달려 있다. 과학에서는 항상 답하고자 하는 근본적인 질문이 있다. 방금 설명한 적극적 탐침은 모두 우리가 답하고자 하는 구체적인 질문에 근거한 것이다.

밥은 낮 동안 경험한 사건을 다음 날 떠올릴 때처럼 그 기억을 꿈에서 실제로 재생하는지 알아보는 연구를 수행했다. 밥은 참가자들에게 꿈을 기록하게 한 다음 그중 깨어 있을 때의 사건에서 왔다고 생각하는 부분에 밑줄을 치게 했다. 그다음 밑줄 친 꿈 요소와 관련된 현실 사건을 다른 양식에 적고 꿈과 그 사건에 어떤 비슷한 점이 있는지 표시해달라고 요청했다. 같은 사람, 사물, 장소, 행동이 나타났는가? 주제나 감정이 같은가? 이 적극적 탐침은 몹시 복잡했지만, 참가자들의 보고는 우리의 꿈이 현실 사건을 그대로 재생하지는 않는다는 사실을 분명히 보여주었다. 물론 예외도 있다. 몇 가지 중요한 예외적 사례에 대해서는 나중에 논하겠다.

우리가 무엇을 얻으려 하는지 참가자들이 알지 못하도록 어떤 탐침도 사용하지 않는 때도 있다. 어떤 집단에 속한 참가자에게 무슨 꿈을 꾸었는지 외에는 특별한 질문을 던지지 않을 수도 있다. 예를 들어 최근에 이혼한 여성의 꿈이 결혼하지 않은 여성이나 행복한 결혼 생활을 하고 있다고 말하는 여성의 꿈과 어떻게 다른지 알고 싶을 수도 있다. 이처럼 특별히 주목할 만한 꿈의 특징이 없는 경우에는 보통 가능한 한 상세하게 보고해달라고만 한다.

지난 몇 년간 우리는 지금까지 설명한 다양한 기법을 이용해 수천 건의 꿈 보고서를 수집했다. 연구자들은 꿈 수집을 좋아한다. 앉아서 수백 편의 꿈 보고를 읽는 일은 마법 같다. 때때로 꿈 연구가 몹쓸 짓이라 느껴질 때도 있다. 하지만 우리는 꿈이 무엇인지, 뇌가 어떻게 꿈을 만드는지 알고 싶다. 그리고 뇌가 '왜' 꿈을 꾸는지도 알고 싶다. 그렇다면 이제 이 질문에 관심을 돌릴 차례다.

5장
잠은 졸음의 해결책일 뿐인가

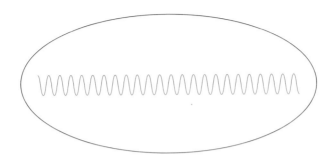

인간은 까다로운 동물적 충동의 영향을 받는 습관의 동물이다. 자야 할 때가 되면 뇌는 우리에게 잠을 자라고 알려준다. 잠 귀신이 온 듯 눈이 뻑뻑하고 가려워지며, 눈을 뜨고 있을 수 없을 만큼 눈꺼풀이 무거워진다. 잠깐이라도 눕고 싶어지고, 점점 주의를 기울이거나 논리정연하게 생각하기 어려워진다. 뇌는 크고 분명한 목소리로 메시지를 전한다. "이제 잘 시간이다."

누구나 영양을 섭취하고 탈수를 막으려면 먹고 마셔야 한다는 사실을 잘 안다. 하지만 잠이 필요한 이유는 연구자들도 이제야 막 이해하기 시작했을 뿐이다. 1990년대 후반까지도 우리는 대부분 잠의 생물학적 기능을 잘 알지 못했다. 어떤 연구자들은 잠이 에너지를 아끼고 장기나 조직, 세포가 고단한 일과에서 회복하는 데 도움을 준다고 주장했다. 잠이 밤에 우리를 안전하게 보호해준다는 연구자들도 있다. 하지만 이런 주장은 강력한 과학적 근거가 부족하고, 수억 년의 진화 과정을 거치며 잠이 나타나고 유지된 이유를 설명하지도 못한다.

1979년, 수면 연구의 선구자 앨런 레흐샤펜은 잠이 아무런 기능도 하지 않는다는 몇몇 연구자의 주장을 다음과 같이 신랄하게 비판했다. "잠에 어떤 중요한 기능도 없다면, 잠은 진화가 만든 가장 큰 실수일 것이다." 20년 후인 20세기 말에도 상황은 크게 나아지지 않았다. 하버드 대학교 의과대학의 앨런 홉슨은 유일하게 알려진 수면의 기능은 졸음을 해결하는 것뿐이라고 단언했다.

잠은 정말 중요할까? 사실 많은 사람에게 잠은 고유의 가치를 지닌 것이라기보다 불편한 것으로 느껴진다. 하지만 제대로 살펴보자. 오랫동안 잠을 자지 못한 쥐는 한 달도 안 돼 '모두 죽는다'. 치명적 가족성 불면증fatal familial insomnia(불면 증상이 지속되다 사망하게 되는 유전성 뇌 질환으로 주로 40대 이후에 발병)은 병명 그대로 환자에게 치명적이다.

잠을 거의 또는 아예 자지 않으면 끔찍한 결과가 생긴다. 미국에서는 졸음운전으로 해마다 8천여 건의 치명적인 교통사고가 일어나는데, 입원해야 하는 사고까지 따지면 모두 5만여 건에 달한다.[1] 게다가 수면 부족과 이에 따른 잘못된 결정은 체르노빌이나 스리마일섬 원전 사고, 챌린저호 폭발 같은 20세기 대재앙으로 이어지기도 했다.[2]

의도적으로 잠을 자지 않으면 자신은 물론 다른 사람에게 해를 입힐 수 있다는 사실이 알려지자, 기네스북은 가장 오랫동안 잠을 자지 않은 랜디 가드너Randy Gardner의 1964년 기록(11일 25분) 이후 기록 등재를 멈췄다. 병원도 수면 부족의 위험에서 자유롭지 못하다. 수련의가 24시간 이상 깨어 있는 교대근무 후 운전해서 귀가할 때 사고 확률이 130퍼센트, 사고를 낼 뻔한 확률이 500퍼센트 증가했다는 보고도 있다. 한 달에 다섯 번 이상 이런 장시간 교대근무를 하면 의료 과실을 저지르는 경우

가 6배, 피로로 환자를 사망에 이르게 한 경우가 3배 증가한다.[3]

20세기 말까지는 잠이 졸음을 해결하는 목적 이외에 어떤 역할을 하는지 명백한 결론을 내리지 못했다. 사실 이것도 사소한 이점은 아니다. 하지만 지난 20여 년간 잠에 대한 과학적 연구가 폭발적으로 늘면서 잠이 여러 중요한 기능을 담당한다는 사실이 명확하게 드러났다. 잠의 기능 대부분이 우리의 꿈 논의와 분명하게 관련되지는 않지만, 잠의 여러 기능을 두루 살펴보면 우리가 왜 꿈을 꾸는지 이해하는 데 필요한 배경지식을 얻을 수 있다.

최근에는 아주 조금만 자고서도 오랫동안 깨어 있을 수 있는 동물이 있다는 증거도 발견되었다. 갓 새끼를 낳은 어미 고래나 대양을 가로질러 이동하는 철새들이 그렇다. 심지어 어떤 새들은 날면서 자는 법을 안다! 하지만 인간은 물론 그 어떤 종도 전혀 잠을 자지 않아도 되는 동물은 없다. 잠이 필요 없는 사람은 한 명도 확인되지 않았다. 심지어 곤충이나 선충을 계속 밝거나 어두운 상태에 놓아두면 매일 같은 때에 몇 시간 동안은 움직이거나 반응하지 않는 낮은 형태의 수면 상태에 들어간다. 이렇게 쉬지 못하면 다음 기회에 즉시 이 휴식기를 보충한다.

잠이 5억 년간의 진화를 거치면서도 유지되었다는 점은 생존에 중요한 역할을 한다는 사실을 의미한다. 잠은 본질적으로 생존에 꼭 필요한 기능을 한다. 하지만 다른 기능은 거의 우연히 잠에 할당된 것 같기도 하다. 잠의 '관리 기능housekeeping function'의 경우 그저 밤이 편리한 시간이기 때문에 잠에 할당된 것으로 여겨진다. 매일 밤 넓은 사무실을 청소한다고 생각해보자. 청소를 밤에 하는 것은 할 수 있는 유일한 시간이라서가 아니라 아무도 없는 밤에 하는 것이 낮에 하는 것보다 더 편하고 효율적이기 때문이다. 하지만 분명 낮에도 청소를 할 수는 있다.

잠의 관리 기능

속속 밝혀지고 있는 잠의 여러 기능 가운데 대부분은 관리 기능에 해당한다. 아이들이 자라는 과정을 생각해보자. 어린이의 성장은 뇌의 기저부에 있는 뇌하수체에서 분비되는 성장호르몬으로 조절된다. 성장호르몬이 너무 적게 분비되면 키 성장이 저해되어 뇌하수체 왜소증pituitary dwarfism 상태가 된다. 반대로 너무 많이 분비되면 뇌하수체 거인증pituitary gigantism을 유발한다.

어린 시절의 성장호르몬은 대부분 밤의 깊고 느린 뇌파 수면 중에 분비된다. 성장호르몬이 분비되어 성장이 유도되면 24시간 만에 1.7센티미터나 자랄 수 있는데, 잘 먹고 잘 잘수록 더욱 잘 자란다.[4] 실제로 한 유아 성장 연구에 따르면 아이의 수면이 늘어날수록 성장도 급격해져 1시간 더 잘 때마다 최대 0.3센티미터까지 더 자란다.

느린 뇌파 수면 중 성장이 일어나는 이유는 아직 분명히 알려지지 않았다. 수면 중 일어나는 뇌와 신체의 생리적 변화도 급격한 성장에 그다지 중요한 것 같지는 않다. 아마도 느린 뇌파 수면 중에는 신체에 많은 요구가 부과되지 않으므로 진화상 이 시간에 성장호르몬을 분비하고 그에 따라 급격한 성장을 유도하는 편이 적절했을 것이다. 아이가 깨어 뛰어놀 때보다는 잘 때 성장이 일어나는 게 자연스럽다. 직관적으로 보아도 누워서 잘 때 키를 늘리는 게 더 쉽다.

인슐린을 조절하고 항체를 생성하는 잠의 다른 관리 기능도 마찬가지다. 독감 예방주사를 맞으면 독감 바이러스에 맞서는 항체의 혈중 농도가 열흘 안에 50배 늘어난다. 하지만 백신의 효율을 최대로 얻으려면 충분히 자야 한다. 한 연구에서는 참가자들에게 백신을 맞기 나흘 전부터 시작해 엿새 동안 하루 4시간만 자게 했다. 일주일 후 이 참가자들의 항체 농도를 조사하자 정상적으로 잠을 잔 참가자들의 절반밖에 되지 않았다.[5] 다른 연구에서는 간염 백신을 맞은 후 단 하룻밤을 못 자게 했을 뿐인데도 항체 농도가 대조군의 절반 수준밖에 되지 않았다.[6] 잠이 항체 생성에 왜 중요할까? 역시 확실한 답은 없지만 성장호르몬과 마찬가지 원리로 보인다. 잠자는 시간은 면역 반응을 끌어올려 항체를 최대한 생성하기에 가장 편리한 시간이다.

인슐린 조절도 마찬가지다. 인슐린 호르몬은 췌장에서 생성되고 혈중 포도당 수치가 올라가기 시작하면 분비된다. 인슐린은 근육, 간, 지방 세포에서 혈중 잉여 포도당을 흡수해 글리코겐으로 전환하거나 지방으로 바꿔 오랫동안 저장할 수 있게 만든다. 이 과정이 제대로 작동하지 못하면 당뇨병으로 이어진다. 수면이 인슐린의 작용과 어떤 관련이 있는 걸까? 닷새 동안 4시간밖에 자지 못하면 건강한 대학생도 당뇨 전 단계 증상을 보였다.[7] 몸에서 혈당을 처리하는 속도가 하루 8시간을 잔 대조군에 비해 40퍼센트 떨어져 내당능 장애impaired glucose tolerance가 생긴 노인의 수준과 비슷해졌다. 게다가 인슐린을 단회 투여했을 때 몸의 반응 역시 30퍼센트나 저하되어 노인성 또는 임신성 당뇨 수준과 비슷해졌다.

시카고대학교의 이브 반 코터Eve van Cauter는 비만 유행(15년 전 미국 성인의 비만율은 14퍼센트였으나 현재는 많이 늘어난 40퍼센트에 이른다)의 원인이 지속적인 당 섭취 증가 못지않게 어느 정도는 지속적인 수면 시간 감소에도 있다고 지적한다. 충분한 수면이 왜 혈당을 효율적으로 조절하는 인슐린 작용을 유지하는 데 중요한지 그 이유는 확실하지 않지만 현상은 분명하며, 수면 시간이 줄어드는 경향이 계속되면 미국인 중 약 1억 명이 당뇨병에 걸릴 수도 있다는 사실 또한 틀림없다.

　잠의 또 다른 관리 기능도 주목할 만하다. 잠은 뇌의 폐기물을 청소하는 데 중요한 역할을 한다. 신경세포 사이의 공간에 축적되어 알츠하이머 진전을 유발하는 주요 단백질인 베타 아밀로이드β-amyloid도 뇌의 폐기물에 속한다. 나이가 들면서 왜 베타 아밀로이드가 뇌에 축적되는지는 알 수 없지만, 깨어 있을 때보다 잘 때 2배나 빨리 뇌에서 제거된다는 점은 분명하다.[8] 하룻밤만 못 자도 뇌 간질 공간에 축적된 베타 아밀로이드가 5퍼센트나 늘어난다.

　우리는 잠이 왜 중요한지 잘 안다고 생각한다. 뇌 폐기물을 청소하는 기능은 뇌세포를 씻어내고 폐기물을 운반하는 뇌척수액의 흐름과 관련 있다. 수면 중 뇌척수액은 파형을 이루며 흐르는데, 이 파형은 비렘수면의 느린 뇌파 수면 시간과 일치한다. 따라서 느린 뇌파가 뇌에서 뇌척수액의 흐름과 베타 아밀로이드 제거를 유도하는 것으로 보인다.[9]

잠의 주요 기능

위와 같이 분류한 잠의 '관리' 기능 중 사소한 건 하나도 없다. 잠은 성장을 돕고, 질병에 걸리는 것을 막으며, 과체중이나 인지장애가 생기는 걸 막는다. 하지만 이 기능만으로 애초에 왜 우리가 잠을 자게 되었는지 설명할 수는 없다. 사실 일단 잠을 자야 했다면 이런 관리 기능은 낮으로 옮겨지는 것이 이치에 맞다. 하지만 깨어 있는 동안 충족될 수 없는 잠의 주요 기능도 분명 있다.

진화적 관점에서 잠에 주요 기능이 있다는 가장 좋은 증거는 돌고래나 고래, 몇몇 새에서 볼 수 있다. 돌고래는 잠들면 수영할 수 없고 가라앉아 익사할 수도 있다는 치명적인 문제가 있다. 그래서 잠을 잘 여유가 없다. 잠에 단순한 관리 기능만 있다면 문제될 게 없다. 진화를 통해 돌고래가 잠을 자지 않게 하면 문제는 비교적 간단히 해결된다. 관리 기능은 모두 깨어 있는 상태로 옮기면 된다. 이 기능들이 언제 일어나는지에 대한 제약만 없으면 된다. 하지만 진화는 상상할 수 없을 정도로 훨씬 어려운 해결책을 발견했다. 돌고래나 고래는 한 시간 정도에 한 번씩 교대로 뇌의 반쪽만 잠을 자도록 진화했다. 군함조^{Fregata minor}도 땅에 내려앉지 않고 몇 달 동안 바다 위를 날면서 뇌 좌우 반구 중 한쪽만 잠드는 '단일 뇌반구 수면^{unihemispheric sleep}'을 취한다. 오리는 포식자의 위험에서 벗어나기 위해 단일 뇌반구 수면을 한다. 연못에 오리 떼가 있을 때 가장자리 오리들은 뇌의 반이 깨어 있는 채로 위험한 곳을 지키고, 밤이 되면 안쪽 오리들과 자리를 바꾼다.

이렇게 절묘한 진화 솜씨로 보면 잠이 절대적으로 필요하다는 사실을 알 수 있다. 잠에는 단순히 누워서 눈을 감거나 긴장을 푸는 기능만 있는 게 아니다. 사람은 잠을 자지 않고도 그렇게 할 수 있다. 하지만 잠의 중요한 기능이 제대로 작동하려면 외부 세계와 단절하고 주변에서 일어나는 일을 인지하지 않은 채 진짜 잠에 빠져들어야 한다. 오프라인 기억 처리는 정확히 그 요건에 맞는다. 뇌는 예전에 녹화한 프로그램을 재생하면서 지금 방영 중인 TV 프로그램을 녹화할 수 있는 비디오처럼 작동하지 못한다. 우리는 새로운 감각 정보에 주의를 기울이면서 동시에 과거에 저장한 기억을 재생하거나 분석할 수 없다. 한 번에 하나씩 해야 한다. 대화 중에 이런 일이 종종 생긴다. 딴생각을 하거나 방금 상대방이 말한 것을 머릿속에서 떠올릴 때 눈은 좌우로 움직인다. 이럴 때는 난처하지만 상대방에게 방금 한 말을 다시 해달라고 부탁해야 한다. 이게 바로 잠이 필요한 이유다. 우리의 뇌는 깨어 있는 동안에는 주변 상황에 집중하고 새로운 정보를 받아들여 저장해두었다가, 잠이 들면 정보를 검토하고 수정하고 그 정보가 무엇을 의미하는지 파악한다.

깨어 있으면서 새로운 정보를 저장하는 데 2시간이 걸린다면, 뇌가 새로운 정보의 의미와 중요성을 알아내는 데는 1시간이 걸린다. 이 1시간 동안 외부 세계와 단절되고, 깨어 있는 동안의 사고와 행동 스위치를 내리는 정상적인 하향 메커니즘이 작동한다. 이것이 바로 진화가 수면에 할당한 중요한 임무다.

수면과 기억 진화

뇌에 처음 암호화된 기억은 연약하고, 새로 형성된 다른 기억의 방해를 받거나 그저 잊히기 쉽다. 이 문장 첫 도입부에 대한 기억처럼, 기억은 보통 몇 초 안에 잊히지 않더라도 고작 몇 시간 동안 상당히 연약한 형태로 남아있다가 뇌에서 '응고화consolidate'된다. 이 과정에서 기억의 생리학적 기반을 통합하는 신경세포 네트워크를 견고하게 이어 붙이는 새로운 단백질이 합성된다.

'기억 응고화memory consolidation'는 1900년 독일 심리학자 게오르그 엘리아스 뮐러Georg Elias Müller와 그의 제자인 알폰스 필체커Alfons Pilzecker가 최초로 설명했다. 하지만 잠이 기억 응고화 과정에 보충적이고 때로는 결정적인 역할을 한다는 증거는 훨씬 나중에 밝혀졌다. 프랑스의 엘리자베스 에네벵Elizabeth Hennevin과 캐나다의 칼라일 스미스Carlyle Smith는 1970년대에서 1980년대에 걸쳐 잠과 기억에 대한 논문 24편을 함께 발표했다. 모두 놀라운 논문이었다. 하지만 2001년 밥의 연구소에서 〈수면, 학습, 꿈: 오프라인 기억 재처리Sleep, Learning, and Dreams: Offline Memory Reprocessing〉라는 논문을 《사이언스》에 발표하고 학계에서 수면 의존적 기억 응고화를 심도 있게 논의하게 되기까지는, 뮐러와 필체커의 기억 응고화 가설이 발표된 뒤로 꼬박 100년이 걸렸다. 밥의 논문은 다음과 같이 대담한 선언을 하며 잠과 꿈 연구의 새 시대를 열었다.

신경과학 전반의 새로운 연구 방법론과 증거를 모으면 수면의 오프라인 기억 재처리 기능뿐만 아니라 꿈의 본질과 기능도 신경과학적으로 연구할 수 있다. 일련의 학습과 기억 작업을 응고화하는 수면의 기능을 입증하는 증거가 여럿 발견되었다. 게다가 새로운 방법론을 적용하면 수면이 개시될 때 꿈 내용을 실험적으로 조작할 수 있고, 이를 통해 꿈 형성에 대한 객관적이고 과학적인 연구는 물론, 꿈의 기능 및 이를 보조하는 생물학적 과정에 대한 새로운 연구가 가능하다.[10]

2001년 이후 1천 건 이상의 논문이 발표되면서 꿈이 기억을 어떻게 안정화하고, 강화하고, 통합하고, 분석하며 심지어 바꿔놓는지에 대한 지식이 쌓였다. 이를 통해 우리가 잠에 대해 알고 있는 지식은 물론 잠을 이해하는 방법이 크게 발전했다. 이 항목의 제목을 '수면과 기억 응고화'가 아니라 '수면과 기억 진화'라고 붙인 것에 주목하자. 잠은 최근 형성된 기억을 응고화하고 그 기억이 잊히거나 방해받지 않도록 돕지만 잠의 기능은 그보다 훨씬 많다. '기억 진화memory evolution'라는 용어는 잠의 수많은 기능은 물론, 기억이 전 생애에 걸쳐 끊임없이 다양한 방법으로 변한다는 사실에 주목한다.

1. 피아노 연주와 자판 타이핑

잠은 다양한 형태의 기억을 강화한다. 악기를 배우거나 복잡한 일련의 움직임을 습득해야 하는 체조 같은 운동을 하는 사람의 운동(근육) 기술이 이에 해당한다. 쇼팽의 피아노 연습곡을 배우던 학생이 어떤 부분을 제대로 칠 수 없어 좌절하며 포기했는데 다음 날이 되자 단번에 연주할 수 있게 되는 일도 흔하다. 이 현상을 어떻게 생각하는지 물으면 이런 사람들은 아마도 어제 연습을 포기했을 때 이미 습득하기는 했으나 너무 지쳐서 하지 못했던 것이라고 답할 것이다. 하지만 틀렸다. 밤에 잠을 자는 동안 완벽해진 것이다.

우리는 피아니스트를 연구하지는 않았지만, 일반인이 컴퓨터에 숫자 4-1-3-2-4를 순서대로 입력하는 법을 연습하는 과정을 연구했다. 참가자들은 5분에서 6분 정도 연습하면서 자판 타이핑 과제를 습득했다. 타이핑 속도는 60퍼센트 빨라졌지만 그때가 정점이었고, 총 10분간의 연습이 끝날 때까지 속도가 더 빨라지지는 않았다. 연습이 끝나면 참가자들을 12시간 쉬게 한 후 1분간 테스트를 했다. 아침에 연습한 후 저녁에 테스트를 하면 참가자들은 배운 것을 잊지 않았고, 마지막 연습 때와 같은 타이핑 속도를 냈다. 하지만 저녁에 연습하고 자고 난 후 다음 날 아침에 테스트를 하면, 타이핑 속도가 15~20퍼센트 빨라졌고 실수도 적었다. 밤새 잠자는 뇌가 실제로 타이핑 능력을 향상한 것이다. 시각 및 청각적 식별 기술을 습득할 때도 비슷한 수면 의존적 개선이 나타난다. 모든 사례에서 참가자들은 낮에 같은 시간 깨어 있을 때는 전혀 진전이 없었던 반면, 밤에는 놀라운 진전을 보였다. 영국의 신경 과학자이자 수면 전문가인 매슈 워커Matthew Walker는 이 현상을 "연습한 뒤 밤잠을 자면 완벽해진다"[11]라고 요약했다.

2. 단어 놀이

잠을 자면 기억이 흐려지는 일도 있지만 잠은 기억을 돕기도 한다. 잠의 유용성을 보여주는 한 연구를 보자. 밤의 연구실에서 박사후연구원으로 일하고 있던 제시카 페인Jessica Payne은 실험 참가자들에게 단어 목록을 들려주고 기억하게 했다. 예를 들어 단어 목록은 '간호사, 통증, 의료변호사, 약, 건강, 병원, 치과 의사, 내과 의사, 질병, 환자, 진료실, 청진기' 같은 몇 가지 단어로 구성되었다. 페인은 20분 또는 12시간 후 기억나는 대로 단어를 적으라고 했다. 다른 실험에서는 참가자들에게 새로운 단어를 주고 이전 목록에 들어 있었다고 생각하는 단어를 찾게 했다.

직접 해보자. 뒤돌아가 목록을 보지 말고 '약솜, 약, 환자, 책상, 의사, 편지' 중 앞에 나왔던 단어를 골라보자. 당신이 고른 단어 중 '의사'가 있는가? 괜찮다. 비록 정답은 아니지만 당신만 그런 건 아니다. 페인의 연구 결과 참가자 절반이 똑같이 '의사'라는 단어를 들었다고 답변했다.[12] 놀라운 일은 아니다. 맨 처음 목록에 있던 단어들은 '의사'라는 단어를 들을 때 떠오르는 단어들이기 때문이다. 원래 목록에 있던 단어들은 '의사'와 강력한 연관성이 있어서, 뇌는 '의사'가 이 단어들을 요약한다고 그대로 예측해버리고 '의사'라는 단어 역시 목록에 있었다고 잘못된 결론을 내린다. 즉 '의사'라는 단어는 이 단어 목록의 제목처럼 여겨진다. 다른 단어 목록도 모두 같은 방법으로 나머지 단어를 아우르지만, 해당 목록에는 없는 단어로 구성되었다.

이 과정에서 무슨 일이 일어난 걸까? 참가자들은 12시간을 깨어 있든 잠을 잤든, 처음 기억했던 단어의 30~40퍼센트를 잊어버렸다. 초기 기억 수준은 단어를 보여준 후 20분 후에 테스트한 결과를 기준으로 삼았다. 하지만 참가자들이 들었다고 잘못 기억하는 '의사' 같은 제목 단어만 놓고 보면 테스트 전 12시간 깨어 있던 참가자는 제목 단어의 20퍼센트를 '잊었'지만, 테스트 전 12시간 밤잠을 잔 참가자들은 아침에 제목 단어를 5~10퍼센트 더 '많이 기억'했다. 잠은 목록에 실제로 있던 단어는 잊게 하지만, 제목 단어에 대한 가짜 기억을 선별적으로 안정화하고 심지어 더 강화했다. 흥미롭게도 이 현상은 꿈에서도 비슷하게 나타난다.

꿈은 기억을 그대로 재생하지 않는다. 꿈은 최근 기억과 요점이 같고 제목이 비슷한 내러티브를 창조한다. 이는 잠자는 동안 일어나는 기억 진화가 꿈과 어떻게 비슷한지 우리가 발견한 첫 번째 사례이다. 7장에서 꿈의 기능을 언급할 때 이 기능을 다시 살펴볼 것이다. 우선 이런 현상이 수면 중 기억 처리와 꿈 내용이 일치한다는 점을 보여주는 사례라는 사실에 주목하자.

사실 앞서 살펴본 사례에서 잠은 엄밀히 말하면 참가자의 기억을 약화시켰다. 잠을 잔 참가자들은 실제 목록에는 없던 제목 단어를 더 많이 기억했다. 하지만 그렇게 여기는 것은 옳지 않다. 학교에서 시험을 치거나 법정에서 증언하는 것이 아닌 이상 완벽한 기억은 핵심이 아니다. 게다가 우리의 기억 시스템은 '완벽한 기억total recall'을 목표로 진화하지는 않은 것으로 보인다. 대신 진화는 미래에 가장 유용하리라 예상되는 것을 기억하는 시스템을 목표로 삼았다.

하버드대학교 심리학 교수인 댄 샥터Dan Schacter는 기억이 과거가 아니라 미래에 대한 것이라고 주장한다.[13] 기억은 노년의 추억거리를 만들어주려고 진화한 게 아니다. 기억은 과거에서 교훈을 얻지 못하고 같은 상황을 반복하는 재앙을 막기 위해 진화했다. 즉 기억은 우리가 예전에 마주쳤던 것과 비슷한 상황에 놓일 때 도움을 주기 위해 진화했다. 따라서 효율적인 기억 처리 시스템이라면 연관된 단어 목록을 보고 그 목록에서 각각의 단어에 주목하기보다 먼저 일반적인 주제나 요점을 추출해서 보존한다. 사실 제목 단어는 실제 단어를 기억해내는 데 도움을 주기 때문에, 제목 단어를 얼마나 많이 기억하는가에 따라 실제 단어를 얼마나 기억해내는지도 달라진다. 처음에는 뇌가 실제 단어와 제목 단어를 둘 다 기억하려 하지만, 수백 개의 단어를 오랫동안 효율적으로 기억하는 데는 한계가 있다. 뇌에서 무엇이 더 중요한지 결정하려면 다른 작업을 하지 않는 휴식 시간이 필요하다. 그것이 바로 잠이다.

3. 우리가 누구인지 정의하는 꿈

잠은 우리의 자아 감각을 형성하는 데 중요한 역할을 한다. 내가 누구인지, 어떻게 생각하는지는 대개 삶에서 중요한 사건에 대한 자전적 기억에 의존하는데, 잠은 이 기억 형성을 돕는다. 몇몇 실험 결과 잠이 감정 기억을 먼저 응고화하고 덜 흥미로운 기억은 잊어버리게 한다는 사실이 확인되었다. 페인은 잠이 어떤 장면의 사진에서 다른 세부사항은 잊은 채 선택적으로 감정적 부분(예를 들어 사진 속 배경의 야자나무가 아니라 자동차 사고 부분)만 응고화한다는 사실을 들며 이 현상을 설명했다.[14]

사진 속에서 감정을 불러일으키지 않는 사물이나 중립적인 배경이 아닌 감정을 불러일으키는 사물이 잠의 혜택을 받는 것처럼, 의식적이든 무의식적이든 우리는 자아 감각을 구성할 때 자전적인 과거의 기억 중 중요한 감정 요소를 가장 많이 기억하고 사용한다. 사실 우리의 자아란 우리가 꿈꾸는 것이라 해도 과언이 아니다. 그리고 꿈도 현실 사건의 세부보다 감정적 부분을 훨씬 더 많이 포착하는데, 이를 수면 중 기억 처리와 꿈 내용이 일치한다는 점을 보여주는 두 번째 사례로 볼 수 있다.

잠은 현실의 사건을 떠올릴 때 감정 반응을 부드럽게 만들기도 한다. 밥과 함께 타이핑 실험을 했던 매슈 워커는 이 과정을 "잊기 위한 잠, 기억하기 위한 잠"이라고 했다.[15] 잠은 감정 기억을 선택적으로 유지하지만, 그 기억에 다시 노출되었을 때 감정 반응의 강도를 줄이기도 한다. 이런 감정 반응 유연화는 외상 사건에서 회복되는 데 중요한 요소다. 그리고 다시 말하지만, 우리는 꿈이 주는 이런 혜택에 감사해야 한다.

4. 세상을 이해하는 꿈

잠을 통해 우리는 일상의 사건에서 패턴을 발견하고 깨어 있는 동안 뇌가 접근하지 못하는 세상의 작동 질서를 찾아낼 수 있다. 하버드대학교 의과대학에서 수면 장애를 전공한 신경학자이자, 밥의 연구실에서 박사후과정을 밟고 있던 이나 종라직 Ina Djonlagic 은 잠의 이런 놀라운 능력을 보여주는 실험을 했다.[16] 종라직이 사용한 학습 과제는 날씨 예측이었다. 블랙잭 게임과 비슷하지만 그림 5.1에서 볼 수 있는 것처럼 네 장의 에이스 카드만 들어 있는 카드를 사용한다. 게임 참가자는 각 '핸드(블랙잭 게임에서 플레이어 또는 딜러가 받은 카드들의 합-옮긴이)'에서 에이스 카드를 한 장, 두 장, 세 장을 받고 딜러가 '맑음' 또는 '비' 중 어떤 카드를 들고 있는지 예측해야 한다.

처음에는 참가자가 하트와 클로버 카드로 구성된 '핸드'를 받아도 딜러가 무슨 날씨 카드를 들고 있는지 도저히 예측할 방도가 없다. 하지만 200번 정도 시도하면서 딜러가 무슨 카드를 들고 있는지 알게 되면, 참가자들은 점차 자신이 받은 '핸드'로 딜러가 가진 카드를 어떻게 예측할 수 있는지 파악하게 된다. 하지만 이 과제는 확률 게임이므로 좀 더 까다롭다. 받은 '핸드'가 '비'를 나타내도 다음에는 '맑음'일 수 있고, 네 장

〈그림 5.1〉 날씨 예측 과제에서 카드로 날씨를 맞힐 확률

의 에이스 카드가 '비'를 의미할 확률은 4분의 1에서 4분의 3까지 다양하다. 하지만 100번 정도 시도하면 참가자 대부분은 딜러가 가졌을 법한 카드를 70~80퍼센트 정도 정확하게 고를 수 있게 된다. 우연히 그렇게 맞힐 확률은 100만분의 1보다 적으므로 우리는 참가자들이 과제를 상당히 잘 학습했다고 볼 수 있다. 하지만 완벽하지는 않다. 게임의 작동 방식을 어느 정도 깨우쳐도 사실 게임의 규칙을 정확히 파악하지는 못하기 때문이다.

잠이 예측 능력을 향상하는 데 도움이 되었을까? 예측 과제를 연습한 다음 아침에 한 번, 저녁에 다시 한 번 게임을 한 참가자들은 놀랍게도 아침에 깨우친 것을 잘 기억했다. 하지만 두 번째 게임에서도 아침보다 크게 나아지지는 않았다. 반면 저녁에 연습하고 게임을 한 다음에 잠을 자고 아침에 일어나 다시 게임을 한 참가자는 예측 능력이 10~13퍼센트 향상되었다.

종라직의 날씨 예측 실험 참가자들은 다음 날 아침 과제를 더 잘 이해했다. 비록 우리 세계의 일부에 불과하지만, 참가자들은 잠들기 전보다 아침에 일어났을 때 세상의 작동 방식을 더 잘 이해했다. 우리 각자가 세상을 이해하는 방식도 수천 번의 밤을 거쳐 이런 방식으로 구축될 것이다. 꿈을 기억하는 것도 같은 효과를 낸다. 여러 노벨상 수상자가 자신의 발견이 세상의 작동 방식 일부를 밝혀준 꿈 덕분이라고 말한 것은 수면 의존적 기억 처리와 꿈 내용이 일치한다는 점을 보여주는 세 번째 사례로 볼 수 있다.

유아도 잠을 통해 주변 세상에서 패턴을 추출한다. 유아의 잠과 기억을 연구한 투손 애리조나대학교의 레베카 고메즈$^{Rebecca\ Gomez}$는 유아도 인위적인 문법(가상의 단어가 어떻게 구성되었는지 설명하는 일련의 규칙)을 놀랄 만큼 빠르게 학습할 수 있지만, 배운 문법을 기억하려면 학습한 후 낮잠이 필요하다는 사실을 밝혔다.[17]

고메즈는 아무 의미 없는 3음절 단어 48개를 만들었다. '펠-와딤-직pel-wadim-jic'이나 '봇-푸서-루드vot-puser-rud' 같은 단어다. 단어의 반은 '펠'로 시작하고 나머지 반은 '봇'으로 시작한다. 문법 규칙은 '펠'로 시작하는 단어는 항상 '직'으로 끝나며, '봇'으로 시작한 단어는 항상 '루드'로 끝난다는 것이다. 고메즈는 놀고 있는 유아들에게 조용히 이 단어들을 15분 동안 반복해서 들려주었다.

유아들에게 단어를 들려준 후 30분 이상 낮잠을 재우고 4시간 뒤 다시 시험하자 아이들이 문법을 이해했다는 사실이 확인되었다. 아이들은 문법에 맞지 않는 단어, 예를 들어 '펠'로 시작하는데 '루드'로 끝나는 단어를 들으면 놀랐다. 하지만 문법에 맞는 단어, 예를 들면 '봇'으로 시작하는데 '루드'로 끝나는 단어를 들으면 처음 듣는 단어인데도 놀라지 않았다. 다음 날 아침 다시 시험하자 처음 문법을 배우고 4시간 동안 낮잠을 잔 아이들은 여전히 문법을 기억했지만, 낮잠을 자지 않은 아이들은 문법을 잊었다.

유아에게 낮잠이 필요한 이유는 어른과 달리 밤에 잠들 때까지 온종일 새로운 기억을 유지할 수 없기 때문이다. 낮잠을 자지 못하면 아이들이 투정을 부리는 것도 이 때문이다. 유아는 쉼 없는 학습 기계라서 주기적으로 낮잠을 자서 뇌가 잠자게 하지 않으면 작은 뇌가 받아들인 새로운 정보를 처리할 수 없어 과부하에 걸린다. 어른이 쉬지 않고 정보를 너무 많이 받아들였을 때처럼 유아의 뇌도 번아웃이 되고 만다.

5. 창의성과 통찰력

아마도 가장 인상적인 수면 의존성 기억 진화, 특히 렘수면 의존성 기억 진화의 형태는 다음 날 창의성과 통찰력을 향상하는 능력일 것이다. 이런 능력은 꿈을 기억한 다음에도 나타난다. 사라 메드닉Sara Mednick은 원격 연상단어 검사remote associates task로 낮잠을 잔 참가자는 서로 다른 세 단어와 연관된 나머지 한 단어를 알아낼 수 있다는 사실을 발견했다. 아마 당신도 그림 5.2를 보고 빠진 연결 고리를 발견할 수 있을 것이다.[18]

잘 모르겠더라도 걱정할 필요 없다. 잠을 좀 자고 나서 다시 해보면 할 수 있을 것이다. 렘수면의 뇌 상태에서는 일반적으로 강한 연관성보다 약하고 예측하지 못한 연관성을 더 활성화한다.[19] 이런 현상을 살펴보면 렘수면이 먼 연관성을 발견하는 데 어떻게 도움을 주는지 이해할 수 있고 렘수면 꿈의 기괴함 또한 설명할 수 있을 것이다.

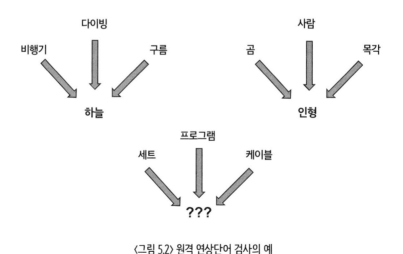

〈그림 5.2〉 원격 연상단어 검사의 예

6. 문제 해결 능력

사실 앞서 살펴본 날씨 예측 과제나 유아의 문법 학습에서 볼 수 있는 패턴 인식, 그리고 방금 살펴본 빠진 연결 고리 찾기 과제에서 나타난 창의성과 통찰력은 단순하고 오래된 문제 해결 방법이다. '어떤 문제를 생각하며 잠들다'라는 영어 표현이나 '잠자리까지 문제를 끌고 가다'라는 프랑스어 표현처럼 우리는 직관적으로 잠이 어려운 선택의 문제를 해결해준다고 여긴다. 지루하지만 보수가 높은 직업과 즐겁지만 보수가 낮은 직업 중 어느 하나를 선택해야 할 때 우리는 어떻게 하는가? 우선 '하룻밤 자고 생각해본다'. 대개 다음 날 아침 일어나보면 어떻게 할지 마음이 서 있다. 주어진 대안을 평가하거나 선택에 대해 합리적인 설명도 하지 않았지만 그저 선택되어 있다. 날씨 예측 과제에서처럼 선택의 근거를 명쾌하게 설명할 수는 없지만 어쨌든 선택을 할 수 있다. 그런데도 우리는 보통 그것이 올바른 선택이라고 믿는다.

7. 다양한 수면 단계가 왜 필요할까

잠은 여러 형태의 기억 진화에 독특한 이점을 제공한다. 하지만 수면의 각 단계가 기억 진화에 제공하는 기여는 동등하지 않다. 예를 들어 타이핑 작업 능력이 밤새 향상된 것은 밤 후반기 N2 단계 수면을 얼마나 취했느냐에 달려 있다. 언어 기억 작업은 대부분 N3 단계 수면의 양에, 감정 기억이나 문제 해결 과제는 렘수면의 양에 달려 있다. 시각적 식별 과제의 해결 능력이 잠을 잔 후 향상되는 것은 밤 전반기 N3 단계 수면과 밤 후반기 렘수면 모두와 관련 있다.

이런 독특한 수면 단계 의존성을 보면 왜 각 수면 단계가 동시에 진화했는지 알 수 있다. 잠자는 시간이 뇌의 기억 진화에 최적인 시간이라고 해도, 단어 목록 기억을 강화하거나 타이핑 능력을 향상하거나 문제 해결 능력을 강화하는 데 이상적인 신경생리학 및 신경화학적 조건은 세부적으로 모두 다르다고 보는 편이 합리적이다. 우리가 아는 한, 사람에게 다양한 수면 단계가 필요한 이유를 가장 잘 나타내는 것은 바로 이런 설명이다.

잠이 제대로 작동하지 못할 때

과학에서는 규칙에 따르는 사례보다 예외적인 사례가 오히려 그 규칙을 더 잘 설명하기도 한다. 잠과 기억 연구에서 외상후 스트레스 장애PTSD, Post-Traumatic Stress Disorder가 바로 이런 사례이다. 외상 사건을 겪으면 뇌는 상세하고 압도적인 날것의 감정 기억을 형성한다(그림 5.3 참고).

대부분의 경우에는 뇌가 의도하거나 인식하지 않고도 외상 기억을 처리해서 외상을 해결한다. 하지만 외상은 잊히지 않고 가장자리가 서서히 닳아 없어질 뿐이다. 기억은 더는 거슬리지 않다가도 조금이라도 비슷한 일을 마주치면 튀어오른다. 하지만 기억이 다시 떠오르더라도 세부는 잊히고 떠오른 감정은 처음보다 약하다. 이렇게 어느 정도 외상 사건을 처리하면 우리는 계속 삶을 살아갈 수 있다. 이 과정이 일어나지 않으면 기억은 정체에 빠져 PTSD로 이어진다. 외상의 세부는 사라지고, 감정 반응은 약해지며 사건을 이해하게 되는 과정이 정상적으로 일어나지 못하게 되는 변화가 어떻게 생기는지 살펴보면, 정상적인 과정은 수면 중에 가장 잘 일어나고, 아마도 수면 중에만 일어난다는 사실을

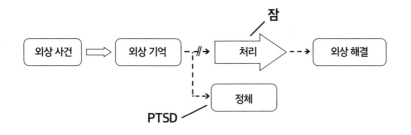

〈그림 5.3〉 불완전한 수면 의존성 기억 진화의 결과인 PTSD

알 수 있다. 이런 관점에서 우리는 PTSD를 수면 의존성 기억 진화의 장애로 볼 수 있다.

PTSD의 특징은 외상 사건을 거의 완벽하게 재생하는 악몽이라는 점점이다. 현실 사건이 꿈에서 거의 사실처럼 재생되는 일은 보통은 일어나지 않고 PTSD 상태에서만 일어난다. 이 사실을 보면 꿈의 기능에 대한 통찰을 얻을 수 있고, PTSD를 겪는 환자의 꿈 기능이 어떻게 망가지는지 살펴볼 수 있다.

다음 장에서 꿈의 기능을 논하기 전에 이 장에서는 꿈의 생물학적 기능보다 더 쉽게 정의하고 측정할 수 있는 잠의 생물학적 기능을 살펴보았다. 잠은 다양한 기능을 담당한다. 하지만 결국 감정과 기억을 처리하는 잠의 역할은 꿈과 긴밀히 연결되어 있으므로 잠의 기억 진화 기능은 꿈의 기능에 대한 논의를 예견해준다. 지금까지 기억 처리와 꿈의 특성 사이의 연관성을 계속해서 살펴보았다. 다음 몇 장에 걸쳐 이 관찰이 얼마나 잘 들어맞는지 살펴보자.

6장
"개도 꿈을 꿀까?"

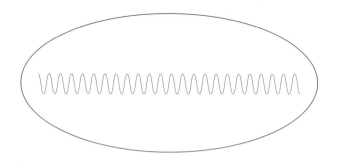

먼저 퀴즈 하나를 내보겠다. 다음 중 꿈을 꾸는 것은?

어른, 아기, 개, 혼수상태에 빠진 사람, 쥐, 책.

이제 당신의 답을 얼마나 확신하는지 스스로 평가해보라. 어른은 꿈을 꾸고 책은 꿈을 꾸지 않는다는 것은 확신할 것이다. 하지만 아기나 개는 꿈을 꾼다고 해도 그다지 확신은 없을 것이다. 쥐나 혼수상태에 빠진 사람에 대해서는 당신이 어떻게 대답했을지 전혀 모르겠다. 각각의 대답은 꿈에 대한 흥미로운 질문을 제기한다.

동물도 꿈을 꿀까?

개를 기르는 사람에게 개가 꿈을 꾸는지 물으면 분명 꿈을 꾼다고 대답할 확률이 높다. 하지만 개가 꿈을 꾸는지 어떻게 아느냐고 묻는다면 뭐라고 대답할까? 음, 개가 자면서 낮게 짖거나 낑낑거리고 달리는 것처럼 다리를 꼼지락댄다고 말할 것이다. 다른 동물을 뒤쫓거나 다른 동물에게 쫓기는 꿈을 꾸는 것이 틀림없다고 말이다. 구글에 '꿈꾸는 개'를 검색해보면 이런 행동을 하는 개들의 재미있고 조금은 무서운 영상을 볼 수 있다. 영상을 보면 개는 '꿈을 꾸지 않는다'라고 말하기가 오히려 더 어렵다. 〈사이콜로지 투데이Psychology Today〉 웹사이트에는 "개가 꿈을 꾸는지 확인하는 방법은 정말 간단하다……. 그냥 지켜보면 된다"라는 게시글도 있다.[1]

사실 개도 사람처럼 상당히 오랫동안 렘수면에 빠진다. 심지어 개의 수면 시간 중 36퍼센트가 렘수면으로, 20~25퍼센트인 사람보다 많다.[2] 개는 자는 동안 몸을 배배 꼬거나 낑낑거리거나 달리는 듯 다리를 움직이기도 한다. 그러니 개는 분명 꿈을 꾸는 것처럼 보인다.

쥐도 꿈을 꾸는 것처럼 보인다. MIT의 신경과학자 매트 윌슨Matt Wilson은 렘수면 동안 쥐의 뇌 깊은 곳 뉴런에서 나오는 전기적 활동을 기록했다.[3] 윌슨은 《뉴욕 타임스》와의 인터뷰에서 "쥐들이 '꿈꾸는 잠'에 빠져 있는 동안 트랙을 달리는 등 깨어 있는 동안 일어난 기억을 떠올리는 것은 분명하다"라고 말했다.[4] 하지만 윌슨은 쥐가 꿈을 꾸고 있다고까지는 말하지 않았다. 우리가 아는 한 꿈 경험은 주관적이기 때문이다. 윌슨은 장난스럽게 덧붙였다. "쥐한테 이런 상태에서 무엇을 보는지 보고해달라고 할 수는 없으니까요." 맞다. 다른 문제도 있다. 쥐도 개와 마찬가지로 꿈을 꾸는 것처럼 '보인다'. 하지만 우리가 1장에서 살펴본 것처럼 꿈의 내면적이고 개인적이며 상상적인 측면을 이해하기는 상당히 까다로워서, 쥐나 개가 꾸는 꿈 경험의 본질을 이해하려면 상당한 노력을 기울여야 한다.

쥐가 깨어 있을 때 의식이 있다면 꿈을 꾼다고 보는 것이 합리적이다.

쥐가 정말 꿈을 꾼다면, 꿈에서 트랙을 뛰거나 보상으로 먹이를 받는 등 주관적인 인식을 경험한다는 뜻이다. 하지만 이 인식 영역이 깨어 있는 동안의 의식적인 경험과 어떻게 관련이 있을까? 쥐는 꿈을 기억할까? 만약 그렇다면 잡아먹히거나 미로를 헤매는 등 꿈에서 일어난 사건과 철망 안에서 배고픔을 느끼며 깨어나는 등 현실에서 일어난 사건을 구분할 수 있을까? 게다가 어떻게 꿈을 '이해'할 수 있을까? 아이들도 꿈을 이해하는 데 상당한 어려움을 겪는데, 기억된 '꿈'이 현실의 반영은 아니라는 사실을 쥐가 이해한다고 생각하기는 어렵다. 사실 쥐가 꿈을 기억하는지도 미지수다.

눈치챘겠지만, 우리는 개가 꿈을 꾸는지보다 훨씬 까다로운 문제에 빠져버렸다. 인간 외의 다른 동물에게도 의식이 있는지에 대한 문제다. 밥은 인간에게 의식이 있다는 과학적인 증거는 없다고 말하며 종종 학생들을 놀라게 한다. 사실이다. 철학자 데이비드 차머스David Chalmers는 "우리는 의식적 경험을 아주 잘 안다고 여기지만 실은 이보다 더 설명하기 어려운 것도 없다"라고 지적한다.[5] 의식은 주관적이고 내면적인 자아 감각이다. 우리는 우리 마음으로 사물을 경험하고 감정을 느낀다. 데카르트의 말을 빌려 말하자면 '우리는 생각한다, 고로 의식한다'. 의식에 대한 과학적 연구(또는 과학적이든 아니든 의식에 대한 연구)는 모두 인간은 의식적이라는 가정에서 출발한다. 그런 후에야 우리는 의식적인 상태에 대해 질문할 수 있다. 시각적 자극을 의식적으로 지각할 때 뇌의 어떤 영역이 활성화되는지, 깊은 잠에 빠져 있을 때 의식이 있다고 할 수 있는지 등도 인간이 의식적이라는 가정하에서만 질문할 수 있다. 하지만 과학자라면 우리가 실제로 의식을 경험한다는 가정에서 출발해야 하며, 보통 우리가 그렇게 말할 때 우리가 의식적이라고 가정하는 것은 합리적이다. 우리가 이처럼 쉽게 가정할 수 있는 것은 각자가 자신의 의식을 경험하기 때문일 뿐이다. 우리는 인간이 의식적이라는 사실을 알지만, 과학적으로 증명된 적은 없다.

손에 들고 있는 책은 의식이 없다고 여기는 것도 마찬가지다. 당신에게 책이 된다면 어떤 기분이 들지 물으면 아마 '아무것도 느껴지지 않는다'라고 대답할 것이다. 말도 안 되는 것 같지만 상당히 좋은 질문이다. 철학자 토머스 네이글Thomas Nagel은 1974년에 처음으로 이런 질문을 했다.[6] 대상이 책이 아니라 박쥐인 것만 달랐다. 사실 네이글은 박쥐가 된다는 것이 '어떤' 느낌일지에는 관심이 없었다. 네이글이 궁금했던 더 단순하고 중요한 점은 박쥐가 된다는 느낌을 주는 '무언가'가 존재하는지였다. 네이글은 이 질문에 답하려면 박쥐가 의식적이어야 하고, '박쥐가 되는 느낌'의 토대를 이루는 것을 '인식'할 수 있는 개별적 경험이나 감각, 지각, 생각을 가져야 한다고 주장했다. 네이글은 무언가가 의식을 가졌는지 아닌지를 가르는 질문은 바로 이것이라고 주장했다. 당신이 "우리 강아지 피도가 된다는 건 어떤 느낌일까"라고 질문한다면, 당신은 피도가 된 느낌을 주는 '무언가가' 있다고 가정하고 질문하는 셈이다.

하지만 지금으로서는 아무리 증거가 많아도 사실 피도가 의식이 있는 '것처럼 행동'한다고 말할 수 있을 뿐이다. 이것만으로는 충분하지 않다. 20년 안에 피도와 똑같이 행동하는 피도 로봇을 어떤 최첨단 기술 회사가 판매할지도 모른다. 움직임이 약간 덜그럭거리고 진짜 피도처럼 침을 흘리거나 큰일을 보지 못할 수도 있지만, 목줄을 잡으면 펄쩍펄쩍 뛰고 침대에서 떨어진 베개를 집어 들면 부끄러운 듯 고개를 떨굴 수도 있다. 사실 피도는 정말 당신을 '사랑하는' 것처럼 보일 것이다. 너무 그럴듯해서 마지막 문장에서는 '피도 로봇'이 아니라 '피도'라고 고쳤다. 하지만 피도 로봇은 의식이 없다. 그저 섬세하게 프로그래밍된 로봇일 뿐이다. 어떻게 아냐고? 사실은 우리도 잘 모른다. 의식이 있으려면 무엇이 필요한지 모르기 때문이다. 하지만 피도 '로봇'이 의식을 가진 것은 아니었으면 한다.

반면 영화 〈겨울왕국〉에 나오는 눈사람 '올라프'나 주인공 '엘사'가 의식이 없다는 점은 확신할 것이다. 이 캐릭터들은 컴퓨터로 만든 이미지다. 여기서 이 예시를 가져온 것은 당신이 이 캐릭터들에 의식이 없다는 데 동의하지 않으리라 여겨서가 아니다. 다섯 살 아이들은 산타클로스를 믿지 않을지언정 엘사가 자기들처럼 살아 숨 쉬고 의식이 있는 존재가 아니라는 사실을 받아들이지 못할 것이라는 점 때문이다. 우리는 인간처럼 행동하는 모든 것에 의식을 부여한다. 단순하다.

참으로 혼란스러운 문제다. 개가 꿈을 꾸는지에 대한 질문도 마찬가지다. 개는 분명 꿈을 꾸는 것 '처럼 행동'하며, 잠자는 동안의 뇌 활동도 사람이 꿈꿀 때와 비슷하다. 하지만 이런 사실로 미루어 개가 꿈을 꾼다고 결론 내릴 수는 없다. 우리는 알 수 없을 뿐이다. 게다가 이게 전부가 아니다.

아기도 꿈을 꿀까?

우리는 꿈꾸는 아기를 지켜보는 걸 좋아한다. 아기는 렘수면 동안 웃고, 다리를 갑자기 움직이고, 팔을 휘저으며 작은 소리를 내고, 상상 속에서 엄마 젖을 빤다. 아기의 눈꺼풀을 보면 렘수면 상태라는 사실을 알 수 있다. 아기의 눈꺼풀은 매우 얇아서 눈이 왼쪽, 오른쪽, 왼쪽, 오른쪽으로 움직이는 것을 분명히 볼 수 있다. 또 아기는 성인보다 훨씬 빨리 렘수면에 빠진다. 어른은 렘수면에 들기까지 90분이 걸리는 데 비해 아기는 10분 이내에 렘수면에 빠진다.[7] 그래서 아기가 렘수면에 드는 것을 확인하는 데는 그리 오랜 시간이 걸리지 않는다. 눈의 움직임이나 미소, 젖 빠는 소리를 듣고 있으면 실로 경이롭다. 어떻게 아기가 꿈을 꾸지 않는다고 하겠는가?

이 질문이 어디로 향할지 당신은 알고 있다. 개나 쥐에 대해서도 같은 문제에 이르렀다. 그렇다. 아기는 꿈을 꾸는 것처럼 '행동'하지만, 그렇다고 아기가 꿈을 꾸는지는 알 수 없다. 아기가 꿈에 대해 말해주지 않기 때문이다. 의식이 있는지도 말해주지 않는다. 의식이 있다 하더라도 아기의 의식 감각이 어른이나 더 자란 아이의 의식과 다른지, 태어나서 몇 해 동안 뇌가 성장하고 발달하면서 의식이 어떻게 변하는지 명확히 알 방법도 없다. 아기가 의식이 있고 정말 꿈을 꾼다 해도 아기의 의식이나 꿈은 말을 배우기 전 단계의 축소된 형태일 것이고, 좀 더 자라야 어른과 비슷해질 것이다. 아기의 꿈은 아기가 얻은 지식과 능력에 한정된다.

생후 몇 주 동안 아기의 시력은 제한되어 30센티미터 너머는 흐릿하고, 생후 몇 달이 지나서야 사물의 움직임을 따라 눈을 돌릴 수 있다. 따라서 아기의 시각적 기억은 상당히 제한적일 것이다. 자의식 역시 극히 적어서 아마 살아 있다는 감각 정도에 불과할 것이다. 어른처럼 자전적 기억으로 가득 찬 저장고도 없을뿐더러 감각 경험을 분류할 수도 없다. 이런 형태의 정보가 없는 아기의 꿈은 기억된 감각과 감정의 모방에 지나지 않는다.

물론 아기가 자라면서 경험과 기억, 인지 능력이 확장되면 꿈의 풍부함도 함께 확장될 것이다. 어린이의 꿈을 집과 실험실에서 연구한 결과는 이런 가정과 정확히 일치한다. 뇌가 성숙하고, 인지 기능이 향상해 심상 이미지와 복잡한 내러티브 기술을 포함하게 되면 어린이가 꾸는 꿈 경험도 복잡해지고 꿈 기억 능력도 발달한다. 어린이가 성장하면서 이들이 기억하는 꿈의 빈도, 길이, 구조는 점점 성인의 꿈과 비슷해진다.[8]

그렇다면 아기가 의식이 있고 정말 꿈도 꾼다면, 대체 아기는 무슨 꿈을 꿀까? 확실히 알 수는 없지만 우리는 아기의 꿈은 '깨어 있는' 동안의 경험과 비슷하며 그보다 더 복잡하지는 않으리라 생각한다. 신생아가 퍼즐을 풀거나 운전을 하거나 잃어버린 개를 찾는 꿈을 꿀 수는 없다. 아기의 꿈은 아마도 현실의 경험과 비슷하게 행복한 얼굴, 꼭 안길 때 느끼는 온기, 젖병이나 엄마 젖을 빠는 느낌 등으로 구성되어 있을 것이다.

꿈을 꾸지 않는 사람들

어른의 꿈은 어떨까? 어른은 모두 꿈을 꿀까? 개나 아기에 비하면 이 질문은 쉬운 편이다. 우리는 모두 꿈을 꾸지 않나? 아마도 그럴 것 같다. 성인의 대부분(약 85~90퍼센트)은 꿈을 꾼다고 한다. 꿈을 꾸지 않는다고 응답한 사람 대부분도 사실은 꿈을 꾼다는 연구 결과도 있다. 이들을 수면 실험실에 데려와 렘수면 단계에서 깨우면 대부분 놀라면서 꿈을 꾸었다고 보고한다.[9] 다른 사람들처럼 그들도 내내 꿈을 꾸고 있었지만 깨어난 다음 기억하지 못할 뿐이다.

꿈을 꾸지 않는다고 말하는 사람이 사실일 수도 있다. 콜로라도대학교의 짐 파겔Jim Pagel은 '꿈꾸지 않는 사람'을 수년간 연구했다. 그는 임상 수면 실험실에서 5년 넘게 연구를 진행하는 동안 살면서 전혀 꿈을 꾸지 않았다고 말한 참가자 16명(200명 중 1명 비율)을 발견했다. 이들을 한 번은 렘수면에서, 한 번은 비렘수면에서 깨웠지만 꿈을 꾸었다고 보고한 사람은 한 명도 없었다. 그러므로 성인의 0.5퍼센트 정도는 아마도 정말 어떤 꿈도 기억하지 못하며 전혀 꿈을 꾸지 않을 가능성도 있다.

물론 예상할 수 있듯 뇌 손상을 입고 꿈을 꾸지 않는 예도 있다. 남아프리카공화국의 정신분석학자이자 신경심리학자인 마크 솜스Mark Solms가 뇌졸중 환자를 대상으로 한 획기적인 연구에 따르면, 뇌 앞쪽 깊숙한 영역에 심각한 손상을 입어 전혀 꿈을 꾸지 않게 되었다고 보고한 환자가 여럿 있었다.[10] 하지만 파겔의 임상 수면 실험실에 온 0.5퍼센트의 환자들처럼 솜스의 환자들 역시 명백한 예외로 보인다. 거의 모든 사람은 꿈을 꾼다. 그리고 꿈을 꾸지 않는 것처럼 보이는 소수의 사람도 정말 꿈을 꾸지 않는 것인지, 아니면 단순히 기억하지 못하는 것인지는 알 수 없다.

질문을 더 밀어붙여보자. 혼수상태에 있는 사람도 꿈을 꿀까? 혼수상태에 빠진 사람의 꿈에 대한 질문은 앞서 살펴본 유아의 꿈에 대한 질문과 유사하다. 혼수상태의 사람도 자신의 꿈 경험에 대해 말해줄 수 없으므로, 우리는 이들의 꿈에 대해 알 수 없다. 마찬가지로 혼수상태에 있는 사람의 의식에 대한 질문도 중요하다. 과학자들은 깊은 혼수상태에 빠진 사람은 의식이 없다고 주장하지만, 얕은 혼수상태에 빠진 사람은 분명하지 않다. 예를 들어 '지속적 식물 상태persistent vegetative state'에 있는 환자는 누가 보아도 의식이 있는 것처럼 보일 때가 있다. 눈을 뜨고 때로 주변을 둘러보는 것처럼 보이기도 한다. 하지만 지속적 식물 상태에 빠진 환자는 다른 사람에게 반응하지 않으며, 자각이 있거나 주변을 인식한다는 어떤 징후도 보이지 않는다. 이들을 무의식 상태라고 가정할 수 있다. 반면 '최소 의식 상태minimally conscious state'에 있는 환자는 약간의 잔여 의식이 있는 것 같다. 지속적 식물 상태와 마찬가지로 최소 의식 상태에 있는 환자도 깨어 있는 것처럼 보이고, 눈앞의 사물을 눈으로 따라가거나 손가락을 움직이라고 하면 움직이는 등 제한적이지만 의지에 따라 행동할 수도 있다. 과학자들은 최소 의식 상태에 빠진 환자는 의사소통하지 못하고 1~2초 이상 주의를 기울일 수는 없어도 어느 정도 의식은 가지고 있다고 생각한다. 최소한의 의식만 남아 있는 것이 어떤 상태인지는 여전히 수수께끼다.

그렇다면 이런 환자도 꿈을 꿀까? 벨기에, 이탈리아, 미국의 연구자들은 식물인간 상태와 최소 의식 상태에 있는 환자들의 수면을 연구한 결과를 모아, 식물인간 상태인 사람과 달리 최소 의식 상태인 환자는 정상 수면과 같은 EEG 패턴을 보인다는 사실을 발견했다.[11] 밤이 되면 최소 의식 상태인 환자 6명 중 5명은 잠든 것으로 보였다. 눈을 감고 움직이지 않았다. 그리고 정상 수면 단계인 비렘수면과 렘수면 신호를 모두 나타냈으며, 정상인과 마찬가지로 대체로 밤 후반기에 렘수면 신호를 보였다. 연구자들의 주장대로라면 최소 의식 상태의 환자는 완전히 의식이 있는 사람과 구분할 수 없다.

하지만 이 환자들이 모두 꿈을 꿀까? 이 연구의 저자 중 한 명인 스티븐 로리Steven Laureys는 그렇다고 말한다. 그는 《사이언스 뉴스Science

News》와의 인터뷰에서 "모든 정황으로 볼 때 …… 이 환자들은 꿈을 꾼다고 볼 수 있다"라고 했다.[12] 하지만 여전히 우리는 이 환자들이 개나 아기처럼 꿈꿀 때와 같은 뇌 활동을 보여준다는 사실만 알 수 있을 뿐이다. 그들은 꿈꾸는 것처럼 보인다. 하지만 실제로 그런지는 여전히 알 수 없다.

꿈꾸는 듯한 상태를 보여주는 뇌

지금쯤 아마 당신은 과학자들이 꿈꾸고 있는 사람을 깨워서 지금 꿈을 꾸고 있는지 물어보지 않고도 이들이 꿈을 꾸는지 알 수 있다고 생각할 것이다. 하지만 안타깝게도 그렇지는 않다. 꿈에 한정된 문제가 아니라 전반적인 의식에 대한 문제이기 때문이다. 우리는 내면의 생각과 감정을 측정할 수 없다. 고통과 마찬가지다. 우리는 고통을 직접 관찰할 수 없다. 찡그리는 것 같은 행동이나 주관적인 보고("이쪽은 타는 듯 아프고 저쪽은 쏘이는 것 같아")를 통해 유추할 뿐이다. 하지만 이 추론은 불확실하다. 얼굴을 찡그리는 것은 신체적 고통을 나타낼 수도 있지만, 비가 오는데 쓰레기를 버리러 나가야 한다는 사실을 갑자기 깨닫고 나온 반응일 수도 있다. 사실 꿈에 대한 추론보다는 고통에 대한 추론이 더 강력할 수 있다. 고통을 느끼면 통증 지각과 밀접하게 관련된 뇌 영역이 활동하는 것을 볼 수 있기 때문이다. 하지만 수면 중 활성화되어 꿈 기억을 확실히 예측하는 뇌 영역은 아직 밝혀지지 않았다.

행동에 근거해 꿈을 꾸고 있다고 추론하기도 어렵다. 밥의 아내 데비는 가끔 자면서 웃을 때가 있는데, 깨우면 항상 꿈을 꾸었다고 대답한다.

이런 경우 밥은 아내를 깨우지 않고도 꿈을 꾼다고 확실히 추론할 수 있다. 하지만 이런 추론이 항상 믿을 만하지는 않다. 50년 전, 뉴욕시립대학교의 앨런 아킨Alan Arkin은 이제는 고전이 된 실험실 수면 연구를 통해 만성적으로 잠꼬대를 하는 28명을 대상으로 잠꼬대를 하는 도중 반복해서 깨워 꿈을 꾸었는지 질문했다. 놀랍게도 잠꼬대 내용과 그들이 나중에 꿈꿨다고 말한 내용이 일치하는 비율은 절반도 되지 않았다.

하지만 한 가지 조건에서는 수면 행동과 꿈 내용이 거의 항상 일치한다. 렘수면행동장애RBD, REM Sleep Behavior Disorder는 일반적으로 렘수면에 동반하는 마비 현상이 실패하는 의학적 증상이다. 꿈 장애를 논하는 13장에서 더 자세히 살펴보겠지만, 간단히 말하면 RBD 환자는 꿈을 그대로 행동에 옮긴다. 실험실 연구에 따르면 이 현상이 일어날 때 환자들이 보고한 꿈은 항상 실제로 관찰된 행동과 일치했다. 그러므로 RBD 환자의 경우에는 그 사람을 깨우지 않고도 꿈을 꾸고 있다는 사실을 확실히 알 수 있다.

예외적으로 그렇지 않은 경우도 있다. RBD 증상 발현 후 환자가 기억한 꿈은 관찰된 행동과 대부분 일치하지만, 결코 꿈을 꾸지 않는다고 주장하는 RBD 환자도 있다![13] 수면 실험실에 온 72세 프랑스 남자의 꿈을 기록한 사례를 보면, 그는 두 다리로 발차기를 하며 고개를 휘젓고 프랑스어로 소리쳤다. "뭔가 있지, 응? 자, 다 불어!" 그러더니 앉아서 계속 중얼거렸다. "네놈이 뺏어 간 거야. 네가 먹어버릴 거지? 슬리퍼가 아니라고? 그럼 뭔데?" 그러고는 실제로 일어나서 탁자 옆의 물건을 던지고 벽을 주먹으로 내리치며 소리쳤다. "네놈이 갖고 갈 거지, 응? 으악!" 이 소동이 일어난 동안의 수면 기록을 보면 이 남자는 확실히 렘수면 상태였다. 하지만 나중에 깨어난 남자는 꿈을 꾼 기억이 전혀 나지 않는다며 자신은 절대 꿈을 꾸지 않는다고 강하게 주장했다.

왠지 익숙하지 않은가? 남자는 꿈을 꾸었어도 단지 기억하지 못하거나, '아니면' 꿈꾸는 사람 같은 행동을 보이지만 실제로 그것을 꿈으로 경험하지 않은 것일 수도 있다. 개나 쥐, 아기나 혼수상태에 빠진 사람처럼 이 남자는 꿈을 '꾸는 것처럼 보인다'. 하지만 정말 그런지는 알 수 없다.

연구자들이 노력하고 있지만, 우리는 꿈을 잘 기억하는 사람에 대해서도 언제 꿈을 꾸는지 아직도 모른다. 스위스 로잔대학교의 신경학자인 프란체스카 시클라리Francesca Siclari는 위스콘신대학교의 줄리오 토노니Giulio Tononi와 함께 꿈의 EEG 패턴 특성을 찾는 연구를 수행했다.[14] 이들은 연구 결과 뇌 뒷부분에서 아주 약하고 느린 뇌파와 강하고 빠른 뇌파가 조합된 EEG 패턴을 보이는 영역을 발견했다. 이 영역은 실험 참가자가 꿈을 꾸고 있다는 사실을 분명히 나타냈다. 반대로 아주 강하고 느린 뇌파와 약하고 빠른 뇌파는 참가자가 꿈을 꾸고 있지 않다는 사실을 보여주었다. 하지만 안타깝게도 이런 조합이 자주 일어나지는 않았고, 연구팀은 밤의 대부분의 시간 동안 참가자가 꿈을 꾸는지 아닌지 예측할 수 없었다. 하지만 10년이나 20년쯤 지나 연구자들에게 충분히 시간이 주어지면, 뇌 영상 기술을 활용해 어떤 사람이 꿈을 꾸는지 아닌지 상당히 정확하게 예측할 수 있을지도 모른다. 그러나 향상된 뇌 영상을 이용해도 혼수상태에 있는 사람이나 아기, 또는 개나 쥐가 꿈을 꾸는지는 여전히 알기 힘들 것이다. 우리는 이들의 뇌가 꿈꾸는 듯한 상태를 보여준다는 사실만 알 수 있다.

이 지점에서 혼란스러워졌다고 해도 당신만 그런 건 아니다. 이 장을 시작할 때 우리는 MIT대학교의 매트 윌슨이 《뉴욕 타임스》 기자에게 "우리는 쥐가 꿈을 꾸는지 확실히 알 수 없다"라고 한 말을 인용했다. 그런데 윌슨은 같은 연구를 보도한 MIT대학 신문에 "쥐는 실제로 꿈을 꾸고, 쥐의 꿈은 현실의 경험과 관련되어 있다"라고 말했다.[15] 마찬가지로, 노래하는 새를 연구하는 시카고대학교의 댄 마골리아시Dan Margoliash는 꿈꾸는 새는 고사하고 노래하는 새가 된다는 것도 '어떤 느낌인지'는 아무도 알 수 없지만 "연구 자료로 볼 때 노래하는 새는 노래하는 꿈을 꾼다고 추론할 수 있다"라고 주장했다.[16]

이 장에서 많은 질문에 답할 수는 없었지만, 수면 연구자들이 과학적 관점에서 의식, 특히 꿈을 논할 때 직면하는 어려움을 이해해주었으면 한다. 하지만 과학자의 관점에서 살짝 벗어나 본다면, 우리 모두 성인은 꿈을 꾸고, 아기나 개는 아마도 꿈을 꾸며, 깊은 혼수상태의 사람은 대체로 꿈을 꾸지 않는다는 사실에 동의하리라 생각한다. 최소 의식 상태의 환자나 쥐, 고래, 노래하는 새가 꿈을 꾸는지는 정말로 알 길이 없다. 〈겨울왕국〉의 올라프나 엘사가 꿈을 꾸지 않는다는 데는 모두가 동의하길 바랄 뿐이다.

7장
"우리는 왜 꿈을 꿀까?"

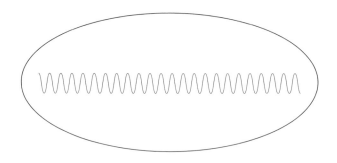

꿈에 대한 흔한 궁금증은 의심할 여지 없이 모두 한 가지 질문의 변주다. 바로 '우리는 왜 꿈을 꿀까?'이다. 이 질문은 3가지로 나뉜다. 첫째, 뇌는 어떻게 꿈을 만들까? 둘째, 꿈의 기능은 무엇일까? 셋째, 이런 기능을 실행하려면 꼭 꿈을 꾸어야 할까? 이 질문에 대한 답은 모두 '확실히 알 수 없다'이다. 하지만 훌륭한 이론들을 거치면 근접한 답을 찾을 수 있다.

뇌는 어떻게 꿈을 만들까?

꿈은 뇌 활동 패턴에 따라 형성된다. 뇌 활동은 점차 꿈을 진행시키며 꿈 내용을 드러낸다. 예를 들어 꿈에서 어머니가 보이려면 먼저 뇌에서 어머니라는 시각적 외향의 신경 표상(신경세포가 나타내는 정보 내용, 신경 부호라고도 한다-옮긴이)이 활성화되어야 한다. 이 과정은 깨어 있는 동안 어머니의 이미지를 떠올리는 과정과 비슷하며 그리 어려운 일도 아니다.

깨어 있을 때나 꿈에서 어떤 사물을 상상할 때 발생하는 뇌 활동 패턴이 현실에서 그 사물을 볼 때 생성되는 뇌 활동 패턴과 비슷하다는 사실은 이미 증명되었다. 뇌 전반의 활동을 수 분에서 수 시간 동안 기록할 수 있는 기능적 자기 공명 영상fMRI, functional Magnetic Resonance Imaging 덕분이다. fMRI를 이용하면 뇌는 약 5만 복셀voxel로 구획된다. 카메라의 2차원 화소가 픽셀pixel이라면 복셀은 3차원 입체 화소다. 1복셀은 한 변이 약 0.25센티미터인 정육면체다. fMRI는 각 복셀에서 일어나는 뇌 활동을 2~3초에 한 번씩 포착한다. 놀라운 신기술인 다중 복셀 패턴 분석MVPA, Multi Voxel Pattern Analysis을 이용하면 야구 경기 사진 같은 특정 이미지를 볼 때 뇌의 시각 처리 영역에서 일어나는 특정 복셀 활동 패턴이나 얼굴, 도구, 문 같은 이미지군을 볼 때 일어나는 일반적인 복셀 활동 패턴을 밝힐 수 있다. '분류기classifier'를 이용하면, 실험 참가자가 어떤 사진을 볼 때 일어나는 뇌 활동 패턴만으로도 그 사진이 야구 경기 사진인지, 얼굴이나 문 사진인지 정확히 예측할 수 있다.

이 놀라운 방법을 이용해 기억 속에서 얼굴 이미지를 떠올릴 때도 실제 얼굴을 볼 때와 동일한 뇌 활동 패턴이 활성화된다는 사실을 확인할 수 있다. 일본 교토 ATR 뇌정보통신종합연구소ATR Computational Neuroscience Laboratories의 젊은 연구자인 호리카와 토모야스堀川友慈가 수행한 획기적인 실험은 더욱 흥미롭다.[1] 호리카와는 꿈에서 얼굴을 볼 때도 현실에서 얼굴 이미지를 보거나 떠올릴 때와 같은 다중 복셀 패턴이 활성화된다는 사실을 밝혔다. 호리카와 연구진은 실험 참가자가 수천 가지 사진을 보는 동안 생성된 fMRI 신호를 이용해 몇 가지 시각 이미지군에 대한 분류기를 산출하는 공상과학 소설 같은 연구를 진행했다. 참가자를 깨워 꿈 보고서를 얻기 직전 나타난 뇌 활동을 분류기에 적용하자, 꿈꾸는 뇌의 활동을 나타내는 분류기와 참가자가 보고한 꿈 내용이 놀라울 만큼 일치한다는 사실이 확인되었다. 한 참가자는 꿈에서 깨어 "음, 사람들이 강당 같은 곳에 세 명쯤 있었어요. 남자와 여자, 아이였던 것 같아요. 아, 남자아이와 여자아이, 엄마 이렇게 세 명이었어요. 색깔은 없었고요" 라고 보고했다. 컴퓨터는 참가자가 깨어나기 직전 15초 동안의 뇌 활동을 분석하고 이 꿈 보고와 '정확히 일치하는' 분류기 이미지를 합성해냈다. 꿈꾸는 뇌 활동이 보인 다중 복셀 패턴은 실험 참가자가 실제로 여자와 아이들 사진을 볼 때 생성한 패턴과 같았다.

이렇게 본다면 문제는 간단해질 수도 있다. 꿈속에서 이미지를 표상하는 뇌 활동 패턴은 사실 깨어 있는 동안 비슷한 이미지를 볼 때 생성된 기존 뇌 활동 패턴을 재활성해 만들어진다. 마찬가지로 꿈에서 경험하는 생각과 감정 패턴도 깨어 있는 동안 생성된 뇌 활동 패턴을 재활성해 생성되는 것이 분명하다.

하지만 당신은 이렇게 반론할지도 모른다. "잠깐, 꿈을 구성하는 내러티브가 어떻게 만들어지는지는 설명하지 않았잖아요. 게다가 꿈에는 현실에서 보지 못한 것들이 많이 나오는데요." 모두 일리 있는 반론이다. 하지만 백일몽을 꿀 때 생각과 이미지가 어떻게 생성되는지 살펴본 연구 결과에 주목하면 답을 얻을 수 있다. 피부가 녹색인 배불뚝이 대머리 야구 선수를 떠올려보라. 그리 어렵지 않게 할 수 있을 것이다. 나무 빗자루를 휘둘러 공을 치는 모습을 상상해보라고 해도 마찬가지일 것이다. 뇌는 꿈을 꿀 때도 정확히 같은 방식으로 이미지를 만든다.

이런 반론을 제기할 수도 있다. "잠깐만요, 특정한 꿈이 '어떻게, 왜' 그런 방식으로 만들어지는지에 대한 문제가 아직 남았는데요. 내가 꾸는 꿈은 현실에서 일어난 일을 그대로 반복하지도 않고, 누가 꿈속에서 현실의 일을 상상해보라고 시킨 것도 아닌데요. 그러면 꿈속에서 보이는 일은 다 어디서 온 거죠?" 훌륭한 질문이지만 대답하기는 상당히 어렵다. 이 질문에 대한 답 일부는 이 장 후반부에서 논하겠지만 여기서 잠깐 살펴보자.

30여 년 전 앨런 홉슨은 《꿈꾸는 뇌》에서 뇌가 개별 꿈의 특정 내용을 어떻게 구성하는지 알아내려는 노력은 헛수고라고 말했다(그때는 아직 기능적 자기 공명 뇌 영상이 없었다). 대신 홉슨은 꿈의 형식적 속성을 이해해야 한다고 주장했다. 왜 꿈은 그토록 기괴한가? 왜 그렇게 감정적인가? 왜 시각 이미지와 운동이 그토록 두드러지는가? 홉슨은 이런 현상이 단순히 렘수면의 신경생리학적 결과라고 주장했다(《꿈꾸는 뇌》와 이후 저작에서 홉슨은 비렘수면 꿈에 애증을 보였다. 홉슨은 비렘수면 중 꿈이 일어난다는 사실을 알고 있었지만, 한편으로는 비렘수면 꿈을 렘수면의 생리학적 작용이 비렘수면에 끼어든 결과라고 치부하거나 그저 무시해버렸다). 홉슨은 렘수면의 독특한 생리적 특성을 나열하고 이들을 꿈의 형식적 속성에 대입했다.

8년 후 벨기에의 피에르 마케Pierre Maquet 연구진이 최초로 렘수면과 렘수면 꿈의 몇몇 기능적 자기 공명 뇌 영상 연구 결과를 발표했다.[2] 이들이 발견한 폭넓은 뇌 영역 활성 패턴으로 홉슨이 제시한 꿈의 여러 형식적 속성을 설명할 수 있다. 렘수면 동안에는 감정 표현을 조절하는 변연계 전반에서 뇌 활성이 증가한다. 동시에 계획, 논리적 사고, 충동 조절 같은 실행 기능에 중요한 배외측 전전두엽 피질dorsolateral prefrontal cortex이라는 이름도 복잡한 뇌 영역에서는 활성이 '감소'한다. 연구진은 이런 신경생리학적 변화로 꿈이 대체로 감정적이고 판단이나 계획, 논리적 사고는 부족한 이유를 충분히 설명할 수 있다고 주장했다.

좀 더 세부적으로 살펴보면, 꿈이 기괴한 이유는 5장에서 논의한 대로 약한 연관성을 찾는 과정이 우선 활성화되기 때문이다. 마찬가지로 움직임을 조절하는 뇌 영역인 운동 피질이 렘수면 동안 활성화되면 당연히 꿈속에서 운동 감각이 일어난다.

이런 발견을 종합하면, 우리는 꿈속에서 이미지와 운동의 내적 표상을 형성하는 데 필요한 뇌 활성 패턴이 어떻게 만들어지는지, 이 뇌 활성 패턴이 판단이나 계획성, 논리가 부족해 보이는 기괴한 감정을 어떻게 만드는지 잘 알 수 있다. 하지만 특정 꿈이 어떻게, 그리고 왜 만들어지는지는 아직 설명하지 않았다.

꿈의 기능은 무엇인가 1

우리는 왜 꿈을 꿀까? 꿈은 진화적으로 왜 필요할까? 우리를 이상하면서도 너무나 선명하고 설득력 있는 꿈의 세계에 빠지게 하는 기능을 넘어, 꿈은 대체 '어떤 역할을 하는' 걸까?

꿈의 기능은 깨어났을 때 꿈을 기억하는지와는 관계가 없다. 4장에서 살펴본 것처럼 우리는 모든 수면 단계에서 꿈을 꾼다. 즉 사람은 적어도 밤의 3분의 2, 보통은 8시간 중 6시간 반 이상은 다양한 형태의 꿈에 빠져 있다. 사람은 잠자는 내내 꿈을 꾼다고 하는 연구자들도 있다. 하지만 눕자마자 바로 잠들고 밤새 푹 자는 운 좋은 사람이라도 잠자는 시간의 5퍼센트인 25분 정도의 꿈조차 기억하지 못할 것이다. 렘수면 중 일어나는 가장 선명한 꿈에만 한정해도 일반적으로 성인은 매일 밤 3~6회의 렘수면에 들고, 그중 가장 긴 렘수면은 20~40분쯤 유지된다. 하지만 보통 성인은 '한 달'에 4~6가지의 꿈밖에 기억하지 못한다! 설령 그 꿈들을 '기억하더라도' 기록하지 않으면 꿈은 덧없이 사라져버리고 하루를 보내는 동안 세부사항도 빠르게 희미해진다.

꿈의 기능이 깨어난 다음 기억나는지에 좌우된다면 엄청나게 많은 꿈이 제 기능을 하지 못할 것이다. 꿈을 꾼 기억이 없는 채로 아침에 일어났는데 나중에 뭔가를 보거나 행동하다가 지난밤에 꾼 꿈의 기억이 떠오른다고 치자. 꿈꾼 후 6시간쯤 지나 불현듯 꿈이 기억났다고 해서 그 꿈이 제 역할을 할 수 있을까? 말이 되지 않는다. 오히려 꿈의 기능은 그것이 무엇이든 꿈이 실제로 펼쳐지는 동안 '실시간으로 일어난다'고 보는 관점이 더 타당하다.

기억나는 꿈을 해석하고 싶다면 최근 기억나는 꿈 10~20가지를 떠올려보라. 그중 몇 가지나 해석할 수 있는가? 누가, 어떤 방법으로 꿈을 해석했고 그 해석이 궁극적으로 정확한지는 제쳐두더라도 사실상 해석할 수 있는 꿈은 거의 없을 것이다. 실제로 보통 어른보다 훨씬 더 많은 꿈을 기억하는 어린이나 청소년도 거의 꿈을 해석하지 않는다. 그리고 지금까지 전 세계 사람 대부분은 사는 동안 꿈을 하나도 해석하지 않고 살아왔다. 꿈을 꿀 수 있는 다른 생물 역시 꿈을 해석하지 않을 것이다. 꿈의 진화적 기능은 꿈의 해석에 달려 있지 않다.

따라서 중요한 것은 해석이나 개인적 성장, 영감 또는 단순히 재미를 위해서 등 기억나는 꿈을 활용하려고 선택하는 꿈의 '용도'와 꿈의 '생물학적 및 적응적 기능'을 구별해야 한다는 점이다. 1천 년이 넘는 동안 꿈의 본질과 기능을 설명하는 수많은 개념이 나왔고, 1950년대에 렘수면이 발견된 후에도 수십 가지 이론이 제시되었다. 모두 꿈에 생물학적 기능이 있다는 가정에서 시작된 이론이다. 하지만 그렇지 않다면 어떨까? 꿈이 잠자는 뇌가 생성한 의미 없는 부산물에 지나지 않는다면 어떻게 될까?

하버드대학교 의과대학의 앨런 홉슨과 로버트 맥칼리Robert McCarley 가 제안한 활성화-통합 가설은 프로이트와 융의 꿈 이론 이래 가장 널리 알려진 꿈 이론일 것이다. 홉슨과 맥칼리는 1977년에 발표한 두 편의 논문에서 렘수면의 신경생물학에 근거한 꿈 모델을 제안하며 프로이트의 정신분석적 꿈 이론에 정면으로 맞섰다.[3, 4] 활성화-통합 모델은 명백하게 반프로이트적이다. 홉슨과 맥칼리는 활성화-통합 가설을 펼치며 프로이트의 꿈 이론과 일치하는 부분은 대체로 넘어가고 서로 상충하는 부분에 초점을 맞췄다.

활성화-통합 가설에 따르면 뇌줄기의 '다리뇌 그물 형성체PRF, Pontine Reticular Formation'에서 거대 뉴런이 '대체로 무작위적으로' 발화하면 꿈이 유도된다. PRF는 전뇌(뇌를 연상할 때 보통 떠올리는 울퉁불퉁한 표면)와 척추 사이에 있는, 다리뇌에 뻗어 있는 뉴런 네트워크로 렘수면을 조절하는 역할을 한다. 홉슨과 맥칼리는 렘수면 동안 거대 뉴런이 발화되면 시각 피질이 자극되는 동시에 렘수면의 이름대로 빠른 눈 운동Rapid Eye Movement이 시작된다고 주장했다.

두 사람은 전뇌가 이런 자극을 받으면 시각 감각을 설명할 내러티브를 구축한다고 주장했다. 홉슨은 꿈이 "뇌줄기에서 보낸 잡음 신호를 이용해 전뇌가 부분적으로라도 일관성 있는 꿈 이미지를 생성하려고 최선을 다한" 결과라고 설명한다.[5]

홉슨과 맥칼리의 논문은 활성화-통합 가설의 절반인 뇌줄기 '활성화' 부분에 주목했지만, 전뇌 구조에서 일어나는 뇌줄기 자극의 정교화 작업인 '통합' 부분은 단 한 문단으로 축약해버렸다. 홉슨은 꿈의 무작위적인 특성을 강조하며 자신들의 주장이 일으킨 격한 논쟁을 즐긴 듯하다. 결과적으로 오늘날 활성화-통합 모델은 꿈을 대체로 무작위적이며 무의미하게 본다고 여겨진다.

꿈이 무작위적이고 의미 없다는 주장과, 신이나 무의식으로부터 온 의미를 전달한다는 주장이 엇갈리는 동안 꿈이 인지적이고 감정적인 기능을 한다고 주장하는 움직임이 싹텄다. 홉슨과 맥칼리도 1977년 활성화-통합 논문에서 "꿈에는 학습 과정의 어떤 면을 촉진하는 기능이 있을 수 있다"라고 언급하기도 했다.[6] 반면 DNA 구조를 공동 발견한 프랜시스 크릭Francis Crick은 1983년 렘수면이 역학습reverse learning 기능을 한다고 주장했다. 즉 뇌는 우리가 기억하지 못하는 꿈속에서 재생된 기억을 지운다는 것이다. 크릭은 "우리는 잊기 위해 꿈꾼다"라는 주장을 내놓기도 했다.[7] 그러므로 크릭의 주장에 따르면 우리가 할 수 있는 가장 나쁜 행동은 꿈을 기억하려고 애쓰는 일이다!

이후 30년 동안 꿈의 기능을 살피는 다양한 이론이 쏟아졌다. 전부 살펴볼 여유가 없어 유감이다. 하지만 꿈의 기능을 논하는 주장 대부분은 다음 중 하나를 따른다.

• 꿈에는 진화적 기능이 있다.
• 꿈에는 적응적·생물학적 기능은 없다.
• 꿈은 문제 해결에 도움을 준다.

- 꿈은 감정 조절 역할을 한다.
- 꿈과 렘수면의 기능은 같다.

지금부터 하나씩 살펴보자.

1. 렘수면=꿈

상반되는 증거들이 많지만 많은 사람이 '렘수면REM sleep'과 '꿈꾸는 잠dreaming sleep'이라는 용어를 혼용하고 비렘수면을 '꿈 없는 잠dreamless sleep'이라 부르기도 한다. 그러면서 "이 연구는 렘수면이 ○○○ 기능을 한다는 사실을 보여준다"라고 하다가 "'꿈'은 ○○○ 기능을 한다"라고 결론 내린다. 비슷한 사례로 렘수면을 취하지 못한 쥐는 저체온증을 일으킨다는 연구 결과를 보여주다가, 꿈은 뇌를 따뜻하게 유지하는 작용을 한다고 결론 내리기도 한다.

최근에는 Chrm1과 Chrm3라 부르는 2개의 유전자가 렘수면에 필수적이라는 사실을 밝힌 쥐 실험 연구 결과가 기사화된 일도 있다. "꿈은 2개의 유전자에서 온다"라거나 "우리가 얼마나 꿈꾸는지는 유전자가 조절한다"라는 등의 제목으로 말이다. 가장 흥미를 끄는 제목은 "과학계, 꿈을 암호화하는 유전자를 제거하면 악몽을 막을 수 있다고 밝혀"였다(중요한 과학적 발견이라는 점에서는 사실 "쥐의 렘수면은 Chrm1과 Chrm3 유전자로 조절된다"라는 제목이 훨씬 적절하다. 재미는 덜하지만 훨씬 정확하다).

앞서 살펴보았듯이 꿈은 잠자는 동안 체험하는 '주관적인 경험'인 반면, 렘수면은 '생리적으로' 정의된 수면 단계이다. 꿈에도 기능이 있는지 물을 때, 우리는 (하늘을 날거나 죽은 친척을 만나거나, 어릴 적 살던 집에

서 새로운 방을 발견하는 등의) 꿈 '경험'에 (뇌에서 신경조절물질인 아세틸콜
린acetylcholine의 분비가 늘어나는 등의) 렘수면 또는 비렘수면의 생리학적 기
능을 넘어서는 다른 기능이 있는지 묻는 셈이다. 꿈은 렘수면에만 한정
되지 않고 꿈의 기능 또한 렘수면의 기능과 정확히 일치하지는 않는다.

2. 문제 해결자로서의 꿈

우리가 왜 꿈을 꾸는지에 대한 더욱 단순한 대답은 꿈이 개인적인 문
제를 해결하는 데 도움을 준다는 점이다. 이 아이디어를 지지하는 사람
들은 보통 꿈속에서 놀라운 발견을 얻은 유명한 사례를 지목한다. 예를
들면 일라이어스 하우Elias Howe의 재봉틀 발명, 아우구스트 케쿨레August
Kekulé의 벤젠 고리 발견, 또는 폴 매카트니의 〈예스터데이〉 작곡 사례 등
을 든다. 꿈과 창의성의 놀라운 연결 고리에 대해서는 11장에서 더 살펴
보겠지만, 전 세계 '수십억' 명이 매일 밤 꿈을 꾼다는 사실에 비추어 보
면 유명한 사례들은 오히려 이런 일이 흔치 않다는 사실을 강조한다.

위대한 발견이나 문제 해결 사례는 차치하고서라도, 꿈이 현실의 문
제에 대한 실질적인 해결책을 거의 제시하지 못한다는 사실은 많은 연
구에서 드러난다. 꿈이 중요한 문제나 근심거리와 씨름하는 데 도움이
되지 않는다는 말은 아니다. 때로는 꿈을 통해 중요한 결정을 내리거나
행동 방침을 구상하거나 이전의 계획을 재고할 수도 있다. 하지만 그런
통찰이나 해결책은 흔히 나중에 '깨어난 후' 꿈에 대해 생각할 때만 얻
을 수 있다. 즉 꿈은 환상적인 발견과 통찰을 제시하기도 하지만 실제로
꿈속에서 문제 해결 방법이 명확히 드러나는 경우는 극히 드물어서 이
를 꿈의 진화 이유로 볼 수는 없다.

3. 꿈의 진화적 기능

꿈의 기능에 대한 재미있는 고찰 중 하나는 꿈이 우리 조상에게 어떤 적응적 이점을 주었는지 생각하는 것이다. 2000년 핀란드의 철학자이 자 인지신경과학자인 안티 레본수오Antti Revonsuo는 꿈의 진화적 모델을 다룬 도발적인 논문을 발표해 많은 논쟁을 일으켰다. 레본수오는 꿈이 위험한 사건을 시뮬레이션해 향후 비슷한 사건을 피하거나 생존하는 방 법을 모색하는 메커니즘으로 진화했다고 주장했다.[8] 이후 꿈에 대한 레 본수오의 '위험 시뮬레이션 이론TST, Threat Simulation Theory'은 다양한 연 구와 비판의 초점이 되었다.

TST 이론이 실증적 증거로 내놓는 것은 대체로 복합적이다. 그저 개 념적으로 심리적·신체적 위협을 가하는 꿈 재료를 포함한다고 볼 수 있 는 꿈은 많지만, 현실적으로 생명을 위협하는 사건이 꿈에서 드러나는 경우는 그리 많지 않다. 게다가 현실적인 위협을 묘사하는 꿈 중에서도 효과적인 대처 방법을 제시하는 경우는 극히 드물다. 토니와 동료들은 반복되는 꿈이 위험 시뮬레이션의 사례라고 본 레본수오의 주장을 검증 하기 위해 성인 212명의 반복적인 꿈을 연구했다. 그 결과 반복되는 꿈 의 3분의 1은 위험한 사건을 포함하지 않는다는 사실을 발견했다.[9] 사 실 꿈에 나오는 위험한 사건의 80퍼센트는 화장실 벽이 사라지거나, 유 령이 나오거나, 아무런 도움 없이 물 위로 날아가는 등 허구이거나 현실 에서 일어나기 극히 드문 일이었다. 연구팀은 현실적인 위험한 상황이 반복되는 꿈 중에서도 성공적인 대처 방법이 제시되는 경우는 5가지 중 하나 미만, 즉 위험한 상황이 반복되는 꿈 전체 중에서는 25가지 중 하 나보다 적은 수준이라고 밝혔다. 게다가 반복되는 꿈 5가지 중 2가지는 위험한 사건이 실제로 일어나면서 끝나고, 나머지 2가지는 위험한 상황이 어떻게든 해결되기 전에 꿈에서 깨서 끝났다.

대부분의 악몽은 적응 반응이라기보다 실패하는 상황을 그대로 시뮬레이션하는 것으로 보인다. 따라서 우리가 인지하는 다양한 위험 상황을 포함하는 꿈은 많지만, 이런 꿈이 위험한 상황을 벗어날 효과적이고 현실적인 행동 방법을 제시한다는 증거는 거의 없다. 핵심적인 발견이다. 레본수오의 모델은 꿈의 생물학적 적응이 위험을 시뮬레이션하기보다 위험 상황을 성공적으로 피할 '대처 방법'을 예습하는 과정이라고 주장하기 때문이다.

2016년, 레본수오 연구진은 꿈을 대안적이고 사회적인 시뮬레이션으로 보는 이론을 밀고 나가 꿈의 기능이 "현실 세계와 관련된 사회적 기술·관계·상호작용·네트워크"를 시뮬레이션하고 강화하는 것이라고 주장했다.[10] TST 모델과 마찬가지로 꿈의 사회적 시뮬레이션 이론은 꿈에서 본 시뮬레이션이 우리 조상의 생존력과 적응력을 높였다고 주장한다. 꿈의 사회적 시뮬레이션 이론은 실증적이고 이론적인 근거에서 비판받았지만, 이 대안적인 꿈 진화 모델이 TST 모델보다 꿈의 기능을 더 잘 설명하는지 알아보는 건 아직 이르다. 그럼에도 레본수오 연구진이 제안한 정교하고 실험 가능한 꿈 기능 모델은 학계에서 상당히 드문 성과다.

4. 꿈의 감정 조절 기능

지난 10년간 수면, 특히 렘수면이 감정 처리에서 중요한 역할을 한다는 사실을 뒷받침하는 신경생물학적 연구가 폭발적으로 증가했다. 하지만 이 중에도 꿈 내용에 대한 자료는 없는 경우가 대부분이다. 그러므로 이들 연구를 통해 꿈이 낮 동안의 감정 기능을 제어하는 잠의 역할에 영향을 주는지, 준다면 어떻게 주는지는 추측으로 남아 있을 뿐이다.

그렇지만 지난 40여 년 동안 꿈의 기능을 다룬 많은 임상 이론은 꿈이 감정을 조절하는 역할을 한다는 생각에 초점을 맞추었다. 꿈이 잠의 수호자라는 프로이트의 견해를 연상케 하는 이런 꿈 모델은 꿈이 일종의 조절자 역할을 해서 이어지는 렘수면 주기 동안 감정 분출을 억제하거나 꿈꾸는 사람의 기분을 조절한다고 보았다. 이 이론에 따르면 꿈이 밤새 감정 조절에 성공하면 수면 전후 꿈꾸는 사람의 감정이 개선된다. 밥의 어머니도 언제나 이렇게 조언하셨다. "자고 일어나면 나아질 거야."

다른 꿈 모델은 부정적인 꿈 이미지와 근육 마비를 결합해 렘수면 꿈이 근본적인 생리기능에서 감정을 분리하는 적응적 탈신체화adaptive desomatization 기능을 한다고 주장한다. 사실 혈압, 심박수, 호흡 패턴은 펼쳐지는 꿈 감정과 별개로 나타나는 경우가 많다.

최근에는 나쁜 꿈이나 외상 관련 악몽 등의 불쾌한 꿈에 대한 신경 인지 모델이 등장했다. 꿈의 기능 중 하나는 다양한 조건에서 공포 자극을 새롭고 감정적으로 다시 경험하게 해 두려운 기억을 줄이거나 제거하는 것이라는 주장이다.

아마도 가장 잘 알려진 현대적 꿈 임상 이론은 정신과 의사이자 보스턴 터프스대학교 교수였던 어네스트 하트만Ernest Hartmann의 이론일 것이다. 하트만의 이론은 꿈과 악몽에 대한 이해를 한 걸음 진전시켰다. 하트만은 정신적 외상 환자 연구와 렘수면 생리학에 대한 발견을 바탕으로, 꿈이 기존의 기억 시스템에 정신적 외상 사건은 물론 감정적 근심을 엮어 '안전한' 잠으로 이어주는 '밤의 치료'의 한 형태라는 이론을 제안했다.[11] 하트만에 따르면 꿈은 새로운 기억과 오래된 기억을 이어 이 기능을 수행하는데, 이 연결은 낮 동안의 연결보다 더 폭넓고 느슨하다. 하트만은 또한 꿈에 대한 반응으로 감정이 일어나는 것이 아니라 반대로 감정이 꿈의 내용을 유발하고, 꿈꾸는 사람의 감정도 꿈속에서 이루어지는 연결을 유도한다고 보았다.

하트만이 제기한 이론의 또 다른 핵심적인 특징은 꿈이 맥락화된 이미지, 즉 핵심적인 감정 문제를 상징하는 일종의 사진-은유를 포함한다는 것이다. 하트만은 해일에 휩쓸리는 꿈 이미지는 예전에 해일에 휩쓸렸던 경험이 아니라 화재를 겪거나 성폭행을 당하는 등 해일과 무관한 정신적 외상 경험에서 온 압도된 느낌을 포착한 것이라고 설명한다. 하트만에 따르면 꿈꾸는 사람의 감정은 시간이 지남에 따라 변하며, 맥락상 이와 연관된 이미지를 바꾸고 우리가 정서적으로 적응할 수 있도록 유도한다. 꿈이 이런 치료 효과를 발휘하는 메커니즘을 설명하기는 다소 모호하지만, 하트만의 모델은 임상적으로 알려진 꿈 맥락화, 특히 정신적 외상과 관련된 사례를 흥미롭게 보여준다. 수면과 꿈 연구의 또 다른 선구자인 로절린드 카트라이트^{Rosalind Cartwright}가 이혼한 지 얼마 되지 않은 남녀를 연구해 꿈의 감정 조절 기능에 대해 비슷한 개념을 제시하기도 했다.[12]

종합해보면 이런 꿈 모델은 꿈, 적어도 렘수면 꿈이 부정적인 감정을 조절하는 역할을 한다고 주장한다. 다음 장에서 더 자세히 살펴보겠지만 지금은 한발 물러서서 '이 이론들이 각각 꿈에 대한 진실의 일면을 보여주는가'를 질문하고 싶다. 꿈이 문제를 해결하는 데 도움을 줄 수 있을까? 사회적 상호관계를 연습하거나, 위험한 상황을 피하는 법을 배우거나, 감정을 처리하는 독특한 바탕을 제공할 수 있을까? 이 질문에 대한 답은 '그렇다'라고 생각한다.

5. 꿈에는 아무런 기능이 없다

어쩌면 그럴 수도, 아닐 수도 있다. 꿈에 생물학적 적응 기능은 전혀 없다고 생각하는 의사나 철학자, 꿈 연구자도 많다. 듀크대학교의 철학자인 오웬 플래너건Owen Flanagan은 꿈이 심장박동 소리나 피의 색깔처럼 진화가 의도하지 않은 부산물에 불과하기는 하지만, 그렇더라도 꿈을 기억하면 유용할 수도 있다고 말한다.[13] 어린이의 꿈에 대한 흥미로운 연구를 수행한 데이비드 폴크스David Fulkes도 꿈에 생물학적 기능이 없다고 주장한다.[14] 저명한 꿈 연구자이자 이론가인 윌리엄 돔호프William Domhoff는 사람들의 꿈 보고를 수십 년간 연구한 끝에 생리학적으로 의미 있는 정보를 충분히 추출할 수 있다는 사실을 밝혔다. 하지만 그럼에도 음악을 만드는 능력처럼 꿈 기억이 인간의 삶에 중요한 기능을 하기는 하지만 자연 선택에 따라 진화적으로 보존된 것은 아니라고 주장한다.[15]

마찬가지로 수면과 기억의 관계를 연구하는 일부 연구자들은 꿈이 기억의 재활성화와 진화의 기본적인 과정을 '반영'하기는 하지만, 꿈 자체에는 아무런 기능이 없다고 주장한다. 이들을 포함한 많은 연구자가 꿈을 잠자는 뇌의 무의미한 부수적 현상에 불과하다고 여긴다.

6. 꿈의 기억 기능

꿈이 기억에 어떤 기능을 한다는 생각에는 곱씹어볼 점이 많다. 꿈의 내용은 무작위적이지 않으며 꿈은 단순한 부수적인 현상도 아니라는 점은 명백하다. 하지만 솔직히 우리도 꿈에 정말 생물학적 적응 기능이 있는지 의심했던 적도 있다. 앞서 언급한 여러 꿈 모델을 제시한 연구자들처럼 우리도 잠이 기억 처리에 어떤 기능을 하는지, 렘수면이나 비렘수면 꿈은 이 기억 처리 과정에 어떤 기능을 하는지 알려주는 핵심적인 발견이 이루어질 것이라고 확실히 예측하지는 못했다. 5장에서 렘수면과 비렘수면이 기억 진화에 영향을 준다는 사실을 살펴보았다. 잠은 기억을 강화하기도 하지만 잊게 하기도 한다. 잠은 감정적·비감정적 기억을 모두 처리한다. 아주 상세한 기억을 강화하기도 하지만 기억에서 요점만 추출하거나 패턴을 발견하고 영감을 얻기도 한다. 잠은 뇌에서 나중에 가장 도움이 될 만하다고 계산한 기억을 선택적으로 저장하고 발전시킨다. 우리는 꿈의 기능을 다루는 합리적인 모델이라면 이런 발견을 모두 고려해야 한다고 굳게 믿는다.

이 책에서 제안하는 모델에 따르면 꿈은 현상학적으로 복잡하지만 이전에 탐사되지 않았던 연관성을 발견하고 강화하면서 기존 정보에서 새로운 지식을 추출하는 수면 의존적 기억 처리의 한 형태이다. 이 과정에서 꿈은 현재의 근심사를 직접 재생하거나 구체적인 해결책을 제시하지 않는다. 오히려 꿈은 근심을 어떤 식으로든 구현한 연관성과, 지금이나 나중에 비슷한 문제 또는 근심을 해결하는 데 유용하다고 뇌가 추정한 연관성을 발견하고 강화한다.

꿈의 기능은 무엇인가 2

2007년 밥의 연구실에 들어간 에린 웸슬리Erin Wamsley는 꿈과 수면 의존적 기억 처리의 연관성을 연구했다. 웸슬리는 뉴욕시립대학교에서 꿈 연구자이자 백일몽과 몽상 연구로 유명한 존 앤트로버스John Antrobus의 지도로 렘수면과 비렘수면 꿈에 대한 박사 논문을 마친 상태였다. 웸슬리는 대학에서 수면 의존성 기억 응고화를 연구하는 동료이자 미래의 남편인 매트 터커Matt Tucker와 함께 연구했다. 웸슬리는 밥의 연구실에서 두 연구를 통합하고자 했다. 웸슬리가 연구실에 합류할 당시, 연구자들은 수면이 전날 들어온 새로운 기억을 처리하며 기억 진화를 돕는다는 사실을 알고 있었다. 하지만 꿈이 이 과정을 돕는지, 그렇다면 어떻게 돕는지는 몰랐다.

밥은 2000년 《사이언스》에 새로운 과제 학습이 꿈 내용에 영향을 줄 수 있다는 내용을 발표했다. 고전적인 컴퓨터 게임인 테트리스를 이용해 게임을 배우는 참가자들이 잠들기 시작할 때 게임 꿈을 꾼다는 사실을 분명히 밝혔다. 꿈은 "테트리스 모양 블록이 게임처럼 내 머릿속에 떠다니며 떨어지고 분류되어 합쳐졌어요"처럼 상당히 정확한 이미지로 보고되었다.[16] 하지만 그게 전부는 아니었다. 밥은 동료인 마거릿 오코너Margaret O'Connor와 함께 기억상실증 환자 5명의 테트리스 꿈을 연구했다. 이 환자들의 기억상실증은 주로 일산화탄소 중독 같은 우연한 사고를 겪으며 해마라고 알려진 뇌의 깊숙한 구조가 손상되면서 일어났다. 해마는 학습과 최근에 일어난 사건의 기억에 중요하다. 해마가 작동하지 않으면 아침 식사로 무엇을 먹었는지, 그날 오후에 어디에 갔었는지 기억하지 못한다. 밥의 제자인 데이비드 로든베리David Roddenberry는 기억상실증 환자들에게 사흘간 총 7시간 동안 테트리스 게임을 하게 하고 곁에서 지켜보았다. 그리고 매일 밤 환자들 옆에 앉아 수면을 관찰하고 그들을 깨워 꿈 보고를 수집했다. 매일 밤 잠들기 전, 환자들은 모두 테트리스 게임을 한 기억이 없다고 말했다. 데이비드를 만난 기억조차 없다고 한 사람도 있었다(어느 날 밤 한 환자는 그에게 "왜 내 침실에 있나?"라고 물은 적도 있다).

하지만 게임을 한 기억이 없는데도 5명 중 3명은 꿈에서 테트리스 이미지를 보았다. 예를 들어 한 명은 "방향을 바꾸는 이미지를 보았어요. 어디서 왔는지는 몰라요. 기억할 수 있으면 좋겠지만 아무튼 블록 같았어요"라고 대답했다.[17] '테트리스 효과Tetris Effect'라 불리는 이 현상은 상당히 유명세를 타서 위키피디아의 '테트리스 효과' 페이지부터 밥이 애용하는 시그니처 도시락 가방, '테트리스 효과'라는 플레이스테이션 가상현실 게임까지 생겼다.

하지만 밥이 단 한 번의 실험으로 꿈과 기억 진화를 엮은 것은 아니다. 웸슬리의 작업이 더해졌다.[18] 웸슬리는 가상 미로를 디자인하고 참가자에게 미로를 탐사하면서 배치를 익히도록 했다. 그다음 90분간 낮잠을 재웠다. 웸슬리는 낮잠에서 깬 참가자들에게 미로 꿈을 꾼 것을 기억하는지 묻고 미로 과제를 다시 시험했다.

결과는 놀라웠다. 참가자 중 미로 과제 꿈을 꾼 기억이 없는 사람은 낮잠을 잔 후에 미로를 빠져나오는 데 평균 1분 30초가 더 걸렸지만, 미로 꿈을 꾸었다고 한 사람은 2분 30초나 '빨리' 미로를 빠져나왔다. 이런 결과를 얻은 웸슬리는 다음과 같은 실험을 단행했다. 이번에는 참가자들을 낮잠 도중에 깨워 실제 꿈 보고를 얻었다. 밥은 이렇게 하면 진행되는 기억 처리 과정을 방해할지도 모른다고 우려했다(사실 걱정할 필요는 없었다. 8년 후 수행된 연구 결과, 참가자를 밤에 대여섯 번 깨워도 기억 진화에

전혀 영향을 주지 않았다).[19]

웸슬리는 미로 꿈을 꾸었다고 말한 참가자를 구분했다. 미로와 관련 없는 꿈을 꾼 참가자는 재시험에서 약 10초 정도 빨라진 결과를 보였지만, 미로와 관련된 꿈을 꾼 참가자는 낮잠 후 약 '10배(평균 91초 빠른)' 향상된 결과를 보였다. 미로 과제 꿈을 꾼 사람은 더 많은 수면 의존적 향상을 보인 것이 분명했다. 게다가 웸슬리는 꿈 보고서도 얻었다. 해마의 활성 증가를 보여주는 애매한 fMRI 영상 자료보다 훨씬 나은 결과였다. 웸슬리는 뇌가 새로 저장된 정보를 강화할 때 잠자는 뇌가 무엇을 상상하는지 직접 확인할 수 있었다.

한 참가자는 이렇게 대답했다. "저는 미로를 생각하고 있었고 사람들은 초소에 있는 것 같았어요. 미로에는 사람도 초소도 없었던 것 같은데요. 초소랑 사람들에게서 몇 년 전에 여행 가서 박쥐 동굴을 보러 갔던 때가 생각났는데, 그게 미로랑 비슷했던 것 같아요." 다른 참가자는 이렇게 말했다. "미로에서 뭔가를 찾고 있었어요." 또 다른 참가자는 "음악이 들렸어요"라고 떠올렸다. 미로를 탐사하는 동안 틀었던 배경음악이 들렸던 것이다.

그다지 좋은 결과는 아니었다. 이 꿈들은 분명 참가자가 미로 구조를 잘 기억해서 깨어났을 때 더 빨리 미로를 빠져나올 수 있게 돕는 꿈은 아니었다. 하지만 과제 수행력이 엄청나게 향상된 참가자도 있었다. 이 참가자의 뇌는 잠자는 동안 미로 구조에 대한 기억을 향상 '했을 뿐만 아니라' 이와 관련된 꿈도 생성했다. 하지만 꿈이 향후 과제 수행도를 높일 것이라 예측되기는 했지만 이런 향상에 직접적으로 기여하지는 않았다. 꿈은 다른 기능을 한 것이 틀림없다. 어떤 기능일까?

우리는 5장에서 잠자는 뇌가 다양한 기억 진화를 수행한다는 사실을 살펴보았다. 잠자는 뇌는 밤에 처리할 최근의 핵심 기억을 선별하고 감정 기억을 우선순위에 두지만, 비감정적 기억 처리에도 관여한다. 잠자는 뇌는 어떤 기억은 안정화하고 강화하는 한편, 다른 기억에서는 규칙이나 요약을 추출하기도 한다. 그리고 새로운 기억을 오래된 기존의 지식 네트워크에 통합한다. 다행히 뇌는 멀티태스킹을 잘해서 동시에 여러 기억 처리를 수행할 수 있다. 예를 들어 웸슬리의 실험에서 과제를 수행한 참가자가 잠들면, 해마는 앞서 미로에서 따라온 길에 대한 기억을 재생하고 강화했을 것이다(설치류의 해마는 정확히 이런 기능을 하는 것으로 알려져 있다). 하지만 이렇게 해도 뇌의 나머지 부분은 기억 진화의 다른 측면, 예를 들면 기억의 저장 같은 면을 자유롭게 다룰 수 있다.

이 새로운 기억을 "50달러를 단숨에 버는 방법"으로 분류해야 할까? "내가 해본 컴퓨터 게임", 아니면 "코스트코에서 엄마와 떨어져 미아가 되었다고 생각했을 때"에 넣어야 할까? 아니면 꿈 보고서에서 알 수 있듯이 "잃어버린 물건 찾기"나 "박쥐 동굴 탐험", "테크노 랩 음악은 싫어"로 분류해 저장해야 할까? 사소한 질문이 아니다. 뇌는 아주 복잡하게 연동된 신경 네트워크 모음에 수많은 정보를 저장한다. 여기에서 관련된 기억들이 물리적으로 서로 다른 기억과 이어지기 때문에 네트워크상 하나의 기억이 활성화하면 다른 기억도 활성화된다. 뇌가 새로운 기억을 어떻게 저장할지(정확히는 새로운 기억을 기존의 어떤 네트워크에 연결할지)에 따라 다음에 깨어 있을 때 언제 어떻게 이 새로운 정보를 이용할지가 결정된다. 예를 들어 미로가 떠오르는 것은 돈을 빨리 벌고 싶을 때나 새로운 게임을 할 때, 동굴을 탐험할 때 중 언제일까?

반대로 낮잠을 잔 후 다시 미로를 탐험할 때 동굴 여행이나 엄마와 헤어졌던 기억 중 어떤 것을 떠올릴지는 뇌가 새로운 기억을 저장하는 방법에 따라 달라진다. 더 중요한 것은 뇌가 이 기억들 사이에서 창의적인 연결을 발견하고 강화한다는 점이다. 동굴을 탐험할 때 배운 어떤 전략은 미로 탐험 과제에 도움이 될 수도 있고, 반대로 미로 탐험 과제에서 배운 전략이 다음에 동굴에 갈 때 도움이 될 수도 있다. 뇌는 갑자기 떠올린다. "이봐, 미로 탐험과 동굴은 사실 같은 거야." 그리고 웸슬리의 실험 참가자들이 꾼 꿈도 마찬가지다. "몇 년 전에 여행 가서 박쥐 동굴을 보러 갔던 때가 생각났는데, 그게 미로랑 비슷했던 것 같아요." 앞서 우리가 제안한 꿈의 기능을 보여주는 완벽한 사례다. 예측하지 못한 연관성을 발견해 기존 정보에서 새로운 지식을 끌어내는 것이다.

왜 꿈을 꾸어야 하는가

수면 의존적 기억 처리의 엄청난 이점을 얻으려면 실제로 꿈을 꾸어야 할까? 웸슬리와 밥은 미로 학습 논문에서 꿈이 수면 의존적 기억 처리의 기초가 되는 뇌 처리 과정의 '반영'이라고 결론 내렸다.[20] 하지만 꿈 자체, 즉 꿈이라는 실제 의식적 경험이 이 기억 처리와 관련 있다고 주장하지는 않았다. 꿈은 부산물에 지나지 않으며 잠자는 뇌가 수행하는 중요한 기억 처리의 사소한 부작용일 수도 있다. 꿈이 실제적 기능이 없는 부수적 현상이라는 이론과 비슷하다. 또는 윌리엄 돔호프가 20여 년 전에 주장했듯 "꿈은 문제를 해결하는 등의 기능을 하도록 자연 선택에 따라 보존되지는 않았지만, 근심의 근원을 보여줌으로써 해결되지 않은 감정 과

제를 이해하는 데 도움을 준다".[21]

하지만 지금 우리는 이 관점을 거부한다. 다음 장에서 자세히 설명하겠지만, 우리는 꿈이 깨어 있는 의식과 마찬가지로 무의식적인 뇌 처리 과정을 넘어서는 두 가지 이점을 제공한다고 생각한다. 꿈은 시간이 흐르면서 마음속에 펼쳐지는 내러티브를 만들고, 이 내러티브로 유발된 생각, 감각, 감정을 경험하게 한다. 꿈은 깨어 있는 의식과 마찬가지로 우리가 일련의 사건을 상상하고 계획하고 구상하고 탐험할 수 있게 한다. 홀수 2개를 더하면 항상 짝수가 된다는 사실을 이해하는 것처럼, 본질적으로 내러티브 전개가 필요하지 않은 문제에 대해서도 우리는 내러티브를 생성해 문제를 해결하려 한다. 우리는 문제를 '말로 표현하고', '마음속에서 찬찬히 살피는' 일련의 '단계'를 거쳐 문제를 해결한다.

서던캘리포니아대학교의 신경과학·심리학·철학 교수인 안토니오 다마지오Antonio Damasio는 저서 《느낌의 발견The Feeling of What Happened》에서 내러티브 생성이 의식의 큰 힘 중 하나라고 주장한다.[22] 다마지오의 주장에 따르면 우리는 의식 밖에서 내러티브를 구성할 수 없다. 그리고 내러티브를 구축하는 힘이 없으면 우리는 과거를 기억하거나 미래를 상상하고 계획할 수 없다. 내러티브를 구축하는 힘은 인간을 인간으로 만드는 능력이다.

미래를 상상하고 계획하는 능력은 수면 의존적 기억 진화의 여러 형태에도 중요하다. 그리고 미래를 상상하고 계획하려면 잠자는 뇌는 꿈을 꾸어야 한다. 뇌는 꿈을 꾸면서 다른 무의식적인 수면 의존적 기억 처리로는 할 수 없는 여러 방법으로 의식적인 내러티브를 창조해 다양한 가능성을 상상하고 탐색한다. 잠의 이런 기능을 실행하려면 우리는 꿈을 꾸어야 한다.

다마지오는 또한 감정(그는 느낌이라고 부른다)을 주관적으로 체험하는 것이 의식의 핵심이며, 일상적인 의사 결정에도 중요하다고 주장한다. 심지어 '전적으로 이성적인' 결정을 내릴 때도 우리는 올바른 선택을 했다고 확신하기 위해 감정적으로 판단하려 한다. 다마지오는 유전적 장애로 뇌의 편도체가 손상된 한 여성의 사례를 든다. 편도체가 없으면 분노나 두려움을 경험할 수 없고, 불쾌하거나 위험한 상황이라는 신호를 배울 수도 없다. 상황을 읽고 감정에 의존하는 과정은 보통 어린 시절에 배운다. 하지만 이 여성은 간단한 도박 과제에서 어떤 선택이 계속 나쁜 결과를 초래하는 것을 봤음에도 무엇이 나쁜 선택인지 배울 수 없었다. 자신의 선택이 틀렸다고 '느낄' 수 없으므로 잘못되었다고 '배울' 수 없었던 것이다.

이런 관점에서 보면 꿈에서 감정이 그렇게 많이 나타나는 것도 놀랍지 않다. 간단해 보이는 상황을 평가할 때도 감정을 느끼는 것이 중요하다는 다마지오의 결론을 받아들인다면, 우리는 감정을 평가하고 그 감정이 무슨 의미인지 이해하기 위해 꿈속에서 감정을 느껴야 한다.

계속되는 근심과 관련된 새로운 연관성을 제대로 탐색하고, 평가하고, 강화하려면 감정적으로 엮인 내러티브적 꿈이 필요하다. 간단히 말하면 이 과정이 꿈의 생물학적 기능이다. 이 기능이 무엇이고 어떻게 작동하는지는 다음 장에서 설명할 것이다. 꿈의 기능에 대한 새로운 이론인 넥스트업NEXTUP 모델이다.

8장
가능성 이해를 위한 네트워크 탐색

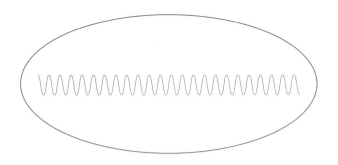

이 장에서는 뇌가 수면 의존적 기억 진화 기능의 중요한 요소를 수행하려면 왜 꿈을 꾸어야 하는지를 설명하는 꿈 기능의 새로운 모델을 제안한다. 가능성 이해를 위한 네트워크 탐색, 즉 넥스트업NEXTUP, Network Exploration to Understand Possibilities 모델이다. 밥이 처음 개발하고 이름 붙인 이 모델은 후에 토니의 도움으로 크게 발전했다. 이 장에서는 넥스트업 모델을 정의하는 특징을 자세히 설명하고 각 특징의 근거를 들며 그 의미를 논한다. 이 장이 끝날 때쯤이면 뇌가 왜 꿈을 꾸는지 훨씬 잘 이해하게 될 것이다. 이제 시작해보자.

넥스트업 모델과 약한 연관성 탐색

넥스트업 모델에서 보는 꿈은 기존의 기억에서 이전에는 탐색하지 않았던 약한 연관성을 발견하고 강화해 새로운 지식을 추출하는 독특한 수면 의존적 기억 처리 과정이다. 보통 뇌는 중요한 사건이나 직장에서 우연히 들은 이야기, 개인적 근심 등 그날의 새로운 기억을 암호화하고 이 기억에서 출발해 약한 연관성이 있는 다른 기억을 찾는다. 이 기억은 그날의 기억일 수도 있고 더 오래된 과거의 기억일 수도 있다. 그다음에 뇌는 기억을 꿈 내러티브로 엮어 보통 때에는 고려하지 않을 연관성을 탐색한다. 이 과정에서 넥스트업은 꿈속에서 발견되고 드러난, 새롭고 창의적이며 통찰력 있고 유용한 연관성을 찾고 강화한다.

밥은 1999년에 발표한 논문에서 렘수면 중 뇌가 약한 연관성을 선호한다는 사실을 밝혔다.[1] 밥은 20년 전 예일대학교의 제임스 닐리James Neely가 개발한 아주 독창적인 인지 실험인 '의미 점화semantic priming'를 이용했다. 실험 참가자들은 컴퓨터 모니터 앞에 앉아 일련의 단어(예: 옳음right)와 단어가 아닌 것(예: 크름wronk)이 뜨는 것을 보았다. 참가자들은 이들을 보고 '단어임'이나 '단어 아님'이라는 키를 누르기만 하면 되었다. 밥은 참가자들이 얼마나 빠르고 정확하게 단어 또는 단어가 아닌 것에 반응하는지 측정했다. 하지만 여기서 끝나지 않았다. 반응 속도를 측정하려는 '표적 단어'가 뜨기 직전에 다른 단어를 약 4분의 1초 동안 띄운 것이다. 표적 단어 바로 앞에 깜빡인 '점화' 단어와 '표적' 단어(단어일 경우) 사이의 의미적 연관성에 따라 참가자의 반응은 더 빨라지거나 느려졌다.

그림 8.1을 보면 이 실험이 어떻게 이루어졌는지 알 수 있다. 참가자들은 표적 단어(예: 그름wrong) 앞에 이 표적 단어와 연관성이 강한 점화 단어(예: 옳음)가 나오면 연관성이 약한 단어(예: 도둑)가 나왔을 때보다 표적 단어를 더 빨리 식별했다. 완전히 연관 없는 단어(예: 자두)가 앞에 나오면 반응이 가장 느렸다. 반응이 얼마나 빠른지가 의미 점화의 척도다.

낮에 이 실험을 하자 결과는 예상대로였다. 강한 점화 단어(예: 옳음)가 앞에 오면 약한 점화 단어(예: 도둑)가 올 때보다 표적 단어를 인식하는 반응이 3배 빨랐다.

이 결과는 무엇을 의미할까? 우리가 단어를 볼 때 뇌는 그 단어의 소리와 의미를 기억하는 회로를 활성화한다. 하지만 뇌는 연관된 단어에 대한 기억도 활성화한다. 이 기억이 활성화되면 뇌는 단어를 더 잘 이해할 수 있을 뿐만 아니라 다음에 올 단어에도 준비할 수 있다. 그래서 주어진 연관 단어의 기억이 강하게 활성화될수록 다음에 올 단어를 더 빠르고 확실하게 인식한다. 이것이 바로 이 실험에서 측정하려는 것이었다. 전혀 연관 없는 '자두' 같은 단어보다 훨씬 강한 점화 단어(예: 옳음)를 보면 '그름'이라는 표적 단어에 훨씬 빨리 반응한다는 사실은, 뇌가 이 점화 단어에 반응해 표적 단어인 '그름'을 강하게 활성화한다는 뜻이

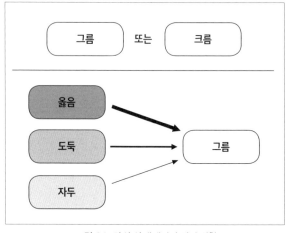

〈그림 8.1〉 각성 상태에서의 의미 점화

다. 밥의 실험 결과는 실험 참가자의 뇌가 약한 연관 단어보다 강한 연관 단어를 3배 효과적으로 활성화했다는 사실을 암시한다.

밥은 이 실험을 매우 빠르게 진행했다. 참가자들은 단 2~3분 만에 전체 실험을 끝냈다. 뇌가 완전히 깨어나고 세로토닌serotonin이나 노르아드레날린noradrenaline 같은 신경조절물질의 농도가 각성 수준까지 높아지는 데 필요한 시간보다 훨씬 짧은 시간이다. 실험 결과 참가자들이 잠에서 깨어난 직후 뇌의 신경조절물질 농도는 깨어나기 직전과 비슷했다. 한밤중 렘수면 중인 참가자를 깨운 직후 실험했더니 그 결과는 그림 8.2에서 볼 수 있듯 기대 이상이었다. 강한 연관 단어에 따른 의미 점화는 90퍼센트까지 감소했지만, 약한 연관 단어에 따른 의미 점화는 2배 이상 늘었다. 참가자를 렘수면에서 깨워 실험하자 불과 몇 분 전까지 렘수면을 취하고 있던 참가자의 뇌는 강한 연관 단어보다 약한 연관 단어를 8배나 더 효과적으로 활성화했다.

뇌가 꿈을 꿀 때 약한 연관성을 선호한다는 사실을 보면 왜 많은 꿈이 낮 동안의 지배적인 생각이나 감정, 사건과 분명한 연관성이 없는지 알

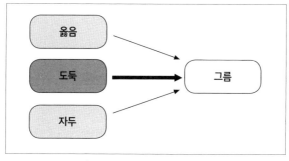

〈그림 8.2〉 렘수면 상태에서의 의미 점화

수 있다. 연관성이 명확해도 꿈이 정말 유용한지는 명확하지 않다. 하지만 이것이 바로 넥스트업이 예측한 바다. 뇌는 꿈을 꿀 때 가능성을 이해하기 위해 약하게 연관된 네트워크를 탐색한다. 뇌는 깨어 있을 때보다 더 광범위하게 탐색하고, 덜 명확한 연관성을 조사하며, 깨어 있는 동안은 절대 살펴보지 않을 장소에서 숨겨진 보물을 찾아낸다. 뇌가 주로 새로 입력된 감각을 다루는 데 집중하고 뇌 속 신경전달물질이 지금 여기의 정보를 처리하는 데 최적화된 환한 낮 동안에는 새로 파악된 연관성이 유용하거나 '옳은지' 파악하기 어렵다. 하지만 그래도 괜찮다. 뇌가 왜 이런 연관성을 선택하는지 이해할 필요는 없다. 꿈을 구축하는 데 쓰인 연관성이 유용한지 아닌지도 알 필요가 없다. 심지어 꿈을 기억할 필요도 없다. 우리가 잠자는 동안 중요한 작업은 모두 끝났기 때문이다. 꿈꾸는 동안 뇌는 연관성을 발견하고, 탐색하고, 평가한다. 그리고 이 연관성 중 일부가 정말 새롭고 창의적이고 유용할 수 있다고 판단되면, 뇌는 이 연관성을 강화하고 나중에 사용하려고 저장한다.

넥스트업과 꿈의 기괴함

넥스트업이 약한 연관성을 선호하면 꿈은 매우 기괴해진다. 기괴함의 존재는 너무 놀라워서 많은 초기 꿈 이론가들은 꿈의 기괴함을 설명해야 한다고 느꼈다. 프로이트의 위장-검열disguise-censorship 가설은 꿈의 기괴함이 꿈에서 직접 표현하기에 안전하지 않은 금지된 소망을 위장하는 의도적인 과정이라고 설명했다. 한편 홉슨은 이런 기괴함을 전뇌가 이미지와 개념을 무작위로 대충 섞어 이해하기 위해 "그나마 최선을 다한" 결과라고 보았다.[2] 하지만 우리가 보기에 꿈의 기괴함은 약하고, 따라서 예측하지 못한 연관성이 꿈 내러티브에 끼어들 때 예상되는 당연한 결과다.

꿈과 '낮의 잔여물*day residues*(낮에 완결되지 못한 사고나 감정)'의 관계가 명백하고 간단해 보여도 여전히 기괴함이 끼어든다. 매사추세츠대학교 의학센터에서 첫 번째 교수직을 맡았을 때, 밥은 '개 실험실'에서 학생들을 가르치는 다소 불편한 일을 해야 했다. 이 오래된 실험실은 심혈관 기능 연구실로 불렸지만 실은 학생들에게 죽음을 가르치는 곳이었다. 학생들은 이곳에서 실험 매뉴얼에 따라 마취된 개의 정맥에 카테터를 삽입하고 정맥 혈압을 측정하거나 약물을 주입하는 등의 실습을 했다. 실습이 끝나면 학생들은 개의 가슴 피부와 근육을 가르고 둥근 톱으로 갈비뼈를 자른 뒤, 아직 뛰고 있는 심장에 직접 약물을 주입했다. 너무 메스꺼운 나머지 갈비뼈 자르는 걸 차마 볼 수 없었던 밥은 동료들에게 나머지를 부탁했다. 학생들을 지도했던 첫날 밤에 밥은 꿈을 꾸었다.

나는 다시 개 실험실에 와 있었고, 우리는 개의 가슴을 절개했다. 실험대를 내려다본 순간, 나는 누워 있는 게 개가 아니라는 사실을 깨달았다. 다섯 살인 내 딸 제시였다. 나는 어떻게 그런 실수가 있을 수 있는지 이해할 수 없어 얼음처럼 굳은 채 서 있었다. 그러자 절개 부위의 가장자리가 다시 모여 흉터 하나 없이 아물었다.

꿈에서 깬 밥은 아내에게 꿈 이야기를 했고, 아내는 개 실험실이 죽음에 대한 공포를 불러일으켰을 것으로 추측했다. 그렇다면 그 두려움이 어디에서 가장 컸을까? 물론 딸 제시를 보았을 때다. 하지만 밥은 부인했다. 그런 느낌이 아니었다. 밥이 느낀 꿈은 마치 하나의 질문 같았다. "개에게 그런 짓을 해도 된다면, 제시에게는 왜 하면 안 되지?" 둘 다 타당한 설명이었다.

밥의 꿈은 바로 꿈이 무엇을 하는지 보여주는 고전적인 사례다. 꿈에서 밥의 뇌는 낮 동안의 경험에서 감정적인 사건을 가져와 기괴하고 전혀 있을 법하지 않은 사건으로 변형해 재생했다. 분명 이 꿈은 밥의 수술 능력을 향상하기 위해 고안된 꿈은 아니다. 대신 밥의 뇌는 꿈꾸는 동안 기억 네트워크를 탐색해 약하지만 유용할 법한 연관성을 찾아냈다. '개와 제시는 모두 작고 무력하다. 밥은 둘 모두에게 책임감을 느꼈다. 밥은 둘 다 죽이고 싶지 않았다. 둘 다 사랑했다.' 아마 이런 설명이 모두 해당할 것이다. 밥의 뇌는 개 실험과 제시와의 다양한 연결을 발견해 제시를 밥의 꿈으로 끌어들였다. 그런데 왜 그랬을까? 질문에 답하거나 문제를 해결하기 위해서는 아니다. 넥스트업이 그렇게 하도록 발전시켰기 때문이다. 뇌는 '만약 그렇다면?'이라고 질문하며 감정적이고 인지적인 반응을 관찰하고, 이 반응이 꿈의 내러티브에 어떤 영향을 미치는지 살폈다. 뇌가 무엇을 알아야 하는지는 반응의 강도와 꿈의 나머지 부분에 이 반응이 미치는 영향으로 나타났다. 제시와 개 실험실은 연결할 만한 가치가 있었다. 이 둘의 연관성을 통해 삶의 허무함이나 신성함과 관련된 중요한 무언가나, 나중을 위해 표시해두고 강화하고 저장할 만한 무언가가 밝혀졌다. 이런 연관성이 강화되면 뇌의 임무는 끝난다. 꿈에서 깨어났을 때 밥이 꿈을 기억하는지 아닌지는 사실 별로 중요하지 않다.

물론 모든 꿈이 이처럼 간단하지는 않다. 보통 꿈의 내용(또는 적어도 우리가 깨어났을 때 기억할 수 있는 것)과 그날 혹은 더 먼 과거의 어느 시점에 일어났던 일 사이의 연관성을 파악하기란 몹시 어렵다. 때로 뇌가 발견한 연관성이 아무 소용 없을 때도 있다.

오히려 이후 10장과 12장에서 살펴볼 것처럼 말이나 영화, 이야기 같은 꿈 이미지는 본질적으로 비유적이고 은유적이라는 사실을 명심해야 한다. 꿈 내용은 때로 구체적인 요소는 전혀 드러내지 않은 채 현재의 근심이나 의미 있는 사건을 각색해서 보여준다.[3] 이런 경우 풍부하고 상상력 넘치는 꿈의 맥락 안에서 넥스트업이 만든 새롭고 신기한 연관성과, 깨어 있는 동안의 수많은 생각이나 감정 또는 사건 사이에서 접점을 찾으려고 꿈에서 깨어난 다음 노력하는 일은 까다로울 뿐만 아니라 오류를 일으키기 쉽다. 이에 대해서는 나중에 더 살펴볼 것이다.

가능성 이해의 뜻

'가능성 이해를 위한 네트워크 탐색'을 의미하는 넥스트업NEXTUP에서 네트워크 탐색Network Exploration이라는 개념은 어느 정도 자세히 논의했지만, 넥스트업의 나머지 두 글자인 가능성 이해Understanding Possibilities라는 개념은 아직 논하지 않았다. 5장에서 우리는 새로운 기억을 안정, 강화, 통합하는 한편 기억 속 법칙을 발견하고 요점을 추출하는 수면 의존적 기억 진화와 뇌의 처리 과정을 살펴보았다. 여기에는 뇌가 더 유용한 기억 표상을 생성하면서 기억을 향상하는 기능을 한다는 암묵적인 이해가 있었다. 이런 기능은 '수렴적 사고convergent thingking'와 유사하다. 질문에 대한 하나의 답을 찾으며 논리적으로 결론에 이르러 모호함을 남기

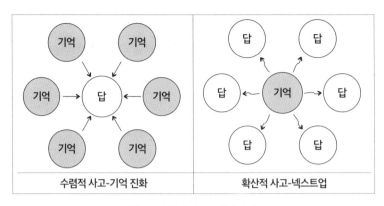

| 수렴적 사고-기억 진화 | 확산적 사고-넥스트업 |

〈그림 8.3〉 수렴적 사고와 확산적 사고

지 않는 사고방식이다(그림 8.3 왼쪽).

반대로 넥스트업은 '확산적 사고divergent thinking'에 가깝다(그림 8.3 오른쪽). 창의적이고 자유로운 방식으로 질문에 대한 다양한 통찰과 잠재적인 답을 생성하는 사고방식이다. 넥스트업에 따르면, 꿈은 우리가 '가능성을 이해'하기 위해 네트워크 연결을 탐색할 수 있게 해준다. 교육의 진정한 목표와 비슷하다. 뇌에 사실만 주입하지 않고 사실에 내재한, 아직 탐색하지 않은 가능성에 열린 태도를 보이며 한 가지 방법만이 아닌 가능한 여러 방법을 제시한다.

밥의 실험실 꿈을 떠올려보자. 이 꿈에는 해결할 문제도 없고 찾아야 할 '정답'도 없었다. 밥이 어떻게든 이해해야 했던 아주 충격적인 사건에 대한 최근의 기억만 있었다. 우리는 꿈꾸는 동안 밥의 뇌세포가 무엇을 하는지 직접 접근해서 알아낼 수 없고, 다만 뇌세포가 만든 경험의 보고만 볼 수 있을 뿐이다. 우리는 꿈의 결정적인 부분 중 넥스트업이 신경이나 네트워크 수준에서 무엇을 하는지 알 수 없다. 하지만 밥의 꿈 보고서를 보면 밥의 뇌가 가능성을 탐색하면서 사건을 이해하려고 애쓰고 있었다는 사실을 알 수 있다. 넥스트업은 밥에게 잠에서 깬 뒤 꿈을 기억해야 한다고 하지는 않는다. 하지만 깨어난 후에 꿈을 떠올리면 흥미로운 생각과 가능성으로 이어진다는 사실은 분명하다. 진화의 의도를 넘어 가치를 더하는 이런 기능은 7장에서 논한 꿈의 부산물 같은 기능의 일부다.

넥스트업과 꿈에 대한 의미 부여

꿈은 대체로 이상하고 무의미하게 느껴진다. 하지만 아주 중요하다고 느껴지는 꿈도 많다. 왜 이런 일이 일어날까? 꿈의 기능이 발휘되려면 꼭 꿈을 기억해야 할 필요도 없고, 심지어 우리는 꿈을 거의 기억하지 못한다. 그런데 기억되는 꿈은 왜 그토록 의미 있게 느껴질까(사실 의미 있는 꿈이라는 개념은 수천 년에 걸쳐 모든 문화에서 볼 수 있다)?

앞서 꿈이 특히 약한 연관성을 찾는다는 점을 살펴보았다. 꿈은 일반적인 상황에서는 재미없고 그저 엉뚱하다고 여겨지며 거부되는 연관성을 탐색한다. 꿈을 꿀 때 뇌는 평소에는 그다지 가치 없다고 여겨지지만 사실 잠재적인 가치가 있는 연관성에 점수를 더 준다. 꿈의 내러티브에 끼어드는 약한 연관성이 의미 있고 유용하다고 하려면 뇌 스스로 약간은 밀어붙일 필요가 있다.

마치 1960년대에 환각제를 투여한 사람들이 심오한 '마약 통찰'이라며 "화장실 물을 내리면 '만사'가 다 내려가노라!"라고 했던 것과 마찬가지다. 그들은 자신의 놀라운 통찰에 경외감을 느끼며 그렇게 말하고도 약간 겸연쩍어하며 이렇게 덧붙였다. "내 말은, 진짜 '만사'를 다 해결해준다고요."

사실 꿈에 중요한 의미가 있다는 느낌은 1960년대에 유행한 이런 현상과 비슷하기만 한 것이 아니라 거의 똑같다. 잠시 인내심을 발휘해 신경화학과 관련한 문장 몇 개만 들여다보자. 약리학적으로 리세르그산다이에틸아마이드LSD, lysergic acid diethylamide는 세로토닌 1A 수용체를 포함한 여러 세로토닌 수용체를 활성화해 작용하며 이어 뇌 일부에서 세로토닌 분비를 억제한다. 환각이나 '마약 통찰' 등 LSD의 이상 작용은 생화학적으로 세로토닌 분비가 차단되어 일어나는 직접적인 결과다. 분명 정상적인 뇌 상태에서 일어나는 일은 아니다. 하지만 보통 사람에게도 세로토닌 분비가 완전히 차단되는 경우가 매일 한 번은 있다. 바로 렘수면이다. 우리는 렘수면과 비렘수면에서 모두 꿈을 꾸지만 가장 기괴하고 감정적이며 일어날 법하지 않은 꿈, 그리고 틀림없이 우리에게 가장 의미 있어 보이는 꿈은 렘수면에서만 일어난다. 비렘수면에서는 깨어 있는 상태보다 세로토닌 농도가 감소하고, 렘수면에서는 세로토닌 분비가 완전히 차단되는 현상은 뇌가 꿈 형성 과정에서 약한 연관성에 더 가중치를 부여하는 중요한 역할을 한다. 이런 화학작용은 잠재적으로 유용할 수 있는 새로운 연관성을 귀중하게 통찰하게 만드는 윤활제가 될 수 있다.

넥스트업과 꿈의 각 단계

4장에서 렘수면과 비렘수면을 포함해 매일 밤 일어나는 다양한 수면 단계 및 각 단계가 생리적으로 어떻게 다른지 간략하게 살펴보았다. 5장에서는 수면 중 기억 진화를 논하며 특정 기억 처리 과정이 어째서 주로 렘수면 중에 일어나는지 살펴보았다. 이 장의 뒷부분에서는 이젠 잘 알려졌지만 꿈의 형태가 수면 단계마다 다르다는 사실을 살펴볼 것이다. 그런데 꿈의 '기능'도 수면 단계마다 다르다는 점은 앞서 언급되지 않았다. 렘수면 꿈과 비렘수면 꿈, 수면 시작 단계의 꿈은 서로 기능이 다를까? 우리는 그렇다고 생각한다. 이제 우리가 발견한 사실을 살펴보자.

먼저 렘수면과 비렘수면에서 뇌가 꿈을 꾸는 방법은 근본적으로 다르다. 4장에서 지적했듯 렘수면 동안에는 우리 몸이 기능적으로 마비된다. 우리가 꿈을 실행으로 옮기지 않으려면 필요한 기능이다. 렘수면 행동장애가 일어나면 이 마비 기능이 무너져 말 그대로 꿈을 실행에 옮겨 옆 사람을 때리거나 침대에서 뛰어오르고 소리를 지르며 미친 듯 날뛴다. 비렘수면에서는 마비가 일어나지는 않지만 꿈을 실행에 옮기지는 않는다. 렘수면에서 꿈을 꾸는 동안 뇌는 움직임을 조절하는 운동 피질을 활성화해 꿈에서 일어나는 사건이 실제 상황인 듯 움직이게 한다. 그러면 뇌는 근육에 명령해 운동 피질에서 보내는 신호에 반응하지 못하게 막아 현실에서처럼 근육이 꿈을 실행하지 못하게 한다. 하지만 비렘수면 동안에는 마비가 오거나 꿈을 행동으로 옮기지 않으므로 뇌는 렘수면 때처럼 운동 피질을 활성화하지 않는 것이 틀림없다. 렘수면과 비렘수면의 꿈에서 왜 그처럼 뚜렷하게 다른 뇌 활동 패턴이 진화했는지는 미지수다. 하지만 이런 패턴은 뇌가 꿈을 꿀 때 렘수면과 비렘수면에서 뇌가 달리 작용한다는 사실을 보여준다. 즉 렘수면과 비렘수면의 꿈은 서로 다른 기능을 한다.

꿈의 단계별로 뇌에서 분비되는 화학적 신경조절물질도 다르다. 이

화학물질은 신경세포들이 서로 소통하는 방법을 조절한다. 뇌 전체로 볼 때 이 화학물질은 뇌를 운영하는 소프트웨어를 전환하는 데 결정적인 역할을 한다. 꿈꾸는 동안 세로토닌이 약한 연관성을 중요하게 느끼는 감각에 얼마나 큰 영향을 미치는지 앞서 살펴보았다. 렘수면 동안 세로토닌 분비가 차단되면 어떤 약한 연관성이 발견되든 경이롭고 중요하게 느껴진다. 하지만 비렘수면 동안에는 세로토닌 분비가 완전히 차단되지 않아서 약한 연관성을 선호하는 경향이 줄어든다. 하지만 상관없다. 비렘수면 동안에는 뇌가 약한 연관성을 찾지 않기 때문이다.

밥의 의미 점화 실험에 따르면 일반적으로 강한 연관성을 선호하는 경향이 렘수면 동안에는 약한 연관성을 선호하는 경향으로 바뀐다. 이런 효과는 다른 신경조절물질인 노르아드레날린 때문이다. 노르아드레날린도 렘수면 동안 차단된다. 노르아드레날린은 아드레날린의 뇌 버전이다. 노르아드레날린의 여러 기능 중 하나는 바로 눈앞에 있는 것에 집중하는 것이다. 스트레스를 받아 아드레날린 수치가 치솟으면 당신이 하려는 것과 관련 없는 것은 생각하지 못하게 된다는 사실을 알 것이다. 너무 집중하면 다른 것은 아무것도 눈에 들어오지 않는다. 하지만 렘수면 동안 뇌에서 노르아드레날린이 사라지면 뇌가 약한 연관성을 찾기 쉽다. 밥은 의미 점화 실험에서 렘수면과 비렘수면의 차이를 보이는 증거를 발견했다. 비렘수면일 때 참가자를 깨우면 렘수면에서는 강력한 효과를 냈던 약한 점화 단어(예: 도둑)는 놀랍게도 거의 아무런 효과를 보이지 못했다(그림 8.4 참고). 전혀 관련 없는 점화 단어(예: 자두)를 보여줄 때와 마찬가지다. 강한 점화 단어가 가장 강한 효과를 냈다. 즉 비렘수면 동안에는 강한 연관성만 활성화되는 것으로 보인다.

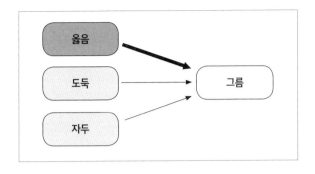

〈그림 8.4〉 비렘수면 동안의 의미 점화

이 결과는 각 수면 단계의 기능에 대해 무엇을 말해주는 걸까? 질문에 답하기 전에 수면과 꿈에 대한 토론에서 잠시 벗어나 각성, 특히 꿈의 사촌인 백일몽과 몽상으로 넘어가보자.

넥스트업과 내정상태회로(DMN)

뇌의 작동 방식에 대한 이해를 극적으로 뒤바꿀 2개의 뇌 영상 기술이 20세기의 마지막 4분기에 개발됐다. 과학자들은 양성자 방출 단층 촬영PET, Positron Emission Tomography과 기능적 자기 공명 영상fMRI을 이용해 사람들이 다양한 정신적 작업을 수행하는 동안 뇌 활동을 관찰하고 상세한 3D 지도를 그릴 수 있게 됐다. 이 새로운 기술로 기하학적 도형 응시하기, 감정적인 그림 보기, 독서, 단어 기억, 심지어 유체 이탈 경험까지 다양한 정신 활동을 할 때 뇌의 어떤 영역이 '켜지는지' 알 수 있다.

뇌 활동 지도를 그리려면 먼저 사람을 도넛 모양의 거대한 기계에 넣어야 한다. 그다음에 뇌 활동 사진을 찍는다. 먼저 누워서 쉬는 동안 찍고 그다음에 어떤 과제를 할 때 찍는다. 과제를 수행할 때의 뇌 활동 패턴에서 쉬는 동안의 뇌 활동 패턴을 빼면 과제를 할 때 활성화되는 뇌 영역 사진, 즉 어떤 과제를 할 때 실제로 활성화되는 뇌 영역 지도를 얻을 수 있다. fMRI를 이용해 실시간으로 뇌 활동 지도를 그릴 수 있게 되면서 획기적인 발전이 이루어졌고, 과학자들은 빠르게 수많은 뇌 기능 지도를 그리기 시작했다.

여러 뇌 영상 연구가 발표되면서 뇌에서 뭔가 신기한 일이 일어나고 있다는 사실이 점차 분명해졌다. 특정 작업을 할 때 뇌는 어떤 영역은 켜고 다른 영역은 꺼두었던 것이다. 처음에는 꽤 합리적으로 보였다. 하지만 시간이 흐르면서 참가자가 어떤 작업을 하든 꺼지는 뇌 영역은 같다는 사실이 밝혀졌다. 말이 되지 않는 일이었다.

시간이 지나 세인트루이스 워싱턴대학교의 마커스 레이클Marcus Raichle 연구진은 이 현상을 밝혀냈다.[4] 그동안 과학자들은 휴식하는 동안의 뇌 활동 패턴이 아무것도 하지 않는 뇌 활동을 나타낸다고 추정했다. 하지만 돌이켜보면 어리석은 가정이었다. 뇌는 항상 무언가를 생각한다. 그러므로 정신적인 작업을 할 때 꺼지는 뇌 영역은 우리가 '아무것도 하지 않을' 때라도 뇌 자체는 무언가를 하는 영역이다. '내정상태회로DMN, Default Mode Network'를 구성하는 이 뇌 영역을 발견하고 나서야 우리는 뇌가 절대 쉬지 않는다는 진실을 받아들이게 되었다.

DMN을 구성하는 뇌 영역에는 환경에서 중요한 변화나 위험을 감지하는 하위 네트워크가 있다. 우리를 안전하게 지켜주는 것이 DMN의 기능 중 하나인 셈이다. 하지만 과거의 사건을 떠올리고 미래를 상상하거나, 공간을 탐색하거나, 다른 사람의 말과 행동을 해석하는 하위 네트워크도 있다. '몽상mind wandering'과 관련된 정신적 기능이다. 몽상은 대부분 낮 동안의 사건을 다시 쓰거나 미래의 사건을 예견하고 계획한다. 사실 몽상이 이런 계획을 꾸민다는 것은 이미 알려져 있었다.[5] 따라서 몽상이 DMN 활성 증가와 관련 있다는 사실은 놀랄 일이 아니다.[6] 이것이 DMN의 두 번째 기능이다.

하지만 DMN은 고정된 구조가 아니다. DMN은 이전에 무엇을 했는지에 따라 달라진다. 밥은 동료 다라 마노아크Dara Manoach와 함께 가장 좋아하는 '손가락 타이핑' 실험을 약간 변형해 DMN 활동이 어떻게 변하는지 살펴보았다. 5장에서 살펴본 이 과제는 가능한 한 빠르고 정확하게 숫자 키 4-1-3-2-4를 순서대로 입력하는 것이다.[7] 젊은 참가자들은 몇 분만 연습하면 과제 수행도가 훨씬 향상되지만, 어느 정도 지나면 더는 나아지지 않는다. 쉬고 난 뒤에도 속도는 그다지 나아지지 않지만, 하룻밤 자고 난 후 다시 시도하면 15~20퍼센트 빨라진다. 수면 의존적 기억 진화의 또 다른 사례라 볼 수 있다.

밥과 마노아크는 참가자에게 과제를 학습하게 하면서 과제 전후로 조용히 휴식을 취하게 하고 뇌를 스캔했다. 그러자 과제를 수행하는 데 관련된 뇌 영역들이 과제를 배우기 전 휴식 기간보다 배운 후 휴식 기간에 더 많이 소통한다는 사실을 발견했다. 즉 조용한 휴식 기간에 측정하는 DMN도 작업 수행에 따라 변했다. 더 중요한 사실은 DMN이 더 많이 변할수록 다음 날 참가자들의 과제 수행 능력이 더 많이 향상되었다는 점이다. 마치 뇌가 잠들면 DMN이 새롭게 활성화되어 뇌에 무엇을 해야 하는지 말해주는 것 같다.

사실 대부분의 DMN은 렘수면 동안에도 활성화되므로 '백일 몽daydreaming'이라는 말은 우리 생각보다 더 적절한 표현이다. 윌리엄 돔호프와 동료 키어란 폭스Kieran Fox는 꿈, 적어도 렘수면에서의 꿈은 뇌를 '향상된 몽상enhanced mind wandering' 상태로 만든다고 주장했다.[8] 게다가 최근 돔호프는 꿈의 신경 기질이 DMN에 있다고 주장했다.[9] 이를 종합하면 우리의 넥스트업 모델을 흥미롭게 확장해볼 수 있다. 깨어 있는 뇌가 특정 작업에 집중할 필요가 없을 때, 뇌는 DMN을 활성화해 아직 완료되지 않고 진행 중인, 따라서 더 주의집중해야 할 정신 과정을 찾아내고 그 과정을 완수할 방법을 상상해낸다. 때로 DMN은 문제가 발생한 직후 우리가 인지하기도 전에 결정을 내려 이 과정을 완성하기도 한다. 다른 경우 DMN은 꿈속이든 아니든 나중에 수면 의존적 처리를 하려고 문제에 꼬리표를 붙여 미뤄두기도 한다. 다양한 꿈 이론은 꿈이 우리 삶의 근심을 다루는 데 도움을 준다는 비슷한 주장을 했다. DMN은 이런 근심을 식별하는 메커니즘을 제공하고, 결국 넥스트업이 무엇인지 이해하는 데 도움을 준다.

넥스트업과 각 수면 단계에서의 꿈 기능

DMN에서 얻은 부가적인 통찰을 거쳐 우리는 넥스트업의 기능이 수면 단계에 따라 어떻게 다른지에 대한 질문으로 돌아올 수 있다. 이런 차이는 수면 시작기에 가장 크게 나타난다. 잠에 빠지는 입면기hypnagogic period는 수면 전 몽상과 수면 시작기 꿈 사이를 잇는 독특한 연결 고리다. '변화 지점fracture point'은 보통 수면 시작기 정신 활동에서 일어나므

8장
가능성 이해를 위한 네트워크 탐색

162

로 필연적으로 현실의 근심이나 완료되지 않은 정신적 과정과 관련된 이성적 각성 상태의 사고가 입면기 꿈으로 전환된다.

그렇다면 국립보건원의 실바나 호로비츠Silvana Horovitz가 DMN이 입면기 내내 활성화된다는 사실을 발견한 것은 그리 놀라운 일이 아니다.[10] 호로비츠는 또한 수면 시작 후 시각 처리 영역의 뇌 활동이 상당히 증가한다는 점을 확인했다. 입면기 꿈이 넥스트업에서 중요한 역할을 한다는 사실을 뒷받침하는 또 다른 특징도 있다. 수면 시작(N1) 단계의 입면기 꿈 보고서는 비렘수면이나 렘수면 꿈 보고서보다 훨씬 짧다. 입면기 꿈은 보통 잠들기 직전 했던 생각과 분명히 관련이 있고, 예측할 수 없더라도 이 생각에서 천천히 발전한다. 입면기 꿈은 밤 후반기 꿈보다 덜 기괴하고 감정적이며, 다른 꿈에서 나타나는 두 가지 특징인 자기 표상self-representation과 내러티브 구조는 부족하다. 입면기 꿈은 그저 특이한 생각이거나 임의의 기하학적 패턴, 또는 풍경이나 얼굴 같은 단순한 그림인 경우가 많다.

이런 발견으로 볼 때 입면기 꿈이 넥스트업 작업을 위한 비옥한 토양으로는 보이지 않는다. 하지만 짧은 입면기 꿈은 나중에 수면 의존적 처리를 할 현재의 근심에 꼬리표를 붙여두고, 추후 확인할 수 있도록 연관된 기억을 식별해 DMN에서 한 작업이 수면 중으로 확장되어 들어갈 수 있도록 한다. 입면기 꿈이 아주 짧다는 사실로 볼 때 이 꿈들은 기억에 꼬리표를 붙여 밤 후반기에 더 광범위한 처리를 하기 위해 남겨두는 것 외의 기능은 거의 없는 것으로 보인다.

넥스트업은 나머지 작업 대부분을 렘수면 동안 수행한다. 렘수면 꿈은 비렘수면 꿈보다 더 길고 생생하며 감정적이고 기괴하면서 내러티브도 복잡하다. 게다가 렘수면 꿈의 내용이 현실 세계 어디에서 왔는지 확인하려 할 때도, 사람들이 일화적인 기억 원천을 보고하는 경우는 확실히 드물다. 꿈의 기억 원천이란 우리가 완벽하게 다시 떠올릴 수 있는 실제 사건에 대한 기억으로, 근본적으로 원래 사건을 재현할 수 있게 해준다. 비렘수면 꿈에서 비행접시를 보았다면 당신은 관련된 일화적 기억을 떠올리고 이렇게 말할 것이다. "아, 이 비행접시는 어제저녁에 먹은 피자 모양이네." 하지만 렘수면 꿈에서는 이렇게 생각할 가능성이 크다. "아, 이 비행접시는 피자와 비슷한걸. 난 피자를 '좋아하지'." 렘수면에서는 특정 '일화episodic' 기억(어제 피자 먹었어) 대신 일반적인 '의미semantic' 기억(나는 피자를 좋아해)을 식별한다. 이런 특성은 넥스트업의 작동 방식에 대해 우리가 예측한 사실과 일치한다. 넥스트업은 시뮬레이션된 꿈 세계를 이용해 의미 기억 원천을 일반화하고 이 기억의 의미와 중요성을 더욱 통합적으로 이해한다(그림 8.5 참고).

그에 비해 N2 단계 꿈은 좀 더 짧고, 감정적이거나 기괴하고 생생한 느낌이 덜하다. 하지만 가장 큰 차이점은 N2 단계 꿈 내용을 이루는 현실의 원천은 일반적인 '의미' 기억(당신이 무엇을 먹기 좋아하는지, 상대방과 보통 무슨 이야기를 하는지, 당신이 하는 집안일은 무엇인지)이 아니라, 현실에서 더 최근에 발생한 일화적인 원천(저녁에 무엇을 먹었는지, 상대방이 식사 때 무슨 이야기를 했는지, 누가 설거지를 했는지)에서 온다는 점이다. N2 단계 꿈을 구성하는 기억 원천은 매우 느슨하게 의미 기억과 관련된 원천(렘수면 꿈)과 잠들기 직전의 원천(입면기 꿈) 사이쯤에 있다. 따라서 N2 단계 꿈의 기능도 마찬가지로 렘수면과 입면기 중간쯤에 있을 것이다. 렘수면은 낮 동안 풀리지 않은 근심과 유용하게 연관될 수 있는 약하고 예

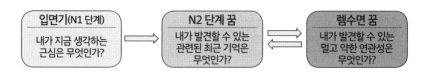

입면기(N1 단계)	N2 단계 꿈	렘수면 꿈
내가 지금 생각하는 근심은 무엇인가?	내가 발견할 수 있는 관련된 최근 기억은 무엇인가?	내가 발견할 수 있는 멀고 약한 연관성은 무엇인가?

〈그림 8.5〉 수면 단계별 넥스트업의 기능

측하지 못한 먼 연결을 찾지만, N2 단계 꿈은 가까운 과거에서 좀 더 명확하게 관련된 일화적 기억을 찾는다.

이 논리는 잠자는 동안 꿈의 내부와 외부에서 일어나는 모든 수면 의존적 기억 처리를 설명하는 바탕이 된다. 밥의 박사후과정 학생이었고 지금은 펜실베이니아대학교에서 일하는 안나 샤피로Anna Schapiro는 2017년 논문에서 이런 주장을 펼쳤다. 샤피로는 꿈에 대해서는 언급하지 않고, 비렘수면의 특징적인 역할이 "외부 세계에서 최근에 얻은 정보를 다시 살펴보며 낮 동안 일어난 사건의 세부를 재검토하는 기회"라고 정의했다.[11] 그리고 렘수면의 역할은 "장기적 기억을 포함한 대뇌 피질 네트워크의 탐색을 돕는 것"이라고 결론지었다.[12] 이는 네트워크 탐색이라는 넥스트업의 정의와 일치한다.

렘수면과 비렘수면의 기능이 이처럼 분리되어 있다는 점은 밤 사이에 수면의 각 단계가 순서대로 작동한다는 사실을 설명하는 논리가 된다. 밤 수면은 N1 단계로 시작해 N2 단계를 거쳐 N3 단계로 옮겨가고, 렘수면으로 옮겨간 다음 N2/N3 단계와 렘수면의 순환을 남은 밤 동안 반복한다. 밤이 깊어지면서 비렘수면은 줄고 렘수면은 늘면서 뇌는 점점 더 약한 연관성을 찾고, 꿈은 점점 더 기괴해진다.

165

이처럼 밤새 꿈이 발달하는 과정은 입면기의 더 짧은 기간에도 확인할 수 있다. 밥의 실험실에서 수행한 다른 연구에 따르면, 에린 웸슬리는 〈알파인 레이서 2〉라는 스키 경주 아케이드 게임을 이용해 어떤 꿈은 게임과 직접적으로 강하게 관련된다는 사실을 발견했다. 이런 꿈은 구체적으로는 게임을, 좀 더 일반적으로는 스키를 명백하게 묘사하기도 했다. 다른 꿈은 게임과 간접적이고 약하게 관련되어 게임과 관련된 감각이나 위치, 주제 등을 나타냈다. 첫 번째 실험에서 입면기 초반인 수면 시작 15초 이내에 수집된 꿈에는 게임이 직접적으로 끼어들 확률이 간접적으로 끼어들 확률보다 8배 높았다. 하지만 잠든 지 2분이 지나면 발생률은 비슷해졌다. 두 번째 실험에서는 참가자들을 먼저 2시간 동안 재운 뒤 깨우고 다시 재운 다음 2분 이내에 다시 깨워 수면 시작기 꿈 보고를 수집했다. 그러자 꿈에 게임이 간접적으로 끼어들 확률은 잠든 직후 깨워 수집한 꿈 보고에서보다 오히려 5배 높았다.[13]

흥미롭게도 캐나다 오타와대학교의 스튜어트 포겔Stuart Fogel은 실험 참가자들에게 닌텐도의 〈그랜드 슬램 테니스〉 게임을 하게 한 후 잠을 재우고 순차적으로 8건의 수면 시작기 꿈 보고를 모았다. 다음 날 게임 능력이 얼마나 향상되었는지 확인하자, 수면 시작기 꿈 중 처음 4가지의 꿈에 끼어든 내용이 실제 게임과 비슷할수록 참가자의 게임 능력이 향상되었다. 하지만 나중 4가지의 꿈과 게임 능력 향상은 관련이 없었다.[14] 아마도 초기에 더 직접적으로 끼어든 내용만이 넥스트업을 위해 게임 기억에 꼬리표를 다는 데 성공한 것으로 보인다.

이제 이렇게 설명해보자. 잠들기 전의 활동이 입면기 꿈과 얼마나 관련 있는지, 밤 동안의 모든 수면 단계와는 얼마나 관련 있는지 살펴본 결과, 꿈은 기억을 선택하고 밤 동안 진화시키는 방식에 중요한 역할을 하는 것으로 보인다.

넥스트업과 불면증

당신이 짧게나마 불면증을 겪은 적이 있다면, 그저 긴장을 풀고 잠들고 싶은데도 뇌가 낮 동안의 수많은 걱정과 끝나지 않는 문제를 되풀이하면서 전속력으로 일하는 듯한 느낌을 알 것이다. 뇌는 왜 이러는 걸까? 스트레스, 근심, 우려 등의 불안은 불면증의 주원인이다(어떨 때는 시의 한 구절처럼 "사탕 요정이 머릿속에서 춤추는" 것 같은 흥분 때문일 수도 있다).

왜 잠을 자려고 할 때 이런 생각이나 이미지가 우리 마음속으로 뛰어들어오는 걸까? 방금 말한 대로 답은 간단하다. 뇌는 수면 시작기를 이용해 현재의 근심 또는 해결되지 않은 과정에 꼬리표를 붙여 나중에 잠자는 동안 처리하려는 것이다.

세계적으로 불면증이 증가하는 이유를 스트레스와 걱정이 늘어났기 때문이라고 볼 수도 있지만, 우리는 스마트폰과 이어폰이라는 또 다른 원인도 있다고 생각한다. 거리를 걷고 운전을 하고 레스토랑이나 카페에서 혼자 식사하는 사람들을 보자. 얼마 전까지만 해도 이럴 때 사람들은 이어폰을 끼고 스마트폰을 보고 있지 않았다. 그저 몽상하거나 백일몽을 꾸었다. 그동안 우리가 채 깨닫지 못하는 사이 DMN이 활성화되며 밤 동안 처리할 최근 기억에 꼬리표를 붙여두었다. 하지만 워크맨에 이어 스마트폰이 우리의 자유 시간을 지배하게 되면서 DMN은 낮의 일상에서 서서히 밀려났다. 이 걱정들은 잠자는 동안 갑자기 들이닥칠 것이다. 뇌가 기억을 식별하고 꼬리표를 다는 아주 중요한 임무를 하도록 우리가 남겨 놓은 유일한 시간이기 때문이다. 아마 우리는 스마트폰과 잠 중 하나를 선택해야 할지도 모른다.

새의 꿈에도 넥스트업 기능이 있을까

개나 아기가 꿈을 꾼다고 가정해보자. 넥스트업 모델대로 꿈이 전에는 고려하지 않았던 가능성을 탐색하고 이해하는 진화적 기능을 제공한다면, 개나 아기에게 꿈이 무슨 소용이 있을까? 꿈의 기능이 어른에게만 작용했다면, 꿈은 포유동물의 진화 과정을 거치며 살아남지 못했을 것이다. 하지만 개나 아기의 꿈 내용 대부분은 성인의 꿈보다는 훨씬 덜 복잡하므로, 개나 아기의 꿈이 지닌 기능적 이점 역시 성인 꿈의 기능적 이점보다 적을 것이다. 만약 댄 마골리아시가 주장한 대로 노래하는 새가 노래하는 꿈을 꾸거나 매트 윌슨이 주장한 대로 쥐가 미로를 달리는 꿈을 꾼다면, 이런 주장은 가능성을 이해하기 위한 네트워크 탐색이라는 꿈의 개념과 어떻게 이어질 수 있을까?

인지 능력과 경험은 적지만 쥐도 넥스트업의 이점을 누릴 수 있다. 쥐가 꿈을 꾸는지 아닌지 알 수 없더라도 지금은 그렇다고 가정하고, 연구자들이 관찰한 잠자는 동안의 뇌 활동이 '진짜로' 쥐가 미로를 헤매는 꿈을 나타낸다고 해보자. 아누품 굽타Anoopum Gupta와 피츠버그 카네기멜런대학교의 동료들, 그리고 미니애폴리스의 연구진은 매트 윌슨의 쥐 미로 실험을 변형해서 2개의 'T자형' 선택지가 있는 미로를 고안했다(그림 8.6 참고).[15] 굽타는 쥐를 미로의 시작점에 반복적으로 놓고 훈련

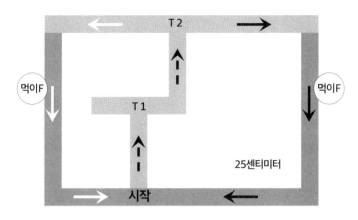

〈그림 8.6〉 쥐 훈련을 위한 미로 설계

했다. 쥐는 점선을 따라 첫 T 지점(T1)까지 직진했다가 오른쪽으로 돌아 다시 점선을 따라 다음 T 지점(T2)까지 직진했다. 미로의 오른쪽에 먹이 F를 놓아 T2 지점에서 오른쪽으로(검은색 화살표) 가도록 훈련하기도 했다. 쥐가 T2 지점에서 왼쪽으로(흰색 화살표) 돌면 이쪽 F 지점에는 빈 그릇밖에 없었다. 다른 쥐들은 반대로 오른쪽이 아니라 왼쪽으로 가게 훈련했다.

실험을 반쯤 진행한 다음에는 먹이 위치를 바꿨다. 왼쪽으로 돌도록 훈련한 쥐들은 이제 오른쪽으로 돌아야 먹이를 먹을 수 있었다. 반대 그 룹도 마찬가지였다. 세 번째 그룹의 쥐들은 한 번은 오른쪽으로 한 번은 왼쪽으로 계속 방향을 바꿔 양쪽을 다 배우도록 훈련했다. 그동안 굽타 는 쥐들이 미로 속 어디에 있는지 나타내는 해마의 뇌세포를 기록해 쥐 들을 직접 보지 않고도 특정 시간에 어떤 뇌세포가 발화하는지 관찰해 쥐들이 가는 길을 확인할 수 있었다.

굽타는 나중에 쥐들이 잘 때도 뇌세포를 계속 기록해 쥐들이 실제로 미로를 돌아다닐 때와 같은 순서로 뇌세포가 발화한다는 사실을 발견했다. 어떤 경우에는 쥐가 왼쪽으로 도는 순서로 뇌세포가 켜지고, 다른 경우에는 오른쪽으로 도는 순서로 뇌세포가 켜졌다. 하지만 전혀 예상하지 못한 순서로 켜지기도 했다. 미로 위를 가로질러 왼쪽 위에서 T2를 거쳐 오른쪽 위로 직진하기도 했다. 뇌의 '위치 세포place cells'는 실제로는 쥐가 한 번도 가지 않은 길을 가는 것처럼 행동했다. 만약 쥐가 꿈을 꾼다고 가정한다면, 쥐는 진짜로 가능성 이해를 위한 네트워크 탐색을 수행하는 중이다. 물론 인간의 꿈처럼 보이지는 않지만 말이다. 하지만 쥐의 제한된 인지 능력 안에서는 이런 내러티브도 마찬가지로 도발적이고 예측 불가능한 것이다. 쥐는 깨어 있는 동안에는 절대 탐색하지 않았던 가능성을 고려하는 중이다. 노래하는 새나 아기도 마찬가지일 것으로 생각된다.

넥스트업의 여러 세부사항은 이전에, 일부는 수백 년 전에 주장된 내용이다. 우리는 이 중 몇 가지를 앞선 장에서 논했다. 하지만 넥스트업은 다양하고 혁신적인 신경과학 개념과 발견을 한데 모아 수면과 꿈에 대한 광범위한 발견을 간결하게 설명한다. 우리는 신경 인지적 및 신경생물학적 토대를 바탕으로 넥스트업을 신생아를 포함한 다른 포유동물에게도 확장해 꿈과 그 잠재적인 기능에 대해 넓고 다면적이며 발전적인 개념화를 이루었다. 넥스트업은 또한 꿈 내용을 다룰 9장에서 시작해 앞으로 살펴볼 논의에 중요할 맥락을 제공한다.

9장
헤아릴 수 없는 꿈의 내용

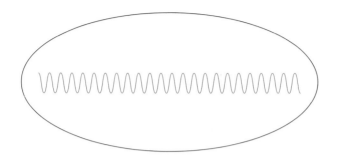

9장과 10장에서는 꿈의 내용을 논할 것이다. 예상하다시피 논의할 것이 많다. 4장에서는 연구자들이 꿈 보고서를 모을 때 이용하는 다양한 접근법을 다뤘다. 꿈의 형식적 특징을 연구하든, 개별 꿈의 독특한 내용을 연구하든, 다양한 집단의 꿈을 비교하든 모든 꿈 연구는 꿈 보고서 수집에서 시작한다. 이 단계가 끝나야 진짜 흥미로운 일이 시작된다. 제대로 된 꿈 보고를 얻었다면 이제 우리가 할 수 있는 질문의 목록은 무한하다.

- 보고서는 얼마나 긴가?
- 꿈에는 얼마나 많은 사람, 장소, 사물이 나오는가?
- 얼마나 시각적·청각적·촉각적인가?
- 얼마나 기괴하고 감정적인가?

여러 집단에 이렇게 질문하며 다양한 답을 얻을 수도 있다.

- 남성과 여성의 꿈은 어떻게 다른가?
- 어른과 청소년, 어린이의 꿈은 어떻게 다른가?

특정 하위집단에 대해서도 질문할 수 있다.

- 꿈은 문화나 시대에 따라 어떻게 다른가?
- 불면증이나 수면무호흡증 같은 수면 장애를 겪는 사람의 꿈은 어떻게 다른가?
- 조현병이나 우울증 같은 정신질환, 또는 기억상실증이나 파킨슨병 같은 신경질환을 겪는 사람의 꿈은 어떻게 다른가?
- 임신 중 꿈은 어떻게 달라지는가?

꿈이 밤마다 어떻게 다른지도 질문할 수 있다.

- 언제 잠드는지, 얼마나 자는지, 누구와 자는지에도 영향받는가?
- 밤마다 꿈은 어떻게 달라지는가?
- 전날의 생각이나 행동에 영향을 받는가? 우리 삶의 스트레스 요인과 귀찮은 일들에 영향을 받는가? 전날 먹은 것에 영향받는가?

수면 실험실에서의 꿈 기록으로는 완전히 다른 질문을 할 수도 있다.

- 렘수면과 비렘수면 꿈의 특징은 어떻게 다른가?
- 렘수면이 시작될 때와 15분 후의 꿈은 어떻게 다른가?

- EEG 패턴으로 이 사람이 꿈을 꾸고 있는지 알 수 있는가? 그 꿈이 얼마나 생생하고 감정적인지 알 수 있는가?
- 자각몽, 하늘을 나는 꿈, 악몽을 꾸는 동안 뇌에서는 무슨 일이 일어나는가?

우리와 동료 연구자들이 항상 묻는 것이다. 이 질문들이 우리의 일용할 양식이다. 이렇게 질문하면서 우리는 꿈이 무엇인지, 뇌 속에서 일어나는 일이 꿈에 어떤 영향을 미치는지 서서히 그려볼 수 있다.

이런 질문에 답하려면 꿈 보고서를 수집하고 우리에게 필요한 구체적인 정보를 추출해야 한다. 점수 체계scoring system가 필요하다는 말이다. 하지만 꿈 보고서를 분석할 때는 "악마는 디테일에 있다"라는 말처럼 사소한 부분에서 문제가 발생할 위험이 있고, 원하는 답으로 잘못 유도하는 점수 체계도 많다.

1979년, 카롤린 윈젯Carolyn Winget과 밀턴 크레머Milton Kramer는《꿈의 여러 차원Dimensions of Dreams》이라는 책에서 150여 가지에 이르는 꿈 내용의 점수를 나열했다. 꿈에 통합된 자아에서 꿈의 생생함, 거세된 소망에 이르는 모든 것을 점수화한 목록이었다.[1] 이 책이 출간된 이후 새로운 연구 주제가 등장하고 꿈 이론이 계속 발전하면서 꿈 점수 체계의 수는 거의 2배로 늘었다. 하지만 지난 50여 년 이상 선두를 차지한 점수 체계가 있었고, 이 체계는 뒤이은 10가지 체계를 합친 것보다 더 많은 연구에 적용되었다.

홀과 반 드 캐슬의 꿈 점수 체계

1960년대에 캘빈 홀Calvin Hall과 로버트 반 드 캐슬Robert Van de Castle이 개발한 '홀과 반 드 캐슬의 꿈 점수 체계HVC, The Hall and Van de Castle dream scoring system'는 지금까지 개발된 것 중 가장 광범위한 꿈 점수 체계로, 가장 널리 알려지고 제대로 검증된 체계다. 홀은 동물행동학을 공부했지만, 웨스턴리저브대학교에 재직하는 동안 꿈이라는 연구 주제에 관심을 가졌다. 특히 일련의 꿈에서 나타나는 꿈 내용 패턴으로 꿈꾸는 사람의 성격, 주요 갈등, 개인적 근심을 추론하는 방법에 매료되었다. 렘수면이 발견된 1953년에 홀은 《꿈의 의미The Meaning of Dreams》를 출간했는데,**2** 이 유명한 책에서 꿈 이미지가 '사고의 구현embodiments of thoughts'이라고 설명하는 혁신적인 꿈 인지 이론을 제안했다. 하지만 단지 사고만은 아니었다. 홀에 따르면 꿈은 우리 자신, 다른 사람들, 세계, 그리고 우리의 내적 갈등과 관련된 개념도 반영한다. 홀의 선구적인 작업은 꿈이 최근의 두드러진 경험뿐만 아니라 현재의 생각과 걱정을 반영한다는, 지금은 널리 인정받은 관점인 꿈의 '연속성 가설continuity hypothesis'을 발전시키는 데 큰 역할을 했다.

반면 1940년대 말부터 1950년대 초까지 대부분 듀크대학교 초심리학연구소에서 보낸 반 드 캐슬은 초감각적 지각ESP, Extra Sensory Perception에 주목했다. 초심리학연구소는 조지프 라인Joseph Rhine과 루이자 라인Louisa Rhine이 초감각적 지각 연구 중 지금까지 발표된 가장 유명한 과학적 연구 대부분을 수행한 곳이다. 그런데 반 드 캐슬의 관심은 꿈으로 옮겨갔다. 홀과 팀을 이룬 반 드 캐슬은 집에서 꾼 꿈이 수면 실험실에서 꾼 꿈과 어떻게 다른지, 렘수면 동안 꿈 내용이 어떻게 변하는지 연구했다. 잘 알려지지 않은 다른 연구에서 반 드 캐슬은 자신을 '수신자'로, 홀을 '발신자'로 지정하고 꿈 텔레파시를 연구하기도 했다. 이에 대해서는 나중에 더 자세히 살펴볼 것이다.

홀과 반 드 캐슬은 남녀 대학생 각각 100명으로부터 꿈 보고서 1천 건을 수집하고 이 중 5건을 상세히 분석한 연구를 수행했다. 두 사람은 이 연구를 바탕으로 《꿈 내용 분석 The Content Analysis of Dreams》(1966)을 출간했다. 이 책은 꿈 내용에 대한 과학적 연구에 혁명을 일으켰다.[3] 320쪽에 달하는 이 지침은 온라인에서도 찾아볼 수 있다.[4] 두 사람은 이 책에 등장인물, 설정, 사물, 행동 등 꿈의 광범위한 특징을 점수화하는 규칙을 담았다. 홀과 반 드 캐슬은 친근감, 공격성, 성적인 상호작용, 성공과 실패, 행운이나 불행 등 여러 감정을 점수화했는데, 이 점수 체계에는 알려진 대로 각 꿈 내용 범주 내의 정보를 상세히 분석하는 규칙도 포함된다. 예를 들어 '공격적인 사회적 상호작용'이라는 범주에서는 은밀한 적대감에서 언어적 위협이나 살인에 이르는 여러 공격 방법을 심각성에 따라 점수화하는 것은 물론, 누가 공격을 시작했는지나 보복했는지와 같은 역할에 따라서도 점수화한다. 마찬가지로 사람, 동물, 신화 속 인물을 포함하는 '등장인물'이라는 범주도 인물의 수, 성별, 나이, 정체성에 따라 세분화할 수 있다. 예를 들어 인물의 정체성은 직계 가족일 수 있고 가족이라면 엄마, 아빠, 여자 형제, 남자 형제 등으로 하위 분류할 수 있다. 결국 HVC는 꿈 보고서를 점수화하는 매우 상세하고 객관적인 시스템으로 50여 년간 과학적인 꿈 내용 연구의 기초가 되었다.

물론 어떤 연구를 수행하는지에 따라 꿈을 이 범주와 상세한 하위 분류에 따라 점수화하고 싶지 않을 수도 있다. 단지 꿈속 등장인물의 수나 이 인물이 아는 사람인지 아닌지에만 관심이 있을 수도 있다. 친밀한 사회적 상호작용의 빈도나 부정적인 감정을 포함하는 꿈의 비율만 궁금할 수도 있다. 다시 말하면 연구의 답은 모두 우리의 질문에 달려 있다. HVC 점수 체계는 실제 꿈 보고서를 수집하지 않고도 중요한 질문을 던지고 답할 수 있게 해준다. 다른 연구자들이 수집하고 점수화한 꿈 보고서를 완전히 새로운 목적으로 이용할 수 있다. 드림뱅크DreamBank는 2만여 종 이상의 꿈을 모은 온라인 데이터베이스로, 이 중 많은 꿈이 HVC 시스템을 바탕으로 점수화되어 있다.[5] 과학자들은 특정 단어나 구문, 특정 HVC 변수로 꿈 보고서를 검색할 수 있다. 홀과 반 드 캐슬이 수집한 1천 가지 꿈 데이터에만 한정해 검색하거나, 서로 다른 배경을 가진 사람들이 오랫동안 꾼 일련의 꿈을 살펴볼 수 있다. 혹은 남성, 여성, 청소년, 베트남 참전 용사, 시각장애인처럼 특정 부류의 꿈에 한정해 찾아볼 수도 있다.

홀과 다른 연구자들은 HVC 점수 체계를 이용해 모르는 사람의 꿈에서도 심리학적으로 의미 있는 정보를 추출할 수 있다는 사실을 보여주었다. 이 시스템은 카프카, 융, 프로이트 등 유명인의 꿈 내용을 분석하는 데도 적용되었다. HVC 시스템은 심지어 허구의 꿈을 연구하는 데도 이용되었다. 토니는 오타와대학교의 프랑스 문학 교수인 크리스티앙 반덴도르프Christian Vandendorpe 연구진과 함께 400명이 넘는 작가의 1,500가지에 달하는 문학작품 속 꿈을 담은 프랑스어 웹사이트를 개발했다.[6] 이 데이터베이스에서는 각 꿈이 발생한 맥락을 제시하고 작품 내에서 꿈이 가진 중요성과 (저자가 제공한 것이 있다면) 그 해석을 제공하는

데, 특히 우리의 흥미를 끄는 점은 앞서 설명한 여러 HVC 내용 변수를 상세히 설명하는 부분이다.

연구자들은 자신이 주목하는 특정 집단의 꿈 보고서를 점수화한 다음 이 꿈의 HVC 점수를 《꿈 내용 분석》에 나온 표준 점수와 비교하거나 다른 집단, 문화, 개인, 시대의 꿈 내용 특성과 비교한다. 다른 집단의 꿈과 비교해 관찰된 꿈 내용 패턴(설정, 등장인물, 사회적 상호작용 등)을 연구하면 꿈꾼 사람의 현실 속 내적·외적 주요 특성을 파악할 수 있다. 수많은 연구에서 이 방법으로 꿈 보고서를 분석해 사람들의 성격, 근심, 활동에 대해 상당한 고품질 정보를 성공적으로 추출했다.

홀과 반 드 캐슬의 점수 체계는 오늘날에도 널리 활용된다. 하지만 그렇다고 꿈 내용 연구가 쉽다는 의미는 아니다. 곧 알게 되겠지만, 특히 기괴함이나 감정 등 더욱 주관적인 꿈 요소를 분석하는 건 생각보다 훨씬 까다롭다. 그리고 이런 꿈의 특징을 어떻게 정의하고 평가하느냐에 따라 상반된 결과가 나올 수 있다.

넥스트업과 꿈의 형식적 특징

꿈은 무엇일까? 다양한 각도에서 꿈을 조사한 수천 가지 연구를 모두 요약할 수는 없지만, 우리는 꿈의 내용에 대해 가장 중요한 질문에 답하려고 한다. 그러면 꿈이 무엇인지 상당히 정확한 그림을 그릴 수 있을 것이다. 하지만 먼저 7장에서 언급한 꿈의 형식적 특징을 포함해 꿈의 일반적인 속성부터 살펴볼 것이다. 다음 장에서는 사람들이 자주 꾸는 꿈의 주제나 반복되는 꿈, 성적인 꿈, 악몽 등의 내용을 살펴보며 꿈속에서 실제로 어떤 일이 일어나는지 알아볼 것이다. 그리고 그러한 발견과 가능성을 넘어 꿈의 내용이 대체 무엇에 대한 것인지 밝히는 과정이 얼마나 복잡하고 어려운지 살펴보려 한다.

8장에서 살펴본 넥스트업의 설명에 따르면 평생 꿈을 하나도 기억하지 못하더라도 꿈의 형식적 특성과 특정 내용 등 꿈에 대한 몇 가지를 예측할 수 있다. 넥스트업에 따르면 보통 꿈에는 감각적 지각, 내러티브 구조, 감정이 포함되고 꿈꾸는 사람은 꿈속에서 이들의 실행자가 된다. 보통은 한데 엮어서 생각하지 않는, 약하게 관련된 개념이나 사건이 넥스트업에 따라 나란히 병치되면 꿈에 기괴한 느낌이 생긴다. 꿈의 내용은 보통 최근 현실 속 생각이나 감정, 사건과 관련 있는 현재의 근심과 연결되지만, 같은 맥락에서 탐색할 가치가 있는 오래된 기억과 연결되기도 한다. 넥스트업의 예측을 자세히 살펴보자.

각 수면 단계에서 꿈의 형식적 속성

넥스트업이 제시한 꿈의 형식적 속성은 모두 실제로 꿈에서 발견되지만, 꿈에는 넥스트업 모델로 예측되지는 않는 다른 속성도 있다. 전부는 아니라도 일부 특징은 대부분 꿈, 특히 렘수면 꿈에서 발견된다. 하지만 앞서 8장에서 논의한 것처럼 많은 꿈, 특히 비렘수면과 입면기 꿈에는 이런 특징이 적거나 거의 없다. 각 수면 단계의 모든 특징을 분류하는 건 상당히 복잡한 일이다. 따라서 여기서는 일반적으로 수면 실험실에서 꾼 N2 단계나 렘수면 꿈(대부분 기억되는 꿈은 여기서 나온다), 또는 수면 단계를 알 수 없는 집에서 꾼 꿈으로 꿈의 형식적 속성을 설명할 것이다.

이를 염두에 두고 넥스트업의 예측을 하나씩 살펴보자.

1. 감각 이미지

감각 이미지는 의심할 여지 없는 꿈의 가장 놀라운 특징이다. 시각, 청각, 촉각, 후각, 전정 자극 또는 다른 감각 양상을 포함한 꿈은 보통 매우 생생하고 놀라울 정도로 현실적이다. 사실 자각몽을 꾸는 드문 경우를 제외하면, 우리는 언제나 꿈속에서 꿈이 현실이라고 믿으며 깨어난 후에야 환상이었다는 걸 깨닫는다. 깨어 있는 동안 친구의 얼굴, 휘파람 소리, 불에서 나오는 열기 등을 마음속에 떠올릴 수 있지만, 깨어 있는 동안 떠올리는 이미지는 현실 세계나 꿈의 희미한 모방이다. 하지만 꿈이 전부 그런 이미지를 담고 있는 것은 아니다. 아무리 짧은 수면 정신 활동 보고서라도 모두 분석해보면 렘수면 꿈의 약 10퍼센트, 비렘수면 꿈의 약 30퍼센트에는 아무런 감각 이미지도 드러나지 않았다.[7] 그저 '사고'만 있었다. 우리는 이런 꿈에 대해서는 잘 모른다. 역사적으로 꿈 연구자들은 이런 꿈을 '진짜' 꿈이라고 인지하지 않고 무시해버렸기 때문이다. 수면 시작기에 꾸는 이런 꿈은 나중에 처리할 근심을 식별하는 역할을 한다. 하지만 나중의 '사고'만 있는 꿈도 같은 기능을 하는지는 분명하지 않다.

모든 감각 양상이 꿈에서 발견되지만 모든 감각이 두드러지게 나타나지는 않는다. 감각적 지각이 나타나는 꿈에는 대부분 시각 이미지가 나타난다. 청각 이미지는 약 절반 정도에서 보고된다. 냄새나 맛, 고통은 1퍼센트 미만이다. 하지만 이런 낮은 수치가 꿈에서 냄새나 맛이 드러나는 빈도를 정확하게 나타내는지는 알 수 없다. 밥은 한 연구에서 깨어 있는 동안의 행동 보고 900여 건을 수집했는데 식사 중인 경우가 많았다. 이 보고 중 아침, 점심, 저녁 식사에 대한 언급은 250건이었던 데 비해 맛에 대한 언급은 24건, 냄새에 대한 언급은 13건에 불과했다. 전체 식사에 대한 보고의 15퍼센트에도 미치지 못하는 수치다. 사람들은 자신이 느끼는 맛과 냄새를 보고하지 않는다는 점이 분명하다. 꿈에서도 마찬가지일 것이다. 하지만 꿈에서 냄새나 맛을 경험한 적이 있는지 질문하자 남성 3분의 1과 여성 40퍼센트는 그렇다고 응답했다.

물론 모든 사람의 꿈이 아주 시각적인 것은 아니다. 밥과 토니 중 한 명이 공개 강연에서 꿈의 시각적 본질을 설명하면 청중 가운데 한 사람은 꼭 이런 질문을 한다. "그럼 시각장애인은 무엇을 꿈꾸나요? 그들의 꿈에도 시각 이미지가 나타나나요?" 훌륭한 질문이고, 이에 대해서는 확실히 대답할 수 있다.

우선 태어날 때부터 앞을 보지 못하는 사람의 꿈에는 어떤 시각 이미지도 나타나지 않는다(시각 이미지가 나타난다 해도 이들이 그 이미지를 어떻게 인식하는지 불분명하다). 4세에서 5세 이전에 시력을 잃은 사람도 마찬가지다. 선천적이거나 어릴 때 시각장애인이 된 사람의 꿈에는 옷의 질감이나 걷고 있는 거리의 미세한 경사 같은 감각적인 세부를 포함한 사물의 느낌, 맛, 냄새 같은 묘사가 많다. 심지어 피부에 느껴지는 태양의 온기 같은 감각을 보고하기도 한다. 하지만 5세에서 7세 이후에 시력을 잃은 사람은 최소한 처음에는 계속 시각적인 꿈을 꾸지만, 시간이 지나면서 시각적 꿈의 빈도와 명료함은 줄어든다. 귀가 들리지 않는 사람도 비슷한 양상을 보여, 대다수가 유난히 생생한 시각적 꿈을 보고한다. 시각장애인과 청각장애인은 모두 이들이 깨어 있는 동안 인식하고 상상하며

얻는 것과 같은 종류의 감각을 꿈 이미지에서도 강하게 느낀다.[8]

압도적으로 많은 꿈이 시각적 이미지를 포함하는 것은 분명해 보이지만, 우리가 컬러로 꿈을 꾸는지 흑백으로 꾸는지에 대한 미묘하고도 흔한 질문이 남아 있다. 이에 대한 답은 조금 복잡하다. 최근 온라인 연구에서 응답자들은 자신이 꾸는 꿈의 50퍼센트는 컬러, 10퍼센트는 흑백이고 나머지 40퍼센트는 기억나지 않는다고 응답했다.[9] 컬러텔레비전이 보급된 후 태어난 200명 중 단 1명만 항상 흑백으로 꿈을 꾼다고 답했는데, 이는 컬러텔레비전이 등장하기 전에 태어난 사람들보다 8배 낮은 수치다. 반면 1942년에 이루어진 연구의 참가자 중 40퍼센트는 항상 흑백으로 꿈을 꾼다고 보고했다(남성은 51퍼센트였지만 여성은 31퍼센트였다). 분명 영화와 텔레비전에 색이 도입되기 전에는 흑백으로 꿈을 꾼다는 보고가 지금보다 훨씬 많았다. 하지만 그렇게 보고했던 사람도 지금은 대부분 흑백보다 컬러 꿈을 2배 자주 꾼다고 보고한다. 그렇다면 이들은 계속 컬러 꿈을 꿀까?

영화와 텔레비전에 색이 도입된 이래 우리가 시각의 '테크니컬러Technicolor'적 요소에 한층 익숙해졌을 것이라는 가정은 분명하다. 간밤에 머릿속에서 재생된 영화도 마찬가지일 것이다. 하지만 꿈의 색깔은 적어도 아리스토텔레스 시대만큼 오래전부터 언급되었으며, 프로이트의 1899년판《꿈의 해석》에 언급된 긴 꿈 보고의 절반은 색깔을 명확히 언급한다. 아마도 1940년대에서 1950년대 사이 흑백 사진, 영화, 텔레비전 같은 흑백 미디어의 인기에 힘입어 사람들은 꿈에서 떠올린 이미지와 장면을 흑백이라고 '생각하게' 된 것 같다. 어쨌든 과학자를 포함한 많은 사람이 이 질문에 조금이나마 관심을 두게 된 것은 20세기 초

중반이 되어서였다.

현실에서 색깔을 보는 사람은 꿈에서도 색깔을 볼 수 있다고 생각하는 게 자연스럽다. 하지만 연구자들은 우리가 꿈 대부분을 기억하지 못하며 '실제로' 기억하는 꿈 기억은 깨어나는 순간부터 사라지기 시작한다는 사실을 알고 있다. 따라서 합리적으로 생각한다면, 이런 약한 꿈 기억은 사물의 색이나 기온 같은 부수적인 세부사항보다는 설정, 등장인물, 특정한 사건의 연쇄 등 꿈의 핵심 요소로 구성될 가능성이 더 크다. 그러므로 우리가 꿈에서 색깔을 기억하는지는 꿈 이미지에 실제로 색깔이 있었는지보다 우리가 꿈꾸는 동안 무엇에 더 초점을 맞추는지, 궁극적으로 꿈꾸는 동안 뇌가 무엇을 바쁘게 암호화하는지에 달려 있다.

하지만 꿈이 컬러인지 흑백인지에 대해 답한다면, 결국 흑백은 아닐 것 같다고 말할 수 있다. 꿈이 전반적으로 컬러라도 꿈속에 나타나는 어떤 물체나 속성은 그 반대일 수도 있다. 이 질문의 멋진 점은 바로 우리가 조금만 노력을 기울이면 꿈꾸는 뇌에 컬러든 흑백이든 어떤 가능성이 더 자주 드러나는지 문자 그대로 실제로 '볼 수' 있다는 점이다.

2. 내러티브 발달과 줄거리 연속성

넥스트업에 따르면 꿈은 뇌에서 현재 계속되는 근심과 관련된 내러티브를 만들고, 꿈을 꾸는 사람이 그 내러티브에 반응하게 하면서 기억 처리를 강화한다. 연속된 내러티브는 꿈에서는 아주 흔해서 우리는 이에 대해 깊게 생각하지도 않는다.[10] 내러티브는 꿈 자체다. 꿈은 단순히 그림을 보듯 시각 이미지를 전시하는 방향으로 진화 '했을 수도' 있지만, 그러는 대신 깨어 있을 때처럼 시간에 따라 이미지가 흐르도록 진화했다. 실제로 밥과 10년 이상 함께 일한 에드 파스쇼트Ed Pace-Schott는 DMN을 통해 내러티브적인 측면이 꿈에 들어왔다고 주장한다. DMN이 우리가 깨어 있는 동안 과거를 회상하고 미래를 상상하는 일과 관련 있다는 사실을 기억할 것이다. 이렇게 본다면 사실 꿈은 진정한 '이야기하기story-telling' 본능이다.[11] 캘리포니아대학교 연극예술 교수였던 버트 스테이츠Bert States는 문학과 연극은 모두 우리가 꿈에서 본 것에서 나온다고 주장했다.[12] 이야기, 문학, 연극이 넥스트업에서 주장한 바로 그 꿈의 기능에서 나온, 깨어 있는 동안의 부산물에 불과할지도 모른다는 가능성은 흥미롭다. 분명 이야기, 문학, 연극은 우리의 기억을 탐색하도록 이끌며 우리 삶에 제안된 새로운 가능성을 이해하게 돕는다.

이와 비슷하지만 그리 명확하지 않은 꿈의 속성은 줄거리 연속성이다. 줄거리 연속성은 꿈의 줄거리가 처음부터 끝까지 일관성 있게 유지되는가이다. 꿈의 줄거리는 부분적으로는 일관성 있는 것처럼 보여도 꿈 전체에서 연속성을 유지하는 경우는 드물다. 약 30년 전 펜실베이니아대학교의 마틴 셀리그먼Martin Seligman과 에이미 옐런Amy Yellen은 이 '인접성 원칙principle of adjacency'을 파티에서 나누는 대화와 비슷하다고 설명했다.[13] 파티에서 나누는 대화는 바로 앞서 한 대화와 관련이 있기는 하지만 화제가 너무 빨리 바뀌어서 사람들은 대화하다가 종종 "잠깐, 우리 이 얘기 왜 시작했지?" 하고 묻는다.

밥은 1994년 '이어 붙인 꿈spliced dreams'을 연구해 이 관찰이 사실임을 증명했다.[14] 밥은 22가지의 꿈을 11가지씩 두 세트로 나눴다. 첫 번째 세트는 그대로 남겨두고, 두 번째 세트는 꿈 보고의 한가운데쯤에서 끝나는 문장을 기준으로 반으로 나눴다. 그다음에 자른 꿈 절반을 다른 꿈 절반에 이어 붙였다.

이어 붙인 꿈 11가지를 자르지 않은 다른 세트의 꿈과 섞은 후, 밥은 5명의 판정단에게 22가지의 꿈 중 어떤 게 이어 붙인 것이고 어떤 게 온전한 것인지 추측해보라고 했다. 판정단은 모두 합쳐 110번 중 90번만 정확히 맞혔는데, 동전을 110번 던져 우연히 이런 결과가 나올 확률은 1천억분의 1보다 적다. 따라서 분명 대부분의 꿈 보고서의 문장은 다음 문장으로 논리적으로 연결된다고 볼 수 있다.

하지만 꿈의 처음부터 끝까지 그럴까? 밥은 최소 스무 문장으로 구성된 18건의 꿈 보고를 모아 두 세트로 분류했다. 이번에는 각 꿈에서 처음과 마지막 다섯 문장만 잘라냈다. 그리고 첫 세트의 꿈들은 원래 꿈에서 중간 부분은 빼고 양 끝 다섯 문장 묶음끼리 이어 붙였다. 두 번째 세트의 꿈들은 서로 다른 꿈에서 잘라낸 첫 다섯 문장과 마지막 다섯 문장을 섞어 이어 붙였다.

이번에는 완전히 다른 결과가 나왔다. 첫 번째 실험에서는 정답을 맞힌 비율이 80퍼센트를 넘었지만, 이번에는 58퍼센트에 불과했다. 동전을 던져 앞뒤를 맞힐 확률인 50퍼센트를 간신히 넘는 수치다. 그렇지만 전체 18개 중 3분의 1(원래 꿈 보고에서 중간만 잘라 이어 붙인 꿈 보고 중 3개와 다른 꿈과 섞어서 이어 붙인 꿈 보고 중 3개)에서는 최소 일곱 번 중 여섯 번 정답을 맞혔다. 판정단은 어떻게 답을 맞혔을까? 이어 붙인 꿈 중 3가지는 양 끝부분에 서로 다른 주인공이 등장해서 판정단은 이어 붙인 두 꿈이 서로 다른 꿈이라고 확신할 수 있었다. 반면 하나의 꿈에서 중간만 잘라낸 보고 3가지는 양쪽 두 부분에 등장하는 사람, 장소, 사물이 같아 연속성이 있었다. 결국 꿈이 처음부터 끝까지 명확하게 꿈 요소를 유지하는 경우는 약 3분의 1에 불과했다. 사실 거의 모든 판정단이 정확히 맞힌 6가지 꿈에는 줄거리 연속성이 부족하거나 아예 없었다. 연속성을 부여한 것은 등장하는 사람, 장소, 사물이었다.

이 사실이 넥스트업에 대해 무엇을 말해줄까? 클래식 음악과 달리 꿈의 끝부분에는 재현부가 없다. 좋은 소설처럼 대단원이 시작과 연결되지도 않는다. 꿈의 이런 패턴은 타당하다. 꿈은 깔끔한 결론에 도달하는 경우가 거의 없다. 꿈 보고의 가장 흔한 결말은 "그러다 꿈에서 깼어요"다. 꿈꾸는 뇌는 전체 이야기 줄거리를 구성하지 않는다. 사실 8장에서 살펴본 노르아드레날린의 감소 때문에 넥스트업은 오랫동안 하나의 줄거리 내러티브를 유지하지 못한다. 대신 넥스트업은 '인접성 원칙'을 지켜 작동하면서 일련의 기억과 네트워크 탐색을 엮는다. 칵테일파티의 대화와 비슷하게 끊임없이 전개되는 내러티브 속에서 한 주제에서 다음 주제로 옮겨다니면서도 항상 잠재적으로 유용한 새로운 연관성을 찾는다.

3. 자기 표상과 체화된 존재

꿈을 꾸는 일은 수동적으로 그림이나 영화를 보는 일과 다르다. 오히려 밥의 아들이 항상 하는 멀티플레이어 온라인 롤플레잉 게임과 비슷하다. 우리는 현재 진행 중인 꿈속 사건에 속한 실제 인물이다. 이 사실은 너무 자명해 종종 간과된다. 하지만 넥스트업과 꿈의 진행 과정에는 매우 중요하다. 이탈리아의 꿈 연구자 피에르 카를라 치코냐Pier Carla Cicogna와 마리오 보시넬리Marino Bosinelli는 꿈에 등장하는 8가지 뚜렷한 자기 표상의 범주를 확인했다.[15] 범주 1에서 5는 순서대로, 영화를 볼 때처럼 자신이 꿈속에 전혀 존재하지 않거나(범주 1), 꿈속에 존재하지만 꿈속 사건을 관찰만 하거나(범주 4), 꿈속의 다른 등장인물 또는 객체와 상호작용하는 적극적 참가자(범주 5)로 분류된다. 범주 6~8은 자기 표상의 좀 더 특이한 형태다. 이 범주에는 꿈꾸는 사람이 다른 사람 또는 심지어 사물(어떤 경우에는 복사기였다)의 역할을 하거나(범주 6), 동시에 두 사람 역할을 하거나(범주 7), 참여자인 동시에 명백히 관찰자로 행동하는(범주 8) 경우가 포함된다. 범주 6, 7은 매우 드물지만 신경학적 증상을 보이는 일부 환자가 깨어 있는 동안에도 발견되기 때문에 특히 흥미롭다.

이런 범주는 모두 꿈 보고서에서 볼 수 있지만 범주 4와 5(관찰자로만 존재하거나 참가자로만 존재하는 경우)가 가장 일반적이다. 일반적으로 꿈 연구자들이 말하는 '자기 표상'은 이런 경우에 해당한다. 쉽게 상상할 수 있듯 렘수면 꿈은 연구에 따라 거의 90~100퍼센트로 2가지 범주 중 하나로 분류된다. 반면 비렘수면 꿈 보고 중 자기 표상이 나타나는 경우는 3분의 2뿐이다. 수면 시작 입면기 꿈에서는 자기 표상이 4분의 1에서 3분의 2 사이로 나타나는데 이는 수면이 시작되고 정확히 얼마나 지나서 꿈 보고가 수집되었느냐에 따라 다르다.

자기 표상과 더불어 꿈에서는 '체화된 존재embodied presence'도 나타난다. 이 흥미로운 관점을 지지하는 인지과학자들은 우리가 주변 세상을 어떻게 이해하고 그 안에서 결정을 내리는지 연구하고 싶다면, 우리가 주변 환경과 분리된 것처럼 뇌와 몸을 연구하는 것만으로는 불충분하다고 주장한다. 그게 아니라 우리의 인지적 자아 모델에 환경을 포함해야 한다는 것이다. 감각이 뇌에 투사하는 외부 세계의 신경 표상에만 신경 쓰면 된다고 주장하는 고전 인지과학과 달리, '체화된 존재'라는 원리를 따르는 인지과학자들은 이런 관점으로는 부족하며 물리적 환경을 인지

기계의 일부로 보아야 한다고 주장한다.[16]

꿈은 체화된 존재라는 개념을 보여주는 훌륭한 사례이다. 뇌는 꿈을 만들지만, 신체는 꿈에 분명 영향을 주고 신체적 감각은 흔히 꿈에 통합된다. 하지만 더 중요한 사실은 우리가 생성한 내부 환경이 외부 환경을 대체한다는 점이다. 사실 꿈꾸는 동안 의식은 우리를 둘러싼 가상 세계를 '감싸 안고enfold', 세계는 우리 의식의 일부가 된다.

꿈꾸는 뇌는 자아 감각과 세계에 대한 이해의 기초가 되는 신경망을 활성화해 우리(꿈꾸는 사람)는 '물론' 꿈 세계를 창조해 그 속에서 자신을 발견하게 하고, 개인적인 1인칭 관점에서 경험하는 몰입적이고 끊임없이 진화하는 여정을 시작하게 한다. 하지만 꿈꾸는 뇌는 우리가 꿈속 다양한 상황에 어떻게 반응하는지 추적할 뿐만 아니라 꿈 세계 '자체'가 생각, 감정, 행동에 어떻게 반응하는지도 추적한다. 이런 점은 간과되기 쉽지만 놀라운 과정이다.

종합하면 꿈에서 나타나는 자기 표상과 체화된 존재는 넥스트업에서 중요한 역할을 하며, 뇌가 꿈 기능을 실현할 거의 완벽한 환경을 제공한다. 넥스트업은 분명 이런 기능 없이도 기억 네트워크를 탐사해 사용 가능한 내러티브 시뮬레이션을 구성할 수 있지만, 시뮬레이션은 수동적으로 영화를 보는 것에 불과하며 자기 표상과 구현된 존재가 강력히 조합되어 만든 핍진성은 부족할 것이다. 넥스트업의 주요 특징을 이용하면 우리는 꿈속 자아dream self 와 꿈 세계dream world 사이에서 끊임없이 변화하는 역동적인 상호작용을 통해 시뮬레이션된 세계를 의식적으로 인식하고 이 세계에 반응할 수 있다. 변화하는 꿈 세계와 이에 따른 꿈꾸는 사람의 반응이 이루는 순환이 꿈 내러티브의 구성을 추동하는 요인이다

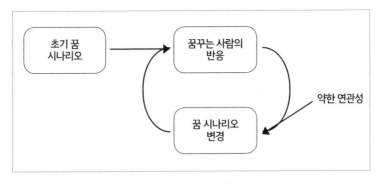

<그림 9.1> 내러티브 발달 과정

(그림 9.1 참고). 그리고 꿈속 자아와 시뮬레이션된 꿈 세계의 나머지 부분이 놀라운 상호작용을 일으키면서 넥스트업의 마법이 일어난다.

4. 꿈의 기괴함

밥의 딸 제시가 침대에 오리가 있는 꿈을 꾸거나, 밥이 실험실 개가 나오는 꿈을 꿀 때처럼 꿈은 인상적인 기괴함을 보인다. 결국 사람들이 새로 기억난 꿈을 이야기할 때 "나 어제 진짜 이상한 꿈 꿨어"라고 시작하는 데에는 그럴 만한 이유가 있다. 그런데 꿈은 '실제로' 얼마나 특이하고 이상할까?

잠깐 당신의 꿈 경험을 떠올려보라. 그중 정말 기괴한 꿈은 얼마나 될까? 토니가 당신의 최근 꿈 보고 50가지를 읽는다면, 토니가 생각한 기괴한 꿈 숫자가 당신의 생각과 일치할까? 이웃이나 엄마라면 어떨까? 아마 사람들이 매기는 점수는 그들이 '기괴함'을 어떻게 정의하는지, 그들이 당신을 얼마나 잘 알고 있는지에 따라 다를 것이다. 꿈 연구도 마찬가지다.

과학자를 포함한 대부분의 사람들이 말하는 꿈의 기괴함은 불가능하거나(벽을 뚫고 지나가고, 죽은 사람과 이야기하고, 고양이가 늑대로 변신하는 등) 일어날 법하지 않은 일(양 떼를 만나고, 쓰나미에 휩쓸리고, 헤어진 배우자와 다시 합치는 등)을 의미한다. 하지만 꿈의 기괴함은 훨씬 미묘하다. 친구의 목소리가 사라지거나, 계절이 맞지 않게 '느껴지거나', 손에 들고 있던 펜이 숟가락 모양인 것 같은 상황 등이다. 게다가 기괴함에는 불확실성("식탁 저쪽에 앉아 있는 사람이 마리 이모인지 옆집 줄리인지 잘 모르겠네"), 부조화("덴버에 사는 친구 집에 갔는데 거실 창문 너머로 태평양을 항해하는 배들이 보였어"), 장면 전환("형과 술집에서 당구를 치고 있었는데, 갑자기 고등학교로 돌아가 수학 시험을 치고 있더라고")도 포함된다.

따라서 꿈의 기괴함이 나타나는 사건과 경험은 광범위하다. 그래서 꿈의 기괴함을 측정하는 수많은 척도가 발명되었고 각 척도에는 꿈속 특이한 요소를 정의하고 점수화하는 나름의 방법이 있다. 어떤 척도는 꿈속 특이한 '세부사항'에 초점을 맞추고, 다른 척도는 '전체적인' 꿈 경험의 기괴함을 측정한다. 그런데 안타깝게도 꿈 연구자들은 이런 방법 중 어떤 것을 사용해야 하는지, 이 방법들이 꿈의 본질에 대해 무엇을 알려주는지에 대해 합의를 이루지 못했다. 그 결과, 모든 꿈은 상당히 기괴하다는 논문과 꿈은 대부분 평범하다는 논문이 공존한다. 예상대로 진실은 그 중간 어디쯤이다. 하지만 우리가 알고 있는 사실은 다음과 같다.

렘수면 꿈 보고의 75퍼센트 이상은 기괴함의 형태인 불확실성, 부조화, 장면 전환 중 하나 이상을 포함한다. 하지만 기괴함을 3가지 이상 포함하거나 확실히 불가능한 사건 1가지를 포함한 경우는 상당히 적었다

(10퍼센트 미만~20퍼센트).**17** 비렘수면에서는 꿈의 기괴함이 보고되는 경우가 더 적고(약 60퍼센트), 수면 시작기 보고에서는 3분의 1밖에 되지 않았다. 따라서 꿈 대부분은 1가지 형태 이상의 기괴함을 보여주지만 어떤 꿈에는 명백하게 이상하거나 기괴한 특성이 없는 경우도 있다(렘수면 꿈 보고의 약 4분의 1). 요약하면 상반되는 양쪽 진영의 주장과 달리 모든 꿈이 기괴하지도, 꿈 대부분이 평범하지도 않다. 하지만 이게 끝은 아니다. 부가적이고 때로 간과되는 꿈의 기괴함이 지닌 특성에 주목해보자.

첫째, 주말 아침에 늦게 일어날 때는 꿈이 더 길고 생생하며 강렬하다는 사실을 알아차린 적이 있는가? 여기에는 두 가지 이유가 있다. 하나는 밤늦게까지(사실은 새벽까지) 깨어 있었기 때문이고, 다른 하나는 유별나게 강한 렘수면에서 깨어났기 때문이다. 대학원생이었던 에린 웸슬리는 독창적인 연구를 통해 잠자는 참가자를 네 번 깨워 꿈 보고서를 수집했다.**18** 웸슬리는 참가자들을 밤 전반기의 렘수면과 비렘수면(N2), 밤 후반기의 렘수면과 비렘수면(N2)에서 각각 깨웠다. 웸슬리는 이 4건의 꿈 보고서에서 보이는 4가지 꿈 특성(꿈의 길이, 꿈 같음, 기괴함, 감정)이 모두 같은 패턴을 보인다는 사실을 발견했다. 렘수면 꿈은 비렘수면 꿈보다 더 길고, 꿈 같고, 기괴하고, 감정적이었다. 그리고 렘수면과 비렘수면 꿈 모두 밤 전반기보다 밤 후반기의 꿈이 더욱 그런 특성을 보였다. 결과적으로 밤 후반기의 렘수면 꿈이 가장 길고, 꿈 같고, 기괴하고, 감정적이었다. 밤 전반기 비렘수면 꿈이 가장 덜 기괴했다. 이는 집에서 꾼 꿈이 수면 실험실에서 수집한 꿈보다 보통 더 기괴한 이유 중 하나다.

꿈의 기괴함이 지닌 두 번째 측면은 사람들이 기억하는 꿈의 종류는 물론 다른 사람에게 말하는 꿈 종류에 편차가 있다는 것이다. 연구에 따르면, 꿈이 기괴할수록 꿈 암호화가 더 잘되기 때문에 지루하고 두드러지지 않는 꿈보다 더 잘 기억난다. 하지만 꿈 대부분이 아주 기괴하다는 믿음도 있는데, 이런 꿈이 다른 사람에게 말할 가능성이 가장 크기 때문이다. 교통체증으로 차 안에 갇혀 있던 꿈이라면 깨어났을 때 친구에게 말할 리가 없다. 하지만 교통체증으로 갇혀 있는데 거대한 독수리가 자동차 보닛을 발톱으로 쥐고 하늘로 들어 올렸다면 (그리고 독수리가 힘차게 날갯짓해서 목적지까지 데려다주는 동안 숨 막힐 정도로 멋진 도시 경관이 내려다보였다면), 게다가 독수리가 다시 날아가기 전에 커다란 황금색 눈으로 윙크했다고 치자. '그렇다면' 당신은 누구에게든 꿈을 이야기하고 싶을 것이다. 치료에서 분석가에게 말하는 꿈도 마찬가지다. 사람들이 정신분석 전문의에게 짧고 지루한 꿈을 말하는 경우는 거의 없다. 그들은 정신분석 전문의의 관심을 끌고 더 탐색해볼 흥미를 유발할 길고 복잡한 꿈을 말해준다. 그리고 물론 이런 꿈들이 임상에 기반한 꿈 문학으로 이어질 가능성이 크다.

꿈을 기괴하다고 생각하는 세 번째 이유는 꿈을 일상적인 현실의 삶과 비교하기 때문이다. 사실 이것이 꿈의 기괴함을 다루는 척도들이 공통으로 가진 유일한 측면이다. 하지만 이 비교가 적절한가? 많은 꿈의 특징인 기괴한 장면 전환을 떠올려보자. 일반적인 현실과 비교해보면 꿈의 위치, 관점, 행동 전환은 확실히 기괴하다. 하지만 생각이 이리저리 자연스럽게 시시각각 옮겨가는 몽상이나 영화와 꿈을 비교한다면 어떨까? 8장에서 살펴본 것처럼 꿈이 몽상의 바탕이 되는 것과 똑같은 DMN 시스템으로 이루어진다면, 몽상이나 영화에서 보는 장면 전환은 사실 우리가 꿈에서 보는 것과 '정확히 같다'.

마지막으로 꿈의 기괴함은 무질서한 혼란이 아니다. 심지어 가장 특이한 꿈의 변환도 일정한 제약이나 내적인 '꿈의 논리'를 따르는 경향이 있다. 밥은 앨런 홉슨, 신디 리튼하우스Cindy Rittenhouse와 꿈에서 나타나는 사물과 인물의 기괴한 변환을 연구했다.[19] 밥과 연구진은 사물이나 사람이 변형되어도 보통 원래 분류 그대로(즉 사물은 그대로 사물이고 사람은 그대로 사람)라는 사실을 밝혔다. 즉 자동차는 자전거로 바뀌고 사람은 다른 사람(또는 여러 사람의 특징이 뒤섞인 사람)으로 바뀔 수는 있지만, 사물이 사람으로 바뀌거나 사람이 전등이나 도구, 식물로 바뀌지는 않는다.

사물 변환 범주에서는 더 엄격한 제약 조건이 활성화된다. 표 9.1에서 이를 확인할 수 있다. 이 표는 꿈 보고에 언급된 11가지 사물을 왼쪽에는 1부터 11까지 번호를 매기고, 오른쪽에는 이 사물이 저절로 변하는 사물을 A부터 K까지 알파벳을 매겨 나열했다. 하지만 A부터 K까지 사물의 순서는 뒤섞여 있다. 1번 아이템인 가방이 A 자전거로 대응하는 것은 아니다. 1~11의 사물을 A~K의 사물에 연결해보라. 답은 아래에 표시했다. 밥의 연구에서 6명의 판정단은 66번의 시도 중 고작 네 번밖에 실수하지 않았다. 같은 비율로 우연히 연결되는 대상을 맞힐 확률은 11분의 1밖에 되지 않으므로 네 번만 틀릴 확률은 아주 낮다. 따라서 꿈의 기괴함도 무질서하지는 않다는 이런 측면은 넥스트업이 예측한 대로 꿈꾸는 뇌가 연상할 때도 일정한 제약 조건이 있다는 사실을 보여준다.

한 사물이 갑자기 다른 사물로 바뀌면 새로운 사물은 원래 것과 항상 비슷하다는 점에 주목하자. 이 점이 중요하다. 넥스트업이 관련된 네트워크를 탐색할 때 넥스트업은 원래 사물의 '유사성' 또는 '연관성'을 바탕으로 새 사물을 택한다. 하지만 밥이 연구한 모든 사례에서 넥스트업

기괴한 사물 변환

왼쪽 열에 있는 사물을 오른쪽 열의 변환된 사물에 연결해보라. 답은 아래에 있다.

1	가방	A	자전거
2	침대	B	학교 셔틀버스
3	보스턴 고향 집	C	비디오 전투게임
4	건물	D	조지아 고향 집
5	자동차	E	무늬
6	현금인출기	F	작은 침대
7	수영장	G	건물
8	승용차	H	자루
9	시내버스	I	해변
10	꽃	J	사자(사실은 침대)
11	양 동상	K	자동차 바퀴와 프레임

정답: 1-H, 2-F, 3-D, 4-G, 5-A 또는 K, 6-C, 7-I, 8-A 또는 K, 9-B, 10-E, 11-J

〈표 9.1〉

은 이전 사물과의 물리적 '유사성'을 바탕으로 새로운 사물을 선택했다. 어떤 사물도 우리가 '연관' 있다고 알고 있는 다른 사물과 연결되지는 않았다. 예를 들어 시내버스가 버스 운전사로 바뀌지는 않았다. 만약 꿈에서 기괴한 변환이 일어난다는 사실을 깨달았다면 직관적으로 이런 변화는 일어나지 않는다는 사실을 알 것이다. 꿈꾸는 뇌는 이런 변환을 쉽게 만들 수 있겠지만, 우리 삶의 가능성 이해에 유용하지 않을 것으로 보이면 넥스트업은 꿈을 구성할 때 이런 변환을 거부한다.

하지만 어떤 변환의 근거가 되는 연관성은 외부 판정단이 보는 것처럼 약하지 않을 수 있다. 사실 꿈꾸는 사람에게는 완벽하게 이치에 맞는 것처럼 보일 수도 있다. 토니의 꿈 하나를 예로 들어보자.

나는 어린 시절 살던 집으로 돌아왔다. 침실에 들어서자 아끼던 곰 인형이 침대에 누워 있는 것이 보였다. 인형을 집으러 가자, 누군가 내 방으로 들어오는 소리가 들렸다. 몇 년간 못 본 로미오 삼촌이다. 나는 삼촌을 껴안았고, 팔을 풀자 이상하게도 포도밭 한가운데에 서 있었다.

이 갑작스러운 위치 전환은 앞서 언급한 밥의 '이어 붙인 꿈' 연구와 일치한다. 분명 깨어 있는 현실에서는 이런 갑작스러운 전환이 일어날 수 없다. 하지만 밥의 연구에서 본 것처럼 이 두 장소가 전혀 연관성이 없는 것일까? 그렇지는 않다. 토니가 좋아했던 곰 인형은 로미오 삼촌이 선물로 준 것이고, 이탈리아에 살던 로미오 삼촌은 토니가 어렸을 때 온 적이 있으며, 로미오 삼촌은 토니 엄마에게 이탈리아 동네 포도밭에서 만든 싸구려 와인이라도 북미산 와인보다 맛이 좋다며 놀리곤 했다는 사실을 생각해보자. 토니가 이런 세부사항을 기억하지 못하더라도 토니의 꿈꾸는 뇌는 분명 기억하고 있다.

꿈의 기괴함에 대한 논의에서 몇 가지 결론을 얻을 수 있다. 첫째, 꿈 대부분은 영화나 대중매체에서 드러나는 것과 다르다. 꿈은 당신이 물 위에서 스케이트보드를 타는 동안 어머니가 공중그네를 타며 머리 위로 휙 지나가고, 당신의 형(사실은 고양이)이 번쩍이는 새장에서 당신을 내려다보는 것 같은 펠리니(네오리얼리즘에서 초현실주의를 아우르는 영화로 잘 알려진 이탈리아 영화감독 페데리코 펠리니-옮긴이)적 창조물은 아니다. 사실 경험이 풍부한 꿈 연구자들에게 꿈을 다룬 대중적인 기사 첫머리에 흔히 등장하는 이런 설명은 일반적인 꿈에 대한 개념에 끼워맞춘 허황된 이야기나 다름없다. 꿈 연구자들이 수면 실험실과 집에서 꾼 수천 건의 꿈 보고서를 연구한 끝에 대부분의 꿈, 특히 렘수면 꿈은 매혹적일 정도로 이상하지만 대중매체에서 보이는 것처럼 그렇게 이상하지는 않다는 사실이 드러났다. 사실 꿈에 나타나는 설정과 인물은 대개 설득력 있으며 특히 이상하게 느껴지는 것은 우리가 참여한 대화, 상황, 줄거리 전개인 경우가 많다. 연극이나 소설, 영화에서도 마찬가지다.

게다가 뇌는 꿈을 꿀 때도 혼란스럽게 여러 장면을 뒤섞지 않는다. 가장 이상한 꿈은 물론 꿈의 연상 과정과 기억 원천이 꿈꾸는 사람에게 쉽게 드러나지 않을 때도 마찬가지다(다음 장에서 이 현상의 몇 가지 재미있는 사례를 확인할 수 있다).

하지만 가장 중요한 것은 이런 발견이 모두 넥스트업의 관점에서 타당하다는 것이다. 서로 다른 기억 원천에서 나온 내용이 이상하고 특이하게 병치된다는 점이 바로 우리가 발견한 점이다. 이런 이상하고 특이한 병치를 통해, 뇌는 설득력 있는 꿈 세계 속에서 당신의 다양한 반응을 끌어내기 위해 고안한 예측하지 못한 약한 관계를 탐색할 기회를 얻는다.

5. 감정

우리가 논할 넥스트업의 마지막 예측은 감정과 관련 있다. 기억할지 모르겠지만, 넥스트업에 따르면 상호 활성화되어 약하게 연결된 기억의 잠재적 가치를 뇌가 해석하려면 꿈에 감정(또는 '무슨 일이 일어난다는 느낌')이 필요하다. 사실 꿈 대부분은 감정을 담고 있다. 우리는 꿈 감정에 대한 12가지가 넘는 연구를 조사한 결과 사람들이 꿈의 70~100퍼센트가 감정적이라고 평가한다는 사실을 발견했다. 신기하게도 외부 판정단이 꿈 보고서를 평가할 때는 똑같은 보고서를 보아도 이 수치가 30~45퍼센트밖에 되지 않았다.[20] 꿈 보고서에 냄새나 맛을 보고하지 않는 것처럼 우리 대부분의 꿈 보고에는 감정이 포함되어 있지 않다.

하지만 애초에 인간의 감정으로 간주되는 것은 무엇일까? 인간의 감정을 분석한 어떤 모델에서는 5가지에서 7가지의 기본 감정을 나열했다. 다른 모델에서는 20가지나 된다. 깨어 있는 동안 어떤 감정이 발견되는지에 과학자들이 합의하지 못하면 꿈속 감정에 대해서도 별반 다르지 않을 것이다.

꿈의 내용을 다룬 중요한 책에서 홀과 반 드 캐슬은 딱 5가지 범주의 꿈 감정을 제안했다. 행복, 슬픔, 분노, 불안, 혼란이다. 이들이 꿈을 점수화할 때 이런 방법을 사용한 것은 평가자 간 신뢰도를 높이기 위해서이기도 하다. 대조적으로 다른 이들은 15가지로 꿈 감정을 범주화했다. 흥미, 유쾌함, 즐거움, 놀라움, 괴로움, 분노, 혐오, 경멸, 두려움, 부끄러움, 수줍음, 죄책감, 흥분, 질투, 걱정이다. 이 연구는 감정 범주 가짓수가 더 많음에도 홀과 반 드 캐슬의 5가지 범주에 있는 불안과 혼란은 포함되어 있지도 않다. 어떤 연구는 꿈의 감정에 대한 별개의 범주를 전혀 측정하지도 않아 비교를 더 어렵게 한다. 대신 이들은 꿈의 전반적인 감정(예를 들어 '전체적으로 긍정적인지 부정적인지')만을 점수화한다. 문제는 한층 복잡해진다.

따라서 꿈의 기괴함과 마찬가지로 꿈의 감정에 대한 발견은 어떤 척도를 사용하고 누가 그것을 적용하는지, 어떤 종류의 꿈 보고서(집에서 꾸었고 아침에 자연스럽게 일어나서 기록한 것인지, 실험실에서 비렘수면 중 강제로 깨워 기록한 것인지)인지에 따라 달라진다. 12가지의 연구에서 평균 점수를 산출한 결과, 사람들은 실험실에서 꾼 꿈의 약 4분의 3을 긍정적으로 평가했지만 집에서 꾼 꿈은 절반만 긍정적으로 평가했다. 이 절반이라는 수치는 몇몇 연구에서 참가자들이 낮 동안의 사건을 평가한 수치와 일치한다. 사람들은 깨어 있는 동안의 감정 중 긍정적인 감정을 51퍼센트로 평가했다.

독립된 판정단이 꿈 보고서의 감정이 긍정적인지 부정적인지 점수를 매겼을 때는 한결같이 참가자 스스로 평가한 것보다 25퍼센트 더 부정적으로 평가했다. 판정단은 실험실 꿈 중 절반만 긍정적으로 평가했고(참가자 스스로는 약 4분의 3을 긍정적으로 평가), 집에서 꾼 꿈은 단 4분의 1만 긍정적으로 평가했다(참가자 스스로는 약 절반을 긍정적으로 평가).

꿈에서 나타난 감정의 강도 연구에서도 비슷한 결론을 얻을 수 있다. 참가자들은 꿈 감정 강도를 1부터 5까지 매겼을 때 긍정적인 감정과 부정적인 감정 모두 중간값인 3을 조금 넘는 3.2의 강도라고 평가했다. 깨어 있는 동안 감정의 강도인 평균 3.3점과 비슷했다.[21] 여기서도 참가자들이 어디에서 잠을 잤는지, 누가 점수를 매기는지가 영향을 주었다는 사실은 놀랍지 않다. 한 연구에서 참가자들은 부정적인 감정의 강도는 독립된 판정단과 비슷하게 평가했지만, 긍정적인 감정은 판정단보다 2배 강하게 평가했다.[22] 다른 연구에서 참가자들은 집에서 꾼 꿈과 실험실에서 꾼 꿈의 긍정적인 감정 강도를 비슷하게 평가했지만, 부정적인 감정은 집에서 꾼 꿈이 3배 더 강하다고 평가했다.[23] 이런 차이가 있음에도 우리는 몇 가지 일반적인 결론을 도출할 수 있다.

첫째, 사람들은 자신의 꿈, 특히 기본적인 내러티브 구조를 가진 꿈에서 감정을 지닌다. 하지만 일반적으로 일상적 꿈 감정은 그리 강렬하지 않다. 보통 온화하고 중도적이다. 그리고 그 감정도 낮 동안의 중요한 사건에서 겪는 감정보다 그리 강하지 않다.

둘째, 꿈 감정은 전반적으로 긍정적인 감정과 부정적인 감정 사이에서 균형을 이루고 있고 우리가 깨어 있을 때 경험하는 감정과 비슷하다.

셋째, 우리는 꿈 보고서를 작성할 때 감정을 잘 보고하지 못한다. 결과적으로 많은 꿈 감정, 특히 긍정적인 감정은 꿈 보고서를 읽는 사람에게 명확하게 드러나지 않는다. 마지막으로 꿈 감정은 우리가 그 꿈을 왜 그토록 중요하게 여기고 다른 사람에게 말하고 싶어 하는지 설명할 만큼 충분히 강하지 않다.

꿈은 내러티브적 이야기에 구현된 설득력 있는 감각 경험을 포함한다. 이 내러티브는 부분적으로는 연속성이 있지만 처음부터 끝까지 이어지는 연속성은 없다. 꿈은 기괴함, 꿈 전반에 분포한 느낌이나 감정, 자기 표상, 체화된 자아 감각으로 특징지을 수 있다. 꿈의 이런 기능은 모두 넥스트업을 기반으로 예측한 특징과 일치한다. 하지만 중요한 사실은 우리가 이제껏 꿈의 형식적 특성만 언급하고 실제 내용은 언급하지 않았다는 점이다. 다음 장에서는 꿈의 구체적인 내용에 주목해 꿈의 내용이 넥스트업에 무엇을 암시하는지 질문할 것이다.

10장
우리는 무슨 꿈을 꾸는가

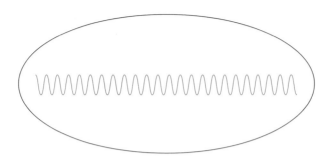

우리는 꿈을 이야기할 때 형식적인 속성에는 거의 주목하지 않는다. 대신 꿈의 설정, 등장인물이나 사물, 전체적인 줄거리 등의 이야기를 설명한다. 즉 꿈의 구체적인 내용에 더 주목하는 것이다. 이 장에서는 사람들이 일상적으로 무슨 꿈을 꾸는지 살펴보고, 반복되는 꿈이나 악몽처럼 흔히 우리가 주목하는 꿈에 대해 알아볼 것이다. 그리고 우리가 발견한 것에 담긴 의미를 넥스트업에 적용해보려고 한다.

일상적인 꿈

일상적인 꿈은 보통 현실 속 사건만큼 다양하지만 꿈의 내용에는 특정 패턴이나 선호도가 있다. 9장에서 살펴보았듯, 기본적인 내러티브 구조를 가진 거의 모든 꿈에는 대체로 꿈꾸는 사람이 능동적인 참여자로 등장하고 보통 체화된 1인칭 자아의 시점에서 꿈을 경험한다. 하지만 꿈 속에서 혼자인 경우는 드물다. 대부분 꿈에는 최소한 2명 이상의 인물이 등장하고, 자신을 포함한 사람들은 보통 무언가를 보거나 걷거나 대화하는 등 서로 사회적 상호작용을 한다. 꿈속 등장인물의 절반 정도는 아는 사람(친척, 친구, 동료, 지인)이고 나머지 절반은 모르는 사람(낯선 사람이나 경찰, 의사, 교사 등 직업으로만 분류할 수 있는 사람)이다.[1]

꿈속 등장인물의 성별을 보면 특이한 점을 발견할 수 있다. 여성의 꿈에는 남녀가 동등한 비율로 등장하지만, 남성의 꿈에는 남성이 여성보다 2배 많이 등장한다. 왜 이런 성차가 존재하는지는 여전히 논의 중인데, 이런 현상은 여러 문화에 걸쳐 수많은 연구에 기록되어 있으며 소년 소녀들의 꿈에서도 마찬가지다.

올빼미부터 호랑이, 강아지 같은 동물은 어린이의 꿈에는 최대 40퍼센트 정도 등장하지만 성인의 꿈에는 5퍼센트밖에 등장하지 않는다. 하지만 이런 결과는 문화적 차이 때문임이 분명하다. 도시 사람의 꿈에는 동물이 5퍼센트밖에 나오지 않지만, 산업화 이전이나 수렵채집사회에 사는 사람의 꿈에는 5배나 많이 등장한다. 아마도 자연이나 동물과 보다 가깝고 자주 접촉하기 때문으로 풀이된다.[2]

꿈의 다른 중요한 특징은 꿈꾸는 사람을 포함한 등장인물들의 상호작용을 들 수 있다. 홀과 반 드 캐슬에 따르면 사람들의 꿈에서는 공격적인 사회적 상호작용(46퍼센트)이 우호적인 상호작용(40퍼센트)보다 조금 더 많이 일어난다. 신체적 공격은 여성보다 남성의 꿈에서 더 흔하다. 바꿔 말하면, 여성은 꿈에서 희생자로 등장하는 경우가 남성보다 더 많다. 따라서 이런 결과는 대부분 문화에서 나타나는 실제 차이를 반영한다고 볼 수 있다.

꿈의 다른 특징을 보면 꿈 전체에서 등장인물이 피할 수 없는 사고인 불행이 나타나는 경우가 약 3분의 1이었다. 이 비율은 안타깝게도 행운이 나타나는 비율보다 7배 높다. 하지만 꿈에서 어려움을 극복하는 비율은 실패하는 비율과 비슷하다.

물론 꿈은 '어딘가'에서 일어난다. 꿈의 설정을 볼 때 익숙한 장소에서 일어나는 꿈은 전체 3분의 1에 불과한데, 이마저도 낯선 곳이 배경인 꿈의 2배가 넘는 수치다. 절반 정도의 꿈에 나타나는 설정은 어렴풋이 익숙한 정도다. 여성의 꿈은 절반 이상이 실내에서 일어나지만, 남성의 꿈 절반 이상은 실외에서 일어나는데 그 이유 역시 알 수 없다.

더욱 일반적으로 본다면 꿈꾸는 사람이나 다른 등장인물은 보통 어떤 문제에 부딪힌다. 이런 어려움은 비교적 사소한 어려움(행동 계획, 상황 파악, 분실물 찾기)에서 심각한 신체적·심리적 위험(길을 잃음, 질병에 걸림, 대인 갈등, 환경적 위험 다루기, 신체적 위험에서 도망치기)까지 다양하다.

일상적인 꿈에서 나타나는 등장인물, 상호작용, 문제, 설정은 개인에게 고유하다. 하지만 때로 이런 꿈의 특징이 모여 많은 사람이 경험하는 주제와 관련된 내용을 갖는 꿈을 만든다. 놀랍게도 이런 꿈은 다양한 시대와 지역, 문화에 걸쳐 나타난다. 넘어지거나, 부적절한 옷을 입었거나, 시험을 준비하지 못한 꿈을 꾼 적이 있다면 당신은 다음에 설명할 전형적인 꿈을 꾼 것이다.

전형적인 꿈

많은 사람이 적어도 한 번은 꾸었다고 보고한 꿈 주제를 '전형적'이라고 한다. 사람들은 수천 년 동안 쫓기거나, 넘어지거나, 이가 빠지는 등의 꿈을 설명해왔다(기원전 11세기 주공周公이 쓴 꿈 해석 사전에 따르면 이가 빠지는 꿈은 부모님에게 불길한 일이 생길 수도 있다는 의미라고 한다). 그러므로 전형적인 꿈에 대한 과학적인 첫 대규모 연구가 1958년에야 시작되었다는 사실은 다소 놀랍다. 이 연구는 일본과 미국 학생들이 꾼 34개의 전형적인 꿈 발생률을 조사했다.[3] 비록 문화적 차이가 드러나기는 했지만(미국인은 화재 꿈은 적게 꾸고 나체가 되는 꿈을 더 많이 꾸었다) 유사점도 상당했다. 일본과 미국 학생 그룹 모두 공격당하거나, 쫓기거나, 넘어지거나, 무언가를 계속 시도하는 꿈을 꾸었다. 학교나 선생님, 공부에 대한 꿈도 있었다. 성적 경험에 대한 꿈도 있었다. 가장 자주 보고된 6가지 꿈 주제의 등장 빈도 순위도 거의 비슷했다. 하위 4가지 전형적인 꿈(반인반수인 생물, 산 채로 매장됨, 거울에 비친 자신을 봄, 목매달기)도 두 집단에서 그 빈도와 순위가 거의 비슷했다. 나머지 꿈 주제의 분포(시험에서 떨어짐, 날기, 죽은 자신을 봄, 이가 빠짐)도 두 집단 간 차이점보다 유사점이 더 많았다.

40여 년 후, 토니와 꿈 연구 동료인 캐나다인 토르 닐슨Tore Nielsen은 이 연구를 재검토했다. 토니와 닐슨은 1958년 연구를 출발점으로 55가지 '전형적인 꿈' 설문지를 개발해 학생과 수면 장애 환자들의 전형적인 꿈을 조사했다.[4] 한 가지 중요한 발견은 전형적인 꿈 발생률이 캐나다의 서로 다른 지역의 학생들 간에는 물론 해가 지나도 일관되게 나타났다는 사실이다. 더 놀라운 결과는 사람들의 전형적인 꿈 양상이 수십 년 동안 비슷했다는 점이다. 1958년 미국과 일본 학생들이 꾼 가장 흔한 4가지 꿈 주제는 40년 후 캐나다 학생들이 보고한 상위 5가지 주제에도 모두 포함되었다. 독일과 홍콩에서 실시한 후속 연구 결과 이들의 꿈 주제 순위도 놀라울 정도로 비슷했다.

흔히 나타나는 전형적 꿈 발생률을 더 연구하기 위해 우리는 홍콩과 독일 학생 연구를 포함해 '전형적 꿈 설문지'를 이용한 여러 연구 결과를 모아 상위 15가지 전형적인 꿈 주제 목록을 만들었다. 1,500명의 여성과 500명의 남성, 총 약 2,000명의 대학생으로부터 얻은 결과가 표 10.1에 제시되어 있다. 이런 관찰을 통해 몇 가지 흥미로운 결과를 발견했다.

첫째, 그 어떤 전형적인 꿈도 진짜 '보편적'이지는 않다. 상위 15가지 주제 중 4가지의 발생률만 70퍼센트가 넘었고 85퍼센트를 넘는 것은 아무것도 없었다.

둘째, 쫓거나 쫓김, 성적인 경험, 학교와 선생님이나 공부, 추락이라는 주제는 남녀 모두에게 가장 흔하게 보고되는 전형적인 꿈 주제다.

셋째, 대중매체에서 흔히 드러나는 전형적인 꿈 대부분은 사실 그렇게 흔하지 않다. 예를 들어 상황에 맞지 않는 옷을 입은 꿈을 보고한 사람은 35퍼센트에 불과했고, 화장실을 찾을 수 없거나 사용하지 못해서 당황하거나, 이가 빠지거나 돈을 발견하는 꿈은 30퍼센트 미만으로 나타났다.

넷째, 분석 결과 일관되게 성차가 나타났다. 여성은 학교와 선생님이나 공부, 살아 있는 사람이 꿈에서 사망, 시험에서 실패하는 주제의 꿈을 남성보다 더 많이 꾸지만 성적인 경험이나 돈을 발견하는 꿈은 덜 꾼다.

마지막으로 전형적인 꿈은 대부분 부정적이지만 하늘을 날거나 (56퍼센트), 집에서 새로운 방을 발견하거나(34퍼센트), 하늘을 날 수 있는 것보다 더 마법적인 힘을 갖게 되거나(31퍼센트), 뛰어난 지식이나 정신적 능력을 갖추게 되는(31퍼센트) 등의 긍정적인 꿈도 있다. 이런 전형

상위 15가지 전형적인 꿈 주제

순위	전형적인 꿈 나는 이런 꿈을 꾼 적이 있다	총 발생률	여성 비율	남성 비율
1	쫓기거나 쫓았지만 신체적 상해는 없음	85	86	82
2	성적인 경험	78	75	85
3	학교, 선생님, 공부	77	80	68
4	추락	76	77	75
5	지각(예, 기차를 놓침)	65	67	59
6	살아 있는 사람이 사망	61	65	49
7	추락할 뻔함	59	61	55
8	하늘을 날거나 활강	56	54	62
9	시험에서 실패함	54	58	46
10	무언가를 계속 시도함	52	51	56
11	겁에 질림	49	52	43
12	신체적 공격을 당함 (맞거나 찔리거나 강간당함)	47	48	46
13	죽은 사람이 살아남	44	46	39
14	방에 누군가가 있다는 생생한 감각을 느끼지만 꼭 보이거나 들리지는 않음	43	44	42
15	다시 아이가 됨	41	42	40

〈표 10.1〉 (단위: %)

적인 꿈 일부는 때로 부정적(날다가 떨어지거나, 새로 발견한 방에서 괴물이 튀어나오는 듯한 두려움)인 느낌을 줄 때도 있지만 전반적으로 긍정적인 감정을 수반한다.

하지만 이 수치는 평생 적어도 한 번은 그런 꿈을 꾼 비율을 나타낸다. 얼마나 자주 꾸는지는 말해주지 않는다. 그래서 토니는 450명이 집에서 꾼 3천여 가지의 꿈 중 무작위로 선택한 꿈에서 주제를 평가했다. 전형적인 꿈 55가지 중 전체 꿈 보고의 3퍼센트 이상에서 나타난 주제는 겨우 5가지(추락, 하늘 날기, 죽은 사람의 부활, 상황에 맞지 않는 옷 입기, 화장실을 찾지 못하거나 사용하지 못함)에 불과했다. 돈을 발견하거나 이가 빠지거나 시험에서 실패하는 등의 주제는 이 수치의 절반에도 미치지 못했다. 실험실에서 꾼 렘수면 꿈 보고서를 포함한 다른 연구에서도 비슷한 결과를 보였다.[5] 하지만 전형적인 꿈 55가지가 나타나는 빈도를 모두 더하면 오늘 밤 이 주제 중 하나를 꿈꿀 확률은 절반을 웃돈다.

반복되는 꿈

영국의 신경과학자 버나드 카츠Bernard Katz는 1970년대 초에 밥이 일하던 하버드대학교 의과대학에서 강의한 적이 있다. 카츠는 1970년 노벨 의학상을 수상했기 때문에 강당은 만원이었다. 마지막 강의를 시작하며 카츠는 청중을 향해 이렇게 말했다.

"어젯밤에 또 시험 치는 꿈을 꿨어요."

청중들이 공감하며 탄식하는 신음소리가 여기저기서 흘러나왔다. 분명 이런 꿈은 계속 반복된다.

시험 꿈, 잠옷 차림으로(아니면 잠옷도 입지 않고) 학교에 가는 꿈, 이가 빠지는 꿈, 비행기 표나 여권을 잃어버리는 꿈을 반복적으로 꿀 필요가 있는 사람이 있을까? 과장된 질문 같지만 사실 그렇지 않다. 카츠가(시험 관련한 두 가지 흔한 꿈인) 교과서를 읽지 못했거나 수업에 출석해야 한다는 사실을 잊어버리지는 않을까 하는 걱정을 할 필요가 없는 것은 당연하고, 사실 옷을 입지 않고 출근할 일 역시 거의 없다. 그런데 왜 어떤 사람들은 이런 꿈을 반복해서 꿀까? 이 장의 뒷부분에서 살펴볼 것처럼 넥스트업의 렌즈를 통해 살펴보면 이런 현상은 그다지 놀랍지 않다.

반복되는 꿈은 여러 번 반복될 때마다 그 주제와 내용이 같다. 연구에 따르면 성인 70퍼센트는 평생 반복해서 꾸는 꿈이 적어도 한 가지는 있으며, 그런 꿈은 어린 시절부터 꾸기도 한다. 예상하겠지만, 반복되는 꿈을 경험하면 매혹과 곤혹을 동시에 느낀다.

우리는 아이들과 청소년에게서 직접 수집한 꿈을 포함해 토니와 연구진이 수행한 일련의 연구에서 반복되는 꿈의 내용에 대해 많은 사실을 알 수 있었다.[6] 반복되는 외상 관련 악몽(13장에서 다룰 것이다)은 차치하고서라도 반복되는 꿈의 약 75퍼센트는 부정적이며, 나머지 10퍼센트는 긍정적 감정과 부정적 감정이 혼합되어 나타난다. HVC 점수 체계 같은 객관적인 척도로 점수를 매겨도, 반복되는 꿈에서는 부정적인 내용 범주(불행, 실패, 공격적인 사회적 상호작용)가 긍정적인 내용 범주(행운, 성공, 우호적인 사회적 상호작용)보다 10배 정도 자주 나타난다. 결국 반복되는 꿈 중 긍정적 감정만 드러나는 경우는 10퍼센트 정도다.

반복되는 꿈의 구체적인 내용은 사람에 따라 매우 독특하므로 주제와 관련된 내용을 좁은 범위로 분류하는 게 불가능한 건 아니지만 상당히 어렵다. 사실 어린이와 성인 모두에서 나타나는 반복되는 꿈의 약 3분의 1은 상상할 수 없을 정도로 광범위하고 흉내 낼 수 없을 정도로 기괴한 내용을 담고 있어 단순히 분류하기 힘들다. 토니의 연구에 참여한 한 젊은 여성은 반복되는 꿈 하나를 이렇게 묘사했다.

> 나는 해변을 걷고 있다. 부모님은 조금 떨어져서 뒤따라오고 계신다는 것을 안다. 바다에서 물 밖으로 거대한 분홍색 대문자 A가 솟아오르는 것이 보인다. 그것은 이렇게 말한다. "난 문자 A야. 날 따라와!" 목소리가 영화 속 신의 목소리처럼 깊고 강력하다. 나는 물에 들어가서 문자 쪽으로 수영해 가려고 하지만 문자는 점점 멀어지고 파도는 점점 거세진다. 나는 깨어난다.

기괴한 내용을 담고 있다고 해도 반복되는 꿈의 약 60퍼센트는 꿈꾸는 사람이 심리적 혹은 신체적인 도전이나 위협에 대처하는 꿈이다. 반복되는 꿈에서 꿈꾸는 사람이 누군가에게 쫓기거나 다른 어려움을 만나는 경우, 아이들의 반복되는 꿈에 등장하는 악당은 주로 괴물, 마녀, 좀비, 흉측한 괴물 같은 허구이거나 옛이야기 속 등장인물이다. 하지만 어른의 반복되는 꿈에는 일반적으로 강도, 낯선 사람, 폭도, 어슴푸레한 형상 등의 사람이 특징적으로 나타난다.

반복되는 꿈에서 위협적이지 않은 내용은 다양한 형태를 취한다. 사물이나 환경에 대한 설명, 일상적인 활동, 꿈꾸는 사람에게 아무런 위험도 주지 않는 사람들과의 상호작용 같은 것들이다. 반복되는 긍정적 꿈은 보통 풍요로운 환경에 놓이거나, 하늘을 날거나 활강하고, 비밀의 방을 발견하거나 탐색하고, 춤이나 운동 같은 신체적인 활동에 능숙해지는 일 등이다.

앞서 살펴본 전형적인 꿈 주제 중 일부는 성인의 반복되는 꿈에 특징적으로 나타난다. 쫓거나 쫓기는 주제 외에도 이가 빠지거나, 시험에서 실패하거나, 화장실을 찾지 못하거나 사용할 수 없거나, 자동차를 통제할 수 없게 되는 등의 꿈이 반복적으로 나타난다. 이상하고 다소 역설적이지만 이 중 많은 주제는 어린이의 반복되는 꿈에는 나타나지 않는다.

이 책에서 우리는 일반적으로 꿈, 특히 깨어나기 전 아침 후반기의 꿈은 보통 사람들의 가장 두드러진 경험이나 감정적인 근심과 관련 있지만, 이런 사건의 기억이 꿈 내러티브에 직접 통합되지는 않는다고 여러 번 언급했다. 반복되는 꿈은 꿈꾸는 뇌가 이런 관심사를 은유적인 방법으로 계속 묘사하는 흥미로운 방법의 하나일 수 있다. 꿈꾸는 뇌는 시험 준비를 하지 않았거나 자동차가 통제 불능이 되는 등 우리의 근심을 구현하고, 꿈꾸는 사람에게 강한 반응을 끌어내는 꿈 주제를 사전에 확인해 유사한 경험이나 근심에 꼬리표를 붙이고 나중에 처리할 때 그 이미지나 은유로 되돌아간다. 12장에서 꿈이 언제, 그리고 왜 반복되는지 좀 더 자세히 살펴볼 것이다. 지금은 부정적인 감정이 너무 강해져 잠에서 깨게 하는 꿈에 주의를 돌려보자.

악몽

악몽은 압도적인 감정과 흥미를 끄는 줄거리로 오랫동안 매혹의 원천이었다. 1819년, 런던 왕립 해군 외과의사인 존 왈러John Waller는 모든 사회 계층에서 악몽만큼 보편적인 고통은 없다고 했다. 그가 옳았던 것 같다. 악몽은 모든 연령대의 어린이에게 영향을 미치며, 성인의 10~30퍼센트는 한 달에 한 번 이상 악몽을 경험한다. 사실 성인의 약 85퍼센트는 일 년에 한 번 이상 악몽을 꾸며 평생 악몽을 단 한 번이라도 꿀 확률은 100퍼센트에 가깝다.

악몽에 대해 보편적으로 합의된 정의는 없지만 연구자들은 대개 잠자는 사람을 깨우는 매우 불안한 꿈으로 정의한다. 각성이라는 기준을 적용해 부정적이지만 잠자는 사람을 깨우지 않는 덜 강렬한 나쁜 꿈과 악몽을 구분하기도 한다. 연구자나 의사들은 외상 사건의 요소를 다소 부정확하게 재생하는 외상 관련 악몽과, 뚜렷한 이유 없이 발생하는 더 흔한 '특발성idiopathic' 악몽을 구분한다.

많은 이들, 특히 아이들의 부모는 생물학적으로 뚜렷한 수면 장애인 수면 공포증sleep terrors을 악몽과 혼동한다. 하지만 이 둘을 구분하는 독특한 특징이 있다. 악몽은 주로 밤의 후반기 렘수면 동안 발생하며, 악몽에서 깨면 재빨리 제자리로 돌아와 완전히 잠에서 깨 꿈이었다는 사실을 깨닫고 아침에 일어난 뒤에도 악몽의 생생한 이미지와 상세한 줄거리를 쉽게 떠올릴 수 있다. 반면 수면 공포증은 대개 수면 전반기의 깊은 N3 단계 수면 동안 발생한다. 갑작스럽고 강렬한 자동적 활성화autonomic activation가 일어나 심박수가 몇 초 만에 2~3배가 되거나 소름 끼치는 비명을 지르기도 하고, 각성 시 특징적인 혼동이 일어나거나 단편적인 이미지 외에는 꿈을 기억하지 못하는 점이 특징이다. 아침에 일어날 때 전체 일화를 기억하지 못하는 것도 수면 공포증의 전형적인 특징이다.

최근까지 우리는 비외상적 악몽의 내용을 파악하기 위해 최근의 악몽을 묘사하게 하는 개인적 면담이나 악몽 주제 목록에서 선택하게 하는 설문에 의존했다. 하지만 추락이나, 쫓기거나 폭행당하거나, 마비나 죽음 같은 주제들이 상당히 많이 발견되는 이런 연구 결과는 편향될 수 있다. 이런 연구들은 보통 참가자가 기억할 수 있는 악몽을 떠올리고 보고하게 하기 때문이다. 꿈에 대한 장기적 기억은 약해서 잊히기 쉽다는 점을 감안하면, 사람들이 몇 년 또는 몇십 년을 거슬러 기억하고 보고하는 악몽은 특히 강렬하고 특이하거나 중요한 꿈일 것이다. 쫓기거나 죽음 같은 주제의 악몽은 이런 설명에 잘 들어맞는다. 추락이나 마비를 겪는 악몽은 흔히 경험하는 '반응 소실증parasomnia' 때문일 가능성이 크다. 반응 소실증은 수면의 경계에서 흔히 일어나는 불쾌한 경험이나 행동의 한 종류로, 입면기 경련(잠에 빠질 때 갑작스럽게 꿈틀거리거나 떨어지는 느낌)이나 4장에서 언급한 것처럼 아침에 깰 때 흔히 일어나는 수면 마비 사례가 이에 해당한다.

연구자들이 같은 주제를 논하려면 먼저 악몽과 나쁜 꿈의 명확한 정의에 대해 합의를 이루어야 하고 수면 공포증처럼 잠재적으로 혼란을 줄 수 있는 장애는 배제해야 한다. 그런 다음 사람들에게 며칠이나 몇 주처럼 정해진 기간 기억나는 모든 꿈을 상세히 기록해달라고 요청할 수 있다. 상당히 까다로운 작업이고 수집된 꿈 대부분은 심지어 악몽이 아닐 수도 있다. 하지만 몇 년 전 토니와 그의 박사과정 학생인 주느비에브 로베르Geneviève Robert는 572명의 참가자로부터 수집된 1만 건의 꿈 보고서에서 나쁜 꿈과 악몽을 확인하는 대규모 심층적 연구를 수행했다.[7]

1만 건의 꿈 중 약 3퍼센트는 악몽으로, 11퍼센트는 나쁜 꿈으로 분류되었다. 전반적으로 자연 수면 환경에서 사람들이 떠올린 꿈 7가지

악몽과 나쁜 꿈의 주제 분류

주제	설명
신체적 공격	성폭행, 살인, 납치 등 다른 인물에 의해 자신의 신체가 위협받거나 직접 공격받음
대인 갈등	적개심, 반대, 모욕, 굴욕, 거부, 배신, 거짓말 등을 포함한 갈등 기반 상호작용
실패나 무력감	지각하거나, 길을 잃거나, 말을 할 수 없거나, 무언가를 잃어버리거나 잊거나 실수하는 등 꿈꾸는 사람이 목표를 달성하는 데 어려움을 겪음
건강 관련 근심과 죽음	신체적 고통, 질병, 건강 관련 근심 또는 등장인물이나 꿈꾸는 사람 자신의 죽음
불안이나 걱정	객관적인 위협 없이 누군가 또는 무언가를 두려워하거나 걱정하는 느낌
쫓김	다른 등장인물에 쫓기지만 신체적 공격은 받지 않음
사악한 존재	괴물, 외계인, 흡혈귀, 귀신, 이상한 생물, 유령 등 사악한 힘의 존재를 보거나 느낌
사고	꿈꾸는 사람 또는 등장인물이 교통사고, 익사, 미끄러짐, 추락 등의 사고를 겪음
재난이나 재앙	집이나 동네에 화재나 홍수가 닥치는 비교적 작은 규모의 사건부터 지진이나 전쟁, 세계의 종말 같은 대규모 재해에 이르는 진짜 같은 사건
벌레나 해충	곤충이나 뱀 등에 물리거나 쏘이거나 감염됨
이상한 환경	꿈 상황에 기괴하거나 믿을 수 없는 사건이 나타남
기타	벌거벗음, 불결한 환경에 놓임, 화장실을 찾을 수 없거나 사용하지 못해 당황함 등 특이하거나 흔치 않은 주제

〈표 10.2〉

중 1가지는 강한 부정적 감정을 나타냈다. 게다가 불안한 꿈에서 나타 나는 감정은 두려움에만 한정되지 않았다. 악몽의 약 35퍼센트와 나쁜 꿈의 50퍼센트 이상은 분노, 슬픔, 혼란, 혐오 등 부정적이고 두려움만 큼 강렬한 감정이 주를 이루었다. 악몽이 일반적인 꿈보다, 그리고 나쁜 꿈보다 훨씬 기괴하고 강렬하다는 점은 말할 필요도 없다.

악몽과 나쁜 꿈에 나타나는 주제별 발생 빈도

주제	악몽	나쁜 꿈	악몽과 나쁜 꿈의 조합
신체적 공격	49	21	32
대인 갈등	21	35	30
실패나 무력감	16	18	17
건강 관련 근심과 죽음	9	14	12
불안이나 걱정	9	13	11
쫓김	11	6	8
사악한 존재	11	5	7
사고	9	5	6
재난이나 재앙	5	6	5
벌레나 해충	7	4	5
이상한 환경	5	4	4
기타	7	10	9

〈표 10.3〉   (단위: %)

토니와 로베르는 악몽과 나쁜 꿈의 12가지 주제 범주를 확인한 후 판정단이 신뢰성 있게 꿈을 점수화할 수 있는 명확한 정의를 내놓았다. 표 10.2는 악몽과 나쁜 꿈의 주제 범주를 설명한다. 이 주제별 발생 빈도는 표 10.3에 제시되어 있다(주의 깊은 독자라면 악몽과 나쁜 꿈이 조합된 꿈의 빈도수 총합이 100퍼센트가 아니라 146퍼센트라는 것을 알아차렸을 것이다. 많은 꿈이 하나 이상의 주제를 포함하기 때문이다).

표 10.3에서 볼 수 있듯 가장 흔히 보고되는 주제는 신체적 공격이나 대인 갈등과 관련된 것이다. 그다음은 실패나 무력감, 건강 관련 근심과 죽음, 불안이나 걱정 순이다. 악몽에서는 신체적 공격, 쫓김, 사악한 존재, 사고 등의 주제가 나쁜 꿈보다 훨씬 많았던 반면, 대인 갈등 주제는 나쁜 꿈에서 훨씬 빈번했다. 특히 마비나 질식처럼 악몽 연구 설문지에서 흔히 발견되는 몇몇 주제는 1만 건의 꿈 표본에서는 아예 보이지 않았다. 추락 주제는 너무 드물어서(전체 악몽과 나쁜 꿈의 1.5퍼센트) 사고의 하위 주제로 재분류했다. 이런 주제는 입면기 경련이나 각성 시 수면 마비, 수면 무호흡 같은 수면 관련 호흡 장애 등의 반응 소실증 때문일 것이라는 우리의 의심을 확인해주는 결과다.

토니와 로베르는 남성의 악몽에는 여성의 악몽보다 벌레나 홍수, 지진, 전쟁 등의 재난이 등장할 가능성이 더 크지만, 대인 갈등은 여성의 악몽에서 2배 더 흔하다는 사실도 밝혔다. 마지막으로 악몽에서 깨어나는 원인으로 가장 자주 보고된 것은 즉각적인 위협(42퍼센트), 감정적 경험의 강렬함(25퍼센트), 악몽에서 벗어나려고 일부러 깨어남(14퍼센트) 순이었다.

종합해보면 대부분의 불안한 꿈은 생존, 안전 또는 자존감에 대한 위협을 포함한다. 악몽이나 나쁜 꿈의 특징에는 비슷한 점이 많지만, 악몽은 더 강렬하고 기괴하며 주제도 더 폭력적인 경향이 있다. 그리고 동일한 기본 현상에 대한 표현도 훨씬 드물고 심각하게 나타난다.

성적인 꿈

성적인 꿈은 오랫동안 임상적·대중적 관심을 받았으며 전형적인 꿈 중 꾸준히 '상위 3가지' 순위에 들지만 놀라울 정도로 과학적인 관심에서 벗어나 있었다. 이런 점은 꿈꾸는 사람보다 꿈 연구자들에 대해 더 많은 것을 말해준다고 볼 수 있다. 1953년, 킨제이 연구소는 여성의 3분의 2가 인생의 어느 시점에 노골적인 성적 꿈을 꾸고 남성은 모두 그렇다고 보고했다. 여성의 약 40퍼센트는 오르가슴을 동반한 성적인 꿈을 경험했고, 남성의 약 80퍼센트는 성적인 꿈을 꾸든 꾸지 않든 몽정을 경험했다고 보고했다. 약 10년 후, 홀과 반 드 캐슬은 남녀 대학생으로부터 수집한 1천 건의 꿈 보고 중 8퍼센트가 성적 행위를 포함하고, 남성(12퍼센트)은 여성(4퍼센트)보다 그런 꿈을 더 많이 보고한다는 사실을 밝혔다. 남성은 또한 낯선 파트너와의 성적인 꿈을 보고할 확률이 여성보다 2배 높았다. 여성은 아는 사람, 특히 현재의 파트너가 등장하는 성적인 꿈을 보고할 확률이 남성보다 2.5배 높았다. 토니의 연구소를 포함한 몇몇 소수의 다른 연구자들이 이 연구를 확장한 것은 40년도 더 지나서였다.

수많은 설문조사 연구에 따르면, 남성은 여성보다 성적인 꿈을 꾸었다고 보고할 확률이 더 높다. 하지만 일회성 설문이 아니라 실제 꿈 일기로 성적인 꿈의 빈도를 살펴보면 더욱 미묘한 그림이 나타난다. 학생과 일반인을 포함한 287명의 참가자에게서 5,500건의 꿈 일기를 받아 분석한 연구에서 토니와 동료들은 남성(7퍼센트)과 여성(6퍼센트)의 성적인 꿈 발생률에서 큰 차이를 발견하지 못했다.[8] 게다가 이 비율은 약 600명의 남녀에게 얻은 1만 건 이상의 꿈 보고서를 관찰한 대규모 연구에서도 본질적으로 비슷하게 나타났다. 따라서 평생 한 번 이상 성적인 꿈을 꾼다고 보고하는 남성은 여성보다 훨씬 많지만, 일상적으로 성적 꿈을 꾸는 빈도는 남녀 모두 비슷하다. 흥미롭게도 사람들이 성적인 꿈을 꾸는 빈도는 성별과 관계없이 얼마나 자주 성행위를 하는지보다 얼마나 많이 '생각하는지'와 관련이 깊었다.[9]

홀과 반 드 캐슬의 자료와 최근 연구들에서 성적인 꿈의 빈도가 다르게 나타나는 이유는 표본 구성의 차이 때문일 수도 있다(홀과 반 드 캐슬은 대학생만 대상으로 삼았지만, 최근 연구들은 대학생과 일반인을 섞어 연구했다). 하지만 사회적 역할과 태도의 변화 때문에 실제로 50년 전보다 여성이 성적인 꿈을 더 많이 꾸고 이를 더 편하게 보고하기 때문일 수도 있다.

성적인 꿈에서 성관계는 가장 빈번하게 보고되는 성적 행위이며 그다음은 성적 제안, 키스, 성적 환상, 성기 접촉, 구강성교, 자위 순이다. 하지만 오르가슴은 남녀 모두의 성적인 꿈에서 4퍼센트 미만으로 보고된다. 그리고 예상할 수 있듯 여성은 원하지 않는 성적 행위가 있었다고 보고하는 경우가 많다.[10]

홀과 반 드 캐슬의 발견과 일치하는 최근 연구 결과를 보면 여성의 성적인 꿈에서는 현재 또는 과거의 성적 파트너가 최대 30퍼센트를 차지하지만, 남성의 성적인 꿈에서는 겨우 10퍼센트에서 15퍼센트만 등장한다. 헌신적인 관계에 있는 성인을 연구한 보고에서도 모든 성적인 꿈 중 3분의 1 미만에만 현재의 파트너가 등장했다.[11] 그렇다면 우리는 '진짜로' 누구와 성관계하는 꿈을 꾸는 걸까? 50년 전만 해도 여성의 꿈에는 친구나 지인, 유명한 사람을 포함한 익숙한 인물이 남성의 꿈보다 2배 더 많이 등장하는 반면, 남성의 꿈에는 낯선 사람 또는 여러 파트너가 여성의 꿈보다 약 2배 많이 등장했다. 하지만 최근 한 연구 결과, 오랜 연인 관계인 파트너와의 관계에 만족하고 성행위 빈도가 높다고 보고한 사람일수록 현재 파트너와의 성적인 꿈을 꿀 확률이 높았지만, '불륜'을 저지르고 있다고 보고한 사람일수록 지인이나 예전 파트너와의 성적인 꿈을 꿀 확률이 높았다.[12] 비슷한 다른 연구에서도 불륜 꿈은 외도하는 파트너를 만난 적이 있는 사람이나 연애 질투심이 많은 사람에게 더 흔하다는 사실이 밝혀지기도 했다.[13]

꿈과 질투심을 다루며 토니는 다음과 같은 이야기를 들은 적이 있다. "곤히 자고 있는데 아내가 내 머리를 갑자기 때렸어! 깜짝 놀라 깨서 왜 그러냐고 물어보니, 글쎄 내가 꿈에서 바람을 피웠다잖아!" 하지만 친구나 연구 참가자들에게 이런 이야기를 들은 사람은 토니만이 아닐 것이다.

꿈 내용과 넥스트업

9장에서 우리는 수면 초기 짧은 입면기의 사고나 이미지부터 렘수면과 관련된 더 복잡하고 몰입적인 경험에 이르기까지, 정도는 다르지만 여러 꿈의 형식적 특성은 비슷하다는 사실을 살펴보았다. 마찬가지로 꿈의 내용에도 중요한 주제를 포함해 몇 가지 공통점이 있다는 사실도 알았다. 하지만 두 사람이 똑같이 기차를 놓치는 꿈을 꾼다 해도 꿈의 세부사항은 여러 면에서 상당한 차이가 있다. 기차역에 어떻게 갈 계획이었는지, 주변은 어땠는지, 계절이나 시간은 언제였는지, 왜 늦었는지, 예상된 결과는 어땠는지, 꿈속 다른 등장인물의 역할은 무엇이었는지는 모두 다르다. 관점에 따라 두 꿈은 매우 비슷하거나 전혀 다르게 보일 수 있다.

이런 유사점과 차이점은 두 가지 중요한 질문을 제기한다. 첫째, 같은 중심 주제가 왜 그렇게 많은 꿈에서 등장할까? 둘째, 우리의 꿈에 짜여 들어온 세부사항은 모두 어디에서 오는 것일까?

먼저 두 번째 질문부터 살펴보자. 집에서 꾼 꿈과 실험실에서 꾼 꿈을 여럿 연구한 결과, 우리는 뇌가 꿈을 꿀 때 보통 전날의 사건을 끼워넣는다는 사실을 발견했다. 며칠 전의 사건일 경우도 드물지만 있다. 이것들은 프로이트가 '낮의 잔여물'이라 부르는 사건이다. 하지만 뇌는 전날의 사건에서 전체 일화적 기억을 가져와 끼워넣기보다 사물, 설정, 등장인물, 인상, 순간적인 생각, 짧은 대화 등 일부만 가져온다. 이런 낮의 잔여물 일부는 오래되고 약하게 관련된 기억(일부는 몇 주 또는 몇 달 전의 기억, 또는 평생의 자전적 기억 모음으로 되돌아가는 더 이전의 기억)의 세부사항과 결합해 개인적인 꿈 내러티브를 구성하는 세부 내용을 이룬다. 넥스트업의 예측대로다.

하지만 우리는 어떻게 이런 일상적인 낮의 경험에서 시험에 실패하거나, 이가 빠지거나, 쫓기거나, 초능력을 갖는 꿈으로 건너뛰는 걸까? 물론 우리는 시험에 실패하거나, 좀비에게 쫓기거나, 전 애인들과 섹스를 하거나, 근사한 여러 곳을 날아다니며 하루를 보내지는 않는다. 여기서 두 번째, 더 중요한 꿈의 기억 원천이 작동한다.

8장에서 살펴본 것처럼 뇌는 쉬는 동안이나 수면이 시작될 때를 이용해 DMN(개인이 특정 작업에 집중하지 않을 때 뇌에서 활성화되는 네트워크)으로 더 주목해야 할 특별히 두드러진 경험이나 근심을 식별하고 꼬리표를 달아 꿈꿀 때나 나중에 잠잘 때 처리하게 한다. 이와 마찬가지로, 여러 연구에 따르면 특히 아침 늦게 집이나 실험실에서 꾼 렘수면 꿈은 더 감정적으로 두드러진 현실의 경험과 근심을 끼워 넣을 가능성이 훨씬 크다. 웨일스 스완지대학교의 마크 블라그로브 Mark Blagrove는 최근 수행한 연구에서, 밤에 몇 분 정도 하루에 일어난 주요 사건의 감정 강도를 파악하고 평가하면 감정적으로 더 강렬한 사건에서 온 요소(이 사건에서는 인물, 저 사건에서는 사물 식으로)가 이후 꿈에 통합된다는 사실을 밝혔다.[14]

넥스트업은 기존의 다른 꿈 이론과 마찬가지로 보통 꿈이 가장 두드러진 경험이나 근심과 밀접하게 관련되기는 하지만 이런 사건의 기억을 꿈 내러티브에 직접 끼워 넣지는 않는다고 주장한다. 꿈은 이런 경험이나 근심에서 유발된 문제에 대해 구체적인 해결책을 제시하지도 않는다. 이는 꿈 구성에서 가장 혼란스러운 측면이다. 교통사고를 간신히 피한 사건이 앞으로 나올 꿈을 유도하는 자극제라면, 왜 꿈에서는 놀이공원에서 범퍼카를 타는 꿈으로 바뀌는 걸까? 간신히 자동차를 피한 실제 사건이 왜 꿈에는 등장하지 않을까? 앞서 언급했듯 해마의 활동에 따른 일화 기억은 렘수면 동안 재활성화되지 않으므로 꿈에 통합되지 않는다. 그렇다면 범퍼카 이미지는 어디에서 왔을까? 뇌는 그것이 낮 동안 일어난 사건과 관련 있다는 것을 어떻게 알까?

앞서 언급한 밥의 연구 두 가지는 이에 대한 한 가지 답을 준다. 밥의 테트리스 연구는 일산화탄소 중독 등으로 양쪽 해마가 모두 손상된 경우에도 테트리스 꿈을 꿀 수 있다는 사실을 밝혔다. 해마가 없어도 기억의 흔적은 뇌의 나머지 부분에 남아 활성화된다. 의식적 인식 속으로 다시 돌아올 수 없어도 말이다.

다른 단서는 5장에서 언급한, 밥이 제시카 페인과 함께 수행한 실험에서 찾아볼 수 있다. 이 연구에서 참가자들은 녹음기에서 재생되는 단어 목록을 기억해야 했다. 참가자들은 각 단어가 실제 목록에는 없어서 듣지 못한 '의사' 같은 중심 단어와 강하게 관련되어 있다는 사실을 몰랐다. 하지만 나중에 단어를 기억하려 할 때 많은 참가자는 '의사' 같은 중심 단어가 목록에 없었는데도 그 단어를 실제로 들었다고 '기억'했다. 참가자들은 듣지 못한 중심 단어를 실제로 들은 다른 단어와 관련시켰다. 사실 중심 단어를 '진짜로' 들었다고 생각한 경우가 상당히 많았다.

이 실험에는 무척 중요한 것이 있다. 단어 목록은 사실 심리학 입문 과정 학생들에게 중심 단어, 예를 들어 '의사'를 생각할 때 떠오른 단어 10개를 적어보라고 해서 만든 것이다. 페인은 이 중 가장 많이 보고된 연관 단어로 각각의 목록을 만들었다. 전체 과정은 넥스트업이 꿈을 구성할 때 일어나는 과정과 매우 유사하지만 중요한 차이점이 있다.

첫째, 심리학 과정 학생들에게 연관성을 생각해내라고 한 것은 교수였지만, 뇌가 꿈을 꿀 때 관련된 항목을 찾기 위해 자신만의 관련된 기억과 개념 네트워크를 탐색하는 것은 뇌다.

둘째, 뇌는 강한 연관성보다 약한 연관성을 찾는다. 하지만 실험 과정과 꿈의 처리 과정에 결정적으로 유사한 점은 있다. 실험과 꿈 내러티브 모두 각 요소의 최종 목록에서 목록의 근거(꿈의 경우 밤의 처리 과정을 위해 식별된 감정적으로 두드러진 사건이나 근심)는 제외했다는 점이다. 페인의 실험에서 참가자들에게 들려주지 않았지만 각 단어 목록의 요지를 대표하는 '없는 단어'와 마찬가지로, 꿈 요소의 목록을 생성하는 사건과 근심 자체는 그대로 꿈에 통합되지 않았다.

하지만 페인을 포함한 많은 연구자는 참가자가 듣지 못한 요약 단어를 거짓으로 기억한다는 사실을 밝혔다. 마찬가지로 넥스트업에 따르면 꿈을 생성하는 현실 사건은 그 자체로 꿈에 등장하지는 않더라도 꿈의 요소와 관련된다.

물론 꿈에서 이런 연관된 기억 요소가 표나 목록으로 일목요연하게 제시되지는 않는다. 대신 이 요소들은 구현된 꿈 내러티브에 끼어든다. 내러티브를 이용한다는 사실은 놀랄 만한 일은 아니다. 우리는 깨어 있을 때도 내러티브를 이용한다. 영화나 책, 단순한 이야기에서도 인간은 삶의 감정적인 사건과 근심을 묘사하고, 표현할 때는 직유·비유·은유로 극화한다. 꿈꾸는 동안 뇌가 하는 일은 우리가 영화를 볼 때 뇌가 하는 일과 크게 다르지 않다. 뇌는 우리 자신이나 우리가 사는 세상을 새롭게 이해하기 위해 내러티브에 구현된 가능성을 상상하고 탐색한다.

영화나 연극이 보편적인 인간의 의미에 관련된 것처럼 꿈도 공통적인 주제에 집중한다. 쫓기거나, 지각해서 뛰거나, 시험에 대비하지 못했거나, 공중에서 활강하거나, 병에 걸리거나, 죽거나, 놀라운 것을 발견하는 것은 공통적인 주제다. 이런 꿈 주제를 통해 꿈꾸는 뇌는 '만약에what-if'라는 핵심 질문을 하고, 더 중요하게는 우리가 의식적으로 인식하고 반응하는 가상 세계, 즉 꿈속 생각이나 느낌 또는 행동에 반응해 진화하는 가상 세계에 우리를 밀어넣어 가능한 답을 탐색한다.

사람들이 전형적인 영화 장르를 선호하듯, 꿈꾸는 뇌가 자신에게 말하려고 선택하는 이야기 또한 개인으로서 우리 자신이 어떤 주제에 강하게 관련되어 있는지에 달려 있다. 꿈에서 아이들은 화난 괴물이나 마녀에게 쫓기는 반면, 어른은 강도나 폭도, 어슴푸레한 형상에 쫓기는 경향이 더 많은 이유이다. 대인 갈등 주제가 여성의 나쁜 꿈이나 악몽에서 더 자주 나타나지만 재난이나 재앙, 전쟁 같은 주제는 남성의 꿈에서 더 자주 발생하는 이유이기도 하다. 보편적이면서도 독특한 꿈은 모두 우리가 가능성 있는 수많은 세계를 탐험하게 돕는다.

11장
꿈과 내면의 창의성

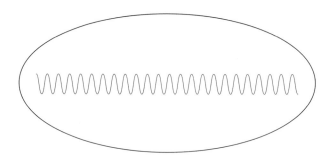

꿈을 다루는 책에는 항상 창의성과 관련된 논의가 담겨 있다. 가장 단순한 수준에서 본다면 먼저 우리는 꿈에서 드러나는 순수한 창의성을 조사할 수 있다. 사람, 장소, 사건, 개념이 이상하고 예측할 수 없게 병치되거나, 탁월한 시각적 이미지가 나타나거나, 낯설고 은유적으로 변환된 현실의 생각이나 감정 또는 경험이 우리의 꿈속 풍경과 내러티브로 들어온다. 이런 것이 꿈속에 들어와 묘사되면 상당히 거창하게 느껴지기도 하는데, 우리는 꿈속에서 보이는 이런 독특한 특성에 매혹되는 경우가 많기 때문이다.

꿈의 창의성을 이렇게 묘사할 때, 우리는 꿈의 기능이나 창의성을 만드는 메커니즘을 논하지 않는다. 단지 꿈 현상학과 꿈꾸는 경험, 깨어났을 때 기억나는 특히 흥미로운 꿈의 경이롭고 즐거운 감각이라는 놀라운 본질을 묘사하며 꿈 내용을 생생하게 떠올리고 경탄할 뿐이다. 이것이 꿈의 마법이다. 꿈의 메커니즘이나 기능을 상세하게 설명해도 이 놀라움은 줄어들지 않는다. 이것이 지난 수천 년간 사람들에게 꿈에 대한 궁금증을 불러일으킨 원동력이다. 그리고 어느 정도는 우리가 이 책을 쓰게 된 원동력이기도 하며, 당신이 이 책을 읽게 된 계기일 것이다. 그런데 과학자들은 특히 꿈이 이 '마법'을 만드는 기능과 메커니즘에 더 흥미를 느끼고, 사람들이 깨어 있는 동안 더욱 창의성을 발휘하게 하는 이 독창적인 과정이 가진 잠재적 유용성에 주목한다.

꿈은 두 가지 방식으로 깨어 있는 동안의 창의성을 촉진한다. 하나는 문제 해결 능력을 직접 촉진하는 것이다. 잠의 문제 해결 능력은 잠의 기능을 다룬 5장과 꿈의 기능을 다룬 7장에서 살펴본 바 있다. 꿈에서 문제를 해결한 유명한 사례가 여럿 있지만, 명쾌한 해결책을 제시하는 경우는 드물다.

문제 해결 능력으로서의 창의성

꿈에서 획기적인 과학적 발견이 나온 사례가 셋 있다. 이 중 두 가지는 꿈에서 과학적인 질문이 완전히 해결된 경우다. 1869년, 러시아의 화학자 드미트리 멘델레예프Dmitri Mendeleev는 자신이 꾼 꿈에 대해 이렇게 이야기했다.

꿈에서 모든 화학 원소들이 제자리에 딱 맞게 배치된 표를 보았다. 꿈에서 깨자마자 나는 그 표를 종이에 옮겨 적었다.[1]

그 표란 150년이 지난 오늘날에도 화학을 공부하는 학생들이 공부하는 원소 주기율표다.

1921년, 독일의 유대인 약리학자이자 정신생물학자인 오토 뢰비Otto Loewi는 어떤 실험에 대한 꿈을 꾼 후 신경세포가 신경전달물질을 분비해 서로 소통한다는 사실을 발견했다. 뢰비는 이 실험으로 1936년 노벨상을 받았다. 이 꿈과 노벨상 덕분에 뢰비는 1938년 나치에게 체포된 후에도 목숨을 건질 수 있었다. 뢰비는 자신의 모든 연구 결과를 '자발적으로' 독일에 제공하는 대가로 석방되었다.

하지만 꿈에서 해결책이 명확하게 제시되지 않은 사례도 있다. 1865년, 독일 화학자 아우구스트 케쿨레August Kekulé는 탄소 원자 6개를 포함하는 것으로 알려진 벤젠의 화학구조를 해독하기 위해 애쓰고 있었다. 탄소 원자 6개가 한 분자 안에서 결합하는 방식은 그림 11.1에서 볼 수 있는 것처럼 여러 가지다. 하지만 케쿨레는 모든 탄소 원자가 같은 방식으로 반응한다는 사실을 발견했고, 그림 11.1과 같은 결합 방식으로는 이런 현상을 설명할 수 없었다. 분자에서 가지 쳐 나오거나 분자 끝에 있는 탄소 원자는 분자 구조 중심에 있는 원소와는 다르게 반응하기 때문이다.

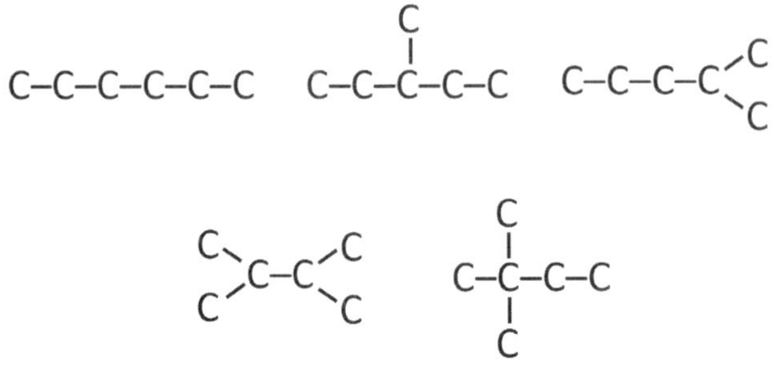

〈그림 11.1〉 탄소 원자 6개의 가능한 결합 사례.
각 탄소 원자는 최대 4개의 다른 탄소 원자와 결합할 수 있다.

그러다 케쿨레는 중요한 꿈을 꾸었다. 벤젠의 분자 구조 발견 25주년 기념 연설에서 그는 다음과 같이 설명했다.

어느 날 노트에 글을 쓰며 앉아 있었는데 도무지 진척이 없었고 ……… 나는 의자를 난로 쪽으로 돌리고 잠시 졸았다……. 눈앞에서 원자들이 날아다녔고 …… 내 마음속 눈은 반복되는 형상을 기민하게 뒤쫓았다. 다양한 형태의 큰 분자 구조가 보였다. 긴 열을 이룬 원자들은 때로 서로 가깝게 붙어 뱀처럼 꼬이며 움직였다. 그런데 그때! 내가 무엇을 보았겠는가? 뱀 한 마리가 자기 꼬리를 물고 나를 희롱하듯 원을 그리는 것이 아니겠는가. 나는 벼락에 맞은 듯 충격을 받고 잠에서 깼다……. 그러고 나서 밤새 이 가설의 결과를 입증하려 애썼다.[2]

케쿨레는 꿈에서 벤젠 구조 자체를 본 것은 아니었다. 그는 뱀이 자신의 꼬리를 무는, 있을 법하지 않은 이미지를 보았다. 이전에는 생각하지 못했던 가능성이었다. 그 이미지로 케쿨레는 예측하지 못했던 다른 가

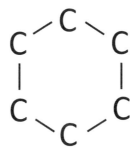

〈그림 11.2〉 벤젠의 고리형 분자 구조

능성, 즉 6개의 탄소 원자가 서로 이어진 고리 구조를 이룬 벤젠 분자 구조를 떠올릴 수 있었다(그림 11.2 참고). 케쿨레는 이 꿈을 꾸고 고리 구조를 한 최초의 유기화합물인 벤젠의 화학구조를 발견했다.

발명품(일라이어스 하우의 재봉틀), 소설(메리 셸리의《프랑켄슈타인》), 노래(폴 매카트니의 〈예스터데이〉)에 이르기까지 꿈이 창의적인 통찰력을 제공한 사례는 많다. 거의 모든 형태의 창의적 시도에 꿈이 영감을 준 유명한 사례가 있는 것으로 보아, 어떤 이는 창의적인 문제 해결 능력은 '바로' 꿈의 기능이라고 주장할 수도 있다.

하지만 이런 결론에는 문제가 있다. 먼저 이런 상징적인 꿈은 잠들기 직전까지 문제를 고민하다 잠든 직후인 입면기에서 온 것이다. 앞서 설명한 것처럼 입면기의 생리와 꿈의 내용, 꿈의 기능은 모두 입면기 상태의 고유한 것이다. 입면기의 생리적 특성은 깨어 있는 동안의 생리적 특성과 좀더 직접적으로 관련이 있고, 입면기 꿈은 이후 수면 단계의 꿈보다 현실의 근심을 더 강하게 반영한다. 사실 입면기 꿈은 바로 이런 근심을 창의적으로 반영하는 능력 때문에 이용되었다.

여러 발명으로 1,000가지가 넘는 특허를 딴 에디슨도 바로 이 입면기 꿈 기술을 이용했다. 밥은 플로리다 포트 마이어스에 있는 에디슨의 옛 연구실을 둘러보다 이 사실을 깨달았다. 연구실을 돌아보던 밥은 안락의자가 놓인 바닥 앞쪽과 옆에 양철 접시가 놓여 있는 것을 보았다. 가이드에 따르면 에디슨은 가장 까다로운 발명이 난관에 부딪힐 때 이곳에서 문제를 해결했다고 한다. 에디슨은 의자에 앉아 팔걸이에 팔을 얹고 양철 접시 위에 엄지와 검지로 금속 숟가락을 들고 있었다. 그러고는 어려운 문제를 곰곰이 생각하면서 천천히 잠에 빠져들었다. 입면기 잠에 빠져들면서 엄지의 근육이 풀리고 숟가락이 떨어져 양철 접시에 부딪히며 쨍그랑 소리를 내서 에디슨을 깨웠다. 그러면 문제의 해결책이 에디슨의 머릿속에 선명하게 남아 있게 된다!

아인슈타인도 비슷한 방법을 썼다는 이야기가 있다. 이런 기술을 어떻게 사용하는지 상세히 묘사한 것은 살바도르 달리였다. 달리는 1948년 저서《마술적 솜씨의 50가지 비밀 50 Secrets of Magic Craftsmanship》에서 "열쇠를 들고 잠들기" 기술을 생생하게 묘사했다.

머리를 뒤로 젖히고 가죽 등받이에 기댄 채, 가급적이면 스페인 스타일의 상아 안락의자에 앉는다. 두 손은 팔걸이 너머로 넘기고, 두 팔은 완전히 이완한 채 늘어뜨린다……. 이 자세에서 왼손 엄지와 검지 끝으로 무거운 열쇠를 매단 듯 섬세하게 쥔다. 열쇠 아래 바닥에는 미리 접시를 뒤집어 둔다. 이렇게 준비가 되면 평화로운 오후의 잠이 천천히 당신에게 스며들게 가만히 있으면 된다……. 열쇠가 손가락에서 떨어져 접시에 떨어지는 소리가 나는 순간 당신은 잠에서 깬다……. 고결한 오후의 노동을 시작하는 데 필요한 것은 이것뿐이다.[3]

하지만 문제 해결이 꿈의 기능이라고 인정할 수 없는 두 번째 이유는, 이처럼 멋지게 증명된 고전적인 사례가 있어도 꿈에서 창의적인 돌파구를 발견하는 일은 드물기 때문이다. 중요하든 사소하든 꿈에서 창의적 돌파구를 발견한 사례는 그리 많지 않고, 막상 지난주 꿈에서 그런 일을 경험했다고 말할 수 있는 사람은 아무도 없을 것이다. 심지어 문제에 대한 통찰이나 해결책이 꿈에서 나와도 보통은 꿈꾸는 동안이 아니라 '깨어난 후' 그 꿈에 대해 생각할 때 완전한 형태로 구체화될 뿐이다.

마지막으로 이처럼 발견에 도움이 되는 꿈은 언제든, 누구에게나 일어나지는 않는다. 앞서 살펴본 것과 같은 꿈에서 유래한 과학적 발견은, 실은 과학자들이 몇 년은 아니더라도 몇 달에 걸쳐 문제를 고민하고 끊임없이 해결하려 노력한 끝에 얻은 것이다. 멘델레예프는 꿈에서 주기율표를 보고 결정하기 전에 주기율표의 다양한 초안을 만드는 데 몇 년을 보냈다. 따라서 꿈에서 '문제 해결'이 일어난 것은 분명하지만 그런 현상은 매우 드물며 꿈의 일반적인 작동 방식을 나타낸다고 볼 수는 없다.

창의성의 이점을 얻기 위해 에디슨이나 달리가 이용한 기술을 적용해 입면기 꿈의 일반적인 작용을 조절할 수 있는지는 별개의 문제다. 밥의 지도를 받는 MIT 대학원생인 애덤 호로비츠Adam Horowitz는 달리나 에디슨 방식의 현대식 전자 버전인 '도미오Dormio™'를 개발해 부분적으로 이 질문에 답하려 했다. 도미오는 사용자가 잠들 때 자체 디자인한 메시지(예를 들어 '포크를 생각하세요')를 녹음해 들려준다. 그리고 사용자가 잠에 빠진 것이 감지되면 깨워 입면기 꿈을 기록하고 다시 녹음된 메시지를 들려주는 방식을 반복한다. 여기 한 실험 참가자에게서 얻은 실제 대본이 있다. '질문'으로 표시된 부분은 도미오 프로그램에서 읽어준 것이다.

질문 1: 이제 당신은 잠이 듭니다. 포크를 생각하세요. 포크요(잠시 후 참가자가 잠이 든다. 도미오는 참가자를 깨운다). 이제 무슨 생각을 했는지 말해주시겠어요?

답변 1: 슈퍼마켓에 포크가 있었어요. 해변에서 햄버거를 만들 때 사용하려고요. 친구들도 있었어요. 사용하기 아주 편한 금속 포크였어요. 포크 하나요.

질문 1b: 좀 더 말해주시겠어요?

답변 1b: 집이에요……. 저는 집 안에 있었어요. 그리고 싱크대도 있고요. 서랍에 포크가 있는데, 제가 사용하는 포크는 하나밖에 없네요. 숯불 그릴도 있어요. 쇠고기 햄버거를 굽고 있고, 우리는 슈퍼마켓에서 포크를 샀어요. 연기가 많이 나요.

질문 2: 좋아요. 다시 잠으로 돌아갑니다(참가자가 다시 잠이 들 때까지 기다린다). 이제 무슨 생각을 했는지 말해주시겠어요?

답변 2: 포크에 대해 이야기해요. 원숭이가 연설하고 있어요. 독수리가 나무 사이로 포크를 나르고 있네요. 나무로 만든 포크예요. 가족들은 포크를 보고 기뻐해요. 호박 안에 넣고 있어요. 그리고 비밀 요원이 포크를 사용해서 본부로 들어가려고 해요. 선글라스를 쓴 사람들이 요원을 끌어가려고 해요. 요원은 포크를 나무에 던져요.

질문 2b: 좀 더 말해주시겠어요?

답변 2b: 포크가 바닥에 있어요. 한 아이가 그걸 집어서 새에게 던져요. 새는 포크가 달린 알을 낳아요……. 안에요. 애벌레가 있어요.

질문 3: 좋아요. 다시 잠으로 돌아갑니다. 포크를 생각해야 한다는 걸 잊지 마세요(참가자가 다시 잠이 들 때까지 기다린다). 이제 무슨 생각을 했는지 말해주시겠어요?

답변 3: 전구 크기의 포크예요. 전구 안에 도시가 있어요. 포크는 싱크대 밑에 있어요. 포크 안에 미로가 있어요. 싱크대 물이 미로로 흘러 들어가요. 그리고 가득 차요.

질문 3b: 좀 더 말해주시겠어요?

답변 3b: 포크는 폭포에 있는 플라스틱 튜브로 들어와요. 그리고 우주로 흘러요. 달 위에 포크가 깃발처럼 꽂혀 있어요. 태양이 점점 커져요. 미로는 잔디로 만들어져 있고 뇌처럼 생겼어요. 미로에는 고양이가 있어요. 거미도 있는데, 거미는 다리가 금속으로 만들어져 있고 붉은색과 갈색이에요. 거미는 귀가 있는데 누군가 포크로 귀를 긁어요. 포크로 아이스크림을 떠서 스티로폼 컵에 담아요.

이 보고서의 진행은 우리가 8장에서 에린 웸슬리의 〈알파인 레이서 2〉 비디오 게임을 살펴볼 때 설명한 내용을 연상시킨다. 답변 1과 1b는 참가자가 낮 동안 경험한 활동을 묘사한다. 평범한 사건이다. 하지만 답변 2는 물리적으로 가능한 사건이기는 하지만 상당히 기괴하고, 답변 2b는 솔직히 불가능하다. 답변 3과 3b로 가면 묘사는 기괴해지고 불가능할 뿐만 아니라 상상하기조차 어렵다. 하지만 모두 포크에 대한 것이기는 하다.

이 도미오 보고서는 창의적으로 문제를 해결하는가? 해결해야 할 포크 관련 문제는 없었다는 사실을 보아도 분명 창의적인 문제 해결을 위한 꿈으로 보이지는 않는다. 이 꿈은 창의적으로 결합한 약한 연관성을 탐색하는가? 확실하지는 않다. 그러나 밥은 답변 2에서 호박에 포크를 넣고 그것을 비밀 요원이 사용한다는 답변을 듣고 충격을 받았다. 이는

1948년 악명 높은 반미활동조사위원회House Unamerican Activities Committee 사건에서 휘터커 챔버스Whittaker Chambers가 속이 빈 호박에 공산당 요원에 대한 비밀 마이크로필름을 숨겨두었다고 주장했던 청문회를 떠올리게 했다. 저런, 호로비츠가 참가자 학생에게 다시 확인했지만 그는 비밀 요원 앨저 히스Alger Hiss나 호박 사건은 전혀 알지 못했다. 참가자는 그 연결 고리가 '호박→오렌지색→에이전트 오렌지(Agent Orange, 미국이 베트남전에서 사용한 고엽제-옮긴이)→시크릿 에이전트(Secret Agent, 비밀 요원)'로 연결되었을 것이라 주장했다. 하지만 알 수 없는 일이다.

어쨌든 호로비츠는 도미오를 저렴한 제품으로 만들어 누구나 입면기 꿈의 창의성을 붙잡아 활용할 수 있게 하고자 했다. 밥의 목표는 그 기술이 우리의 창의성을 붙드는 데 유용한지 아닌지 밝힐 양질의 확고하고 과학적인 증거를 얻는 것이다.

밤 후반기에 꿈의 문제 해결이 얼마나 자주 나타나는지는 더욱 불분명하다. 하지만 적어도 앞서 살펴본(특히 오토 뢰비의 꿈) 꿈에 나타난 문제 해결 사례는 밤 전반기에 나온 것이 아님은 분명하다. 안타깝게도 수면 실험실에서는 이런 꿈이 기록된 적이 없어 우리는 어떤 수면 단계에서 이런 일이 일어나는지 모른다. 하지만 그런 꿈이 얼마나 흔할까? 하버드대학교의 꿈 연구자인 디어더 배럿Deirdre Barrett은 이 질문을 다룬 몇 가지 연구를 기록해 참가자의 최대 3분의 1은 일주일 사이에 꿈에서 개인적으로 의미 있는 문제를 해결한 것으로 보인다는 사실을 발견했다. 비록 어려운 문제를 해결할 꿈을 꾸려고 노력한 참가자 중 성공한 사람은 1퍼센트에 불과했지만 말이다.[4]

이 사례에서 우리는 '사람들이 잠에서 깰 때 떠올리는' 꿈에 대해서만 이야기했다는 사실에 주목해야 한다. 우리는 꿈 대부분이 깨어나기 전에 의식적 인식에서 사라진다는 사실을 안다. 그래서 이렇게 사라지는 꿈이 문제를 해결하는지는 알 수 없다. 5장에서는 문제에 대한 창의적인 해결책이 같은 시간 깨어 있을 때보다 밤에 자고 난 후 더 높은 비율로 발견된다는 사실을 살펴보았다. 하지만 밤 동안의 문제 해결이 기억나지 않는 꿈이나 완전히 무의식적인 과정을 통해 생기는지는 여전히 알 수 없다.

꿈속 창의성과 여러 갈래로 뻗어나가는 생각

우리는 꿈이 깨어 있는 동안의 창의성을 두 가지 방법으로 일깨운다고 주장하면서 이 장을 시작했고, 지금까지 꿈이 문제 해결 능력을 강화하면서 깨어 있는 동안의 창의성을 강화하는 방법을 살펴보았다. 하지만 넥스트업의 관점에서 보면 이런 명백한 문제 해결 사례는 빙산의 일각에 지나지 않는다. 꿈에서 발견한 진정한 창의성은 연관된 신경 네트워크를 창의적으로 탐색하면서 발생하는데, 뇌는 이 네트워크에서 문제 해결에 중요할 약한 연관성을 찾아낸다. 이런 과정을 진정한 창의성으로 간주할지가 꿈의 창의성을 정의할 때 문제가 된다. 로버트 프랭큰Robert Franken은 저서 《인간의 동기Human Motivation》에서 창의성을 "문제를 해결하고, 다른 사람과 소통하고, 우리 자신과 다른 사람을 즐겁게 하는데 유용한 아이디어나 대안, 가능성을 만들고 인식하는 경향"이라고 정의한다.[5]

반면 시카고대학교의 미하이 칙센트미하이는 훨씬 더 목표 지향적인 접근법을 취해, 창의성을 "수학 같은 지식 범주의 기존 영역을 변화하거나 새로운 영역으로 변환하는 행동이나 아이디어 또는 산물"로 정의한다.[6] 칙센트미하이는 중요한 것은 "이 새로움이 범주로 받아들여지는가이다"라고 결론 내렸다.[7] 창의적 행동에서 나온 결과가 보편적 가치나 의미를 지녀야 한다는 의미다. 까다로운 제약 조건이다. 앞서 설명한 케쿨레나 뢰비, 멘델레예프의 상징적인 꿈은 이런 엄격한 창의성의 정의를 명백히 충족하지만, 우리가 매일 밤 꾸는 일상적인 꿈도 그런지는 명확하지 않다. 하지만 이런 일상의 꿈 역시 프랭큰의 중도적인 창의성 정의에는 들어맞는다. 사실 '문제를 해결하는 데 유용한 아이디어나 대안, 가능성을 만들고 인식하는 성향'이라는 표현은 넥스트업을 설명하는 '가능성 이해를 위한 네트워크 탐색'과 정확히 일치한다. 좀 더 구체적으로는 8장에서 특징 지은 것처럼 렘수면 꿈이 창의적인 연관성을 찾는 계획적인 의도라고 보는 설명과도 부합한다.

꿈속 창의성 붙잡기

기억 처리에서 수면의 역할이 명백하게 밝혀지면서 수면 조작의 이점을 활용할 방법에 대한 관심이 급격히 증가했다. 최근에는 뇌 또는 뇌의 특정 부위에 비침습적인 전기적·자기적 청각 자극을 주어 수면 의존적 기억 진화를 향상하기 위한 시도가 진행되었다. 꿈의 이점을 향상하기 위해 개발된 방법도 있다. 자각몽을 강화하는 약물이 개발되고, 눈꺼풀로 시각 자극을 주어 자각몽을 꾸도록 훈련하기도 한다(14장 참고). 에디슨이나 달리, 호로비츠가 개발한 것처럼 수면 시작 입면기 꿈 보고를 수집하는 기술도 창의성과 문제 해결력 향상에 이용된다.

예전부터 이용된 꿈 기술도 있다. 에디슨의 기술은 심지어 100년 전으로 거슬러 올라간다. 하지만 지난 10년간의 연구와 기술 개발로 신기술이 크게 늘었다. 2019년, 밥은 MIT 미디어랩(자칭 반ᄌ학제적 연구실)에서 10여 명의 연구자들이 꿈 연구와 조작 능력을 향상하는 새로운 기술을 선보이는 꿈 공학 심포지엄에 참가했다.[8] 호로비츠의 도미오도 그중 하나였다. 하지만 이렇게 비교적 새로운 방법 외에도, 창의성을 촉진하고 꿈을 통해 일상적이고 실제적인 문제를 해결하는 '꿈 배양dream incubation' 기술에 기초한 오래되고 단순한 방법도 있다.

꿈 배양 기술(특정 주제에 대한 꿈을 꾸거나 특정 문제를 해결할 방법을 얻기 위해 깨어 있는 동안 연습할 수 있는 다양한 기술)은 4천여 년 전인 메소포타미아 시대로 거슬러 올라간다. 하지만 꿈 배양 기술이 널리 퍼진 것은 1500년 후 고대 그리스에서다. 치유를 위해 꿈을 얻으려는 사람들은 아폴로의 아들이자 그리스 의학의 신 아스클레피오스의 신전을 찾아가 병의 원인을 밝히고 더 나아가 치료법을 발견할 꿈을 받으려 했다. 그리고 당시에도 걱정스러운 방법이었겠지만, 때로는 독이 없는 뱀을 사원에 풀어 꿈을 바라는 사람들 사이를 기어다니게 하기도 했다. 괴로운 불면증이나 무서운 악몽이 아니라 원하는 꿈을 유발하기 위해서였다. 뱀은 아스클레피오스의 상징이었다. 오늘날에도 아스클레피오스의 지팡이를 휘감고 올라가는 뱀으로 상징되는 수많은 의료 조직의 로고에서 뱀과 의학의 연관성을 찾아볼 수 있다(그림 11.3 참고).

오늘날 사람들은 현실적이거나 감정적 또는 인간관계와 관련된 일상적인 문제나 근심을 풀 해결책을 찾기 위해 다양한 꿈 배양을 연습한다.

〈그림 11. 3〉
생명의 별 휘장은 전 세계적으로 구급차 같은
응급 의료 서비스에서 찾아볼 수 있다.

이런 기술을 증명할 통제된 과학 실험이 부족할지 모르지만 꿈 배양 덕분에 통찰력을 얻었다고 보고하는 보고서가 상당히 많다. 잠과 꿈이 학습과 기억 진화, 관련된 기억의 탐색에 영향을 미친다는 점을 바탕으로 보고서를 살펴보면 자유롭고 시간적으로 효율적이며 무해한 꿈 창의성 붙잡기 기술에 이끌리게 된다. 꿈 배양은 우리가 현실 문제에 대한 해결책을 찾는 데 도움을 줄 수도 있다.

꿈 배양법은 여러 책과 온라인 자료에서 찾을 수 있으며, 비교적 평범한 방법에서 고도로 복잡한 수면 전 의식까지 다양하다. 문제 해결 방법을 끌어내기 위해 몇 년 동안 토니가 추천한 단순한 단계적 접근 방식을 소개하겠다(뱀이 몸 위로 기어오르게 하는 방법도 사용할지는 여러분의 선택이다).

〈꿈 배양 기술〉

1. 너무 피곤하거나 수면에 부정적인 영향을 줄 수 있는 술, 수면제, 기분 전환용 약물 등을 복용하지 않는 밤을 택한다.

2. 꿈에서 목표로 삼고 싶은 문제를 잠시 생각한다. 다음과 같은 몇 가지 질문이 도움이 된다. 내가 문제에 대처할 준비가 되어 있는가? 지금 그 상황을 어떻게 느끼는가? 문제가 해결되면 무엇이 달라질까?

3. 문제를 짧은 단락이나 질문, 한 줄 문장으로 요약한다. 적당한 문장을 찾을 때까지 표현을 바꿔본다. 이 배양 문구를 적어 침대 옆에 둔다.

4. 잠들 준비가 되면 이 문제에 대한 꿈을 꿀 것이라고 스스로에게 말한다. 옆에 종이와 펜 또는 녹음기(스마트폰도 괜찮다)를 준비하는 것을 잊지 말자.

5. 잠들 때까지 배양 문구를 반복한다. 만약 몽상이 일어나면 그런 생각은 흘려보내고 배양 문구에 집중하자.

6. 잠든다!

7. 한밤중이나 아침에 잠에서 깨면 눈을 감고 조용히 침대에 누워 있는다. 알람이 울려서 깨면 알람을 끄고 다시 눈을 감는다. 잠시 몇 분간 꿈에 대해 가능한 한 많이 떠올려본다. 그러고 나서 눈을 뜨고 기억나는 모든 것을 기록하거나 녹음한다. 이미지 조각이나 꿈의 단편이어도 괜찮다. 이 시점에서 꿈을 판단하지 말자. 잊기 전에 모든 것을 기록하는 데 집중한다.

8. 기억난 꿈이 배양 문구와 어떤 관련이 있는지 살펴본다(다음 장에서 설명할 아이디어와 기술이 도움이 될 수 있다).

꿈을 기억하지 못했거나, 해결할 목표로 삼은 문제와 꿈 사이에 연관성이 보이지 않아도 낙담하지 않는 태도가 중요하다. 인생 대부분이 그런 것처럼 연습하면 나아진다. 답변을 얻는 데 며칠 밤이 걸릴 수도 있다. 만약 꿈이 질문을 해결하는 데 도움이 되었다면 다음 문제를 만났을 때 다시 이 방법을 연습해보자.

왜, 어느 정도까지 꿈 배양 기술이 적용되는지에는 논쟁의 여지가 있다. 8장에서 넥스트업의 작동 방식을 상세히 살펴보며 수면 시작기의 뇌가 나중에 수면 중 처리하기 위해 현재의 근심이나 완료되지 않은 과정에 꼬리표를 붙인다고 설명했다. 우리는 다른 비슷한 기술과 마찬가지로 꿈 배양 기술이 뇌가 목표로 삼은 문제에 꼬리표를 다는 데 도움을 준다고 생각한다. 그 후에 넥스트업이 밤새 탐색한 네트워크나 잠에서 깬 후 떠올리는 꿈에 따라 문제에 대한 창의적인 통찰이나 해결책을 찾을 수 있을 것이다. 하지만 손가락 사이로 스르륵 빠져나가는 당신의 조수들을 이용해 무엇을 할지는 당신의 몫이다.

12장
꿈 작업

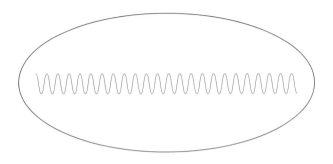

학생이나 친구, 낯선 사람들은 우리 꿈 연구자들을 만나면 으레 자신의 꿈 하나를 말해주며 "이 꿈은 무슨 의미일까?"라고 묻곤 한다(밥은 보통 "으악, 싫어!"라고 대답한다). 하나만 짚고 넘어가자. 우리는 당신의 꿈이 무슨 의미인지 모른다. 사실 그 누구도 모른다. 그렇다고 꿈에 실체가 없다는 말은 아니다. 이 책에서는 꿈을 뇌가 만든, 심리적으로 의미 있는 창조물로 보는 여러 방법을 자세히 설명했다. 하지만 우리는 모든 꿈에 하나의 '진정한' 의미가 있고, 이 정답은 특별히 훈련받거나 재능 있는 사람만 해독할 수 있다는 생각에는 문제가 있다고 본다.

7장에서는 우리가 왜 꿈을 꾸는지에 대한 가장 오래된 관점으로, 꿈이 상징적이거나 위장된 메시지를 전달하는 역할을 한다는 개념을 살펴보았다. 사실 꿈을 이해하려는 우리의 욕망, 즉 우리가 꾸는 꿈이 '무슨 의미인지' 이해하려는 욕망은 조상들이 처음으로 영묘한 밤의 몽상을 기억하기 시작한 때부터 존재했다. 하지만 우리는 꿈이 단지 해석되기 위해 진화한 메커니즘이라고 보지 않는다. 이 생각이 말이 되지 않는 첫 번째 이유는 우리가 밤마다 꾸는 꿈을 너무 적게 기억하기 때문이다. 두 번째 이유는 우리가 '기억하는' 꿈 중 소위 전문가는 차치하고서라도 누구라도 해석할 수 있는 꿈은 거의 없기 때문이다. 강아지 피도의 꿈은 말할 것도 없다. 그러므로 꿈이 펼쳐지는 동안 '생생하게' 일어나는 꿈의 생물학적·적응적 기능과 깨어난 뒤 기억나는 꿈을 이해할 목적으로 '선택'하는 해석이나 창의성, 또는 단순한 즐거움 같은 용도를 구분해야 한다는 점이 중요하다.

자기 탐구를 위해 꿈을 이용하려는 사람은 이 둘을 어떻게 구분해야 할까? 뒤에서 몇 가지 방법을 제시하겠지만, 먼저 그렇게 '하지 않는' 경우부터 살펴보겠다.

예술가는 그림이나 조각 작품을 만들거나 시를 지어 사람들에게 보여주며 "이게 무슨 의미인지 아나요?"라고 묻지 않는다. 설령 그렇게 한다 해도 사람에 따라 대답은 상당히 다를 것이고, 대답한다 해도 작가와 공감하지 못할 것이다. 하지만 꿈에 대해서는 많은 사람이 이렇게 한다. 외국어 표현이나 단어를 찾을 때처럼 꿈의 의미를 찾기 위해 '꿈 사전'으로 눈을 돌리기도 한다. 하지만 이런 접근법은 꿈꾸는 사람을 해석 과정에서 배제한다는 문제가 있다. 효과적으로 꿈 탐색을 하려면 꿈꾼 사람의 적극적인 참여가 필요하다. 더 중요한 문제는 이처럼 "X는 Y를 의미한다"라는 주장은 꿈이 보편적인 의미를 지닌다는 가정에 근거한다는 사실이다. 임상적 증거도 적고 분명 과학적 근거도 없는 주장이다.

꿈은 예술과 마찬가지로 여러 의미를 지닌다. 꿈을 다루는 올바른 방법은 한 가지가 아니다. 예술을 감상하는 올바른 방법이 한 가지가 아닌 것과 마찬가지다. 하지만 꿈을 탐색하는 접근법 중 다른 것보다 이해하기 쉬운 것은 있다. 신중하게 연구되어온 이런 방법을 치료나 일상적인 자기 탐구에 이용하면 자기 통찰을 얻을 수 있다. 여기서는 이런 아이디어와 방법을 중심으로 살펴보려 한다.

꿈의 임상적 이용

꿈 해석은 자아를 깊이 이해하는 데 유용한 잠재 도구이기는 하다. 그러나 꿈 해석 또는 꿈 탐색을 치료사와 내담자 사이의 협력으로 보는 이들이 선호하는 용어인 꿈 작업은 대부분의 심리치료에서 이따금씩 쓰일 뿐이다(여기서 제시한 '꿈 작업dreamwork'이라는 용어를 3장에서 기술한, 받아들일 수 없는 소망을 받아들일 수 있는 꿈 이미지로 왜곡하는 무의식적인 과정을 나타내는 프로이트의 개념과 혼동하면 안 된다). 하지만 실제로 많은 사람이 치료나 여러 상황에서 자신의 꿈을 해석하고 싶어 하거나 해석할 필요를 느낀다(이런 감정이 어디에서 나오는지는 8장의 〈넥스트업과 느껴진 꿈의 의미〉 단락에서 이미 다루었다). 내담자가 갑자기 이전 면담에서 나오지 않았던 주제의 꿈을 꺼내며 꿈 작업을 시작하는 이유이기도 하다. 내담자는 치료사가 꿈의 의미를 밝히거나 그 꿈을 자신의 일상 기능과 건강에 대한 통찰을 얻을 도구로 이용하기를 바라며 자신의 꿈을 언급하는 경우가 상당히 많다. 하지만 대부분의 의사는 자신이 내담자의 꿈을 다루는 데 능숙하지 않다고 느끼거나(임상 실습 프로그램에서 꿈 작업을 제외하고 수면을 다루는 일은 거의 없다), 꿈이 의미 없고 비과학적인 연구 대상이라고 여긴다. 이 경우 의사는 독특한 치료 기회를 놓치고 내담자는 실망하고 떠날 가능성이 크다.

꿈 작업을 치료법의 일부로 사용하려는 치료사들은 이를 어떻게 적용할지 결정해야 한다. 어떤 이들은 꿈 해석이라는 개념이 본질적으로 프로이트의 꿈 이론과 관련 있으며, 꿈을 무의식적인 갈등과 욕망으로 되돌려 보아야 한다고 생각한다. 다른 이들은 신화나 원형, 개인 또는 집단적 무의식으로 꿈이 어떻게 구성되는지 밝히는 융의 개념을 적용하는 과정을 꿈 작업으로 본다. 게슈탈트 기반 접근법을 따르는 이들은 받아들여지든 그렇지 못하든 여러 꿈 요소가 꿈꾸는 사람의 성격 모두를 반영하는 것으로 이해한다. 꿈에서 경험하는 감정이나 대인 관계, 꿈을 다시 말하면서 느끼는 신체 감각 등에 초점을 맞추는 접근법도 있다. 다양한 기술과 학파는 각각 뚜렷한 임상적·이론적 근거에 기반해 꿈을 자기 이해를 넓히는 데 이용하려고 한다.

그러나 지난 수십 년간 여러 학파의 아이디어와 방법을 통합하는 현대적인 꿈 작업 모델에 관심이 점점 커지고 있다. 그중 하나는 메릴랜드대학교 컬리지파크의 심리치료 연구자이자 심리학 교수인 클라라 힐Clara Hill이 개발한 인지 경험 꿈 모델이다.[1] 우리가 힐의 모델에 주목하는 이유는 다음과 같다.

첫째, 이 모델은 수년간의 실습, 교육, 연구를 통해 개발되었다. 둘째, 이 모델은 가장 흥미롭고 오랫동안 연구되어 입증된 각 학파(게슈탈트, 융, 현상학, 정신분석학 등)의 여러 아이디어를 결합한다. 이렇게 되자 힐의 모델은 더욱 풍부해졌고, 여러 심리치료 학파의 치료사들이 쉽게 이해할 수 있게 되었다. 마지막으로 인지 경험 꿈 모델은 상당히 많은 연구의 대상이었고 다양한 조건에서 이 모델의 효과를 입증한 강력한 근거가 많다.[2] 이제 인지 경험 꿈 모델의 작동 원리를 살펴보자.

인지 경험 꿈 모델을 사용해 꿈에서 통찰 얻기

힐의 모델은 탐색exploration, 통찰insight, 실행action의 3단계로 구성되어 있다. 탐색 단계는 묘사description, 재경험reexperiencing, 연관성 탐색association, 현실 속 촉발 요인 확인waking-life triggers이라는 4단계(약자로 DRAW)로 구성된다. 이 단계에서 내담자는 1인칭 현재 시제로 자신의 꿈을 지금 겪는 것처럼 다시 이야기한다. 그리고 꿈에서 몇 가지 두드러진 이미지를 선택한 뒤 치료사와 함께 선택한 이미지를 순서대로 하나씩 탐색한다. 먼저 (1) 이미지를 가능한 한 자세히 묘사하고, (2) 이미지와 관련된 감정을 다시 경험하고, (3) 이미지에 연관성이 있는지 살펴보고, (4) 현실에서 이미지를 촉발한 요인을 확인한다.

다음은 통찰 단계다. 이 단계에서 치료사는 내담자가 탐색 단계에서 알아낸 정보를 통합해 전체 꿈의 의미를 발생시키도록 돕는다. 이 협력 작업은 여러 수준에서 일어날 수 있다. 첫째, 꿈 경험을 다른 것과 연관시키지 않고 지금 여기에서 그 자체로 탐색할 수 있다. 둘째, 최근의 경험, 계속되는 근심, 감정을 포함한 현재 삶의 상황과 관련해 꿈을 검토할 수 있다. 셋째, 꿈을 어린 시절의 갈등과 관련 있거나 영적 또는 실존적 근심에서 일어난 자기 투사 등의 복잡한 심리적 역학 함수로 볼 수 있다.

마지막 실행 단계에서는 내담자의 꿈 이해에 기초해 삶에서 가능한 변화를 모색한다. 이 단계를 시작하는 가장 흔한 방법은 꿈을 어떻게 바꾸고 싶은지 묻는 것이다. 이 질문은 당신의 인생에서 일어날 수 있는 가능한 변화를 생각해보는 출발점이 된다. 내담자는 치료사의 도움을 받아 어떻게 해야 그런 변화가 일어날지 알 수 있다.

동시대의 다른 꿈 작업 모델과 마찬가지로 힐의 인지 경험 접근법은 꿈의 '숨겨진 바로 그' 의미를 발견하는 것이 아니다. 이 접근법은 내담자가 자신의 새로운 면을 발견하게 돕고, 깊은 통찰과 자각을 얻어 치료에 더 강하게 참여하게 하면서 꿈이 가진 개인적 의미를 탐색하게 한다.

심리치료에서 꿈 작업의 효용을 정량화하기는 어렵지만, 의사나 연구자들은 정량화를 위한 다양한 도구와 방법을 개발했다. 이들의 발견을 살펴보자.

힐의 모델을 포함한 현대적 꿈 작업의 이점 중 가장 많이 보고된 것은 자기 통찰의 발달이다.[3] 자기 통찰은 내담자가 어떻게 자신을 바라보고 문제를 생각할지, 다른 사람과 어떻게 관계 맺을지, 먼 사건에서 어떤 영향을 받는지와 같은 통찰을 포함한다.

힐의 인지 경험 모델의 효과를 연구한 이들은 내담자가 인지 경험 꿈 작업에 높은 점수를 준다는 사실을 발견했다. 연구자들은 이 모델이 내담자가 치료사와 더욱 협업하게 하고, 치료에 적극적으로 참여하게 하며 내담자의 역학과 임상 진행에 대한 이해를 향상했다고 보았다. 이 모델은 내담자의 건강을 증진하고, 불안이나 우울증 증상을 줄이기도 했다. 흔히 오해받거나 자주 간과되는 치료 도구에서 발견된 이점치고는 상당히 인상적이다.

개인의 꿈 작업

임상 환경에서 꿈 작업을 할 때는 언제나 내담자의 꿈을 탐색하고 이해를 돕는 치료사가 있다. 하지만 스스로 꿈 작업을 하고 싶다면 어떻게 해야 할까? 한 가지 방법은 힐의 모델 및 여러 치료 기반 꿈 작업에서 아이디어와 기술 일부를 가져와 개인적 목적에 적용해보는 것이다. 또 다른 방법은 2명, 4명 또는 6명이 1명보다 낫다는 생각에 따라 자신의 꿈만이 아니라 다른 사람의 꿈을 이해하고 통찰하는 데 관심 있는 몇몇 사람들과 함께 꿈 작업을 하는 것이다. 이 2가지 방법을 모두 살펴보자.

1. 개인적 꿈 작업

꿈 작업의 첫 번째 단계는 당신이 기억하는 꿈을 기록하는 것이다. 11장에서는 문제를 해결하는 꿈을 이끄는 방법을 제안했다. 꿈 일기에도 이 방법을 적용할 수 있다. 특히 펜과 종이 또는 녹음기를 머리맡에 두는 것이 중요하다. 잠 잘 준비가 되면 스스로에게 아침에 일어나면 꿈을 기억할 것이라고 말한다. 제일 중요한 것은 자신에게 꿈을 기억할 기회를 주는 것이다(밥은 학생들에게 "자러 가기 전에 '내일 꿈을 기억할 거야'라고 세 번 반복해 말해보라. 조금 부끄럽지만 효과는 확실하다"라고 조언한다).

다음 날 아침에 일어나면 바로 눈을 뜨지 말고 일과는 떠올리지 않는다. 알람이 울려 깼다면 알람을 끄고 다시 눈을 감는다. 조용히 침대에 누워 꿈 같은 상태로 떠다니도록 노력해본다. 몇 분 동안 가능한 한 많은 꿈을 기억할 기회를 준다. 아무것도 생각나지 않는다면, 천천히 자세를 바꾼다(모로 눕거나 돌아눕는다).

꿈이 기억난다면 눈을 감고 기억할 수 있는 모든 것을 다시 떠올린다. 그런 다음 비로소 꿈을 적거나 녹음을 시작한다. 잊기 전에 모든 것을 적어야 한다는 점이 중요하다. 막연한 느낌이나 단편적인 이미지라도 괜찮다. 다 하면 간단한 제목을 붙인다. 이렇게 하면 꿈의 수가 늘어나도 일기를 찾아보는 데 도움이 된다.

일단 탐색하고 싶은 꿈을 기록했으면 주의 깊게 다시 읽어본다. 눈을 감고 처음부터 끝까지 꿈의 이미지, 생각, 감정을 다시 경험해본다. 그리고 꿈이 당신에게 무엇을 의미하는지 탐색하는 데 도움이 되도록 고안된 몇 가지 질문을 스스로 해본다. 다음 몇 가지 질문을 사례로 제시한다. 완벽하거나 확정적인 것은 아니지만 질문을 시작하기에는 적절하다.

- 꿈속에서 어떤 기분이었는가? 중심 감정은 무엇이었나? 처음 또는 최근에 그런 기분을 느꼈을 때는 언제인가?
- 꿈의 설정을 떠올려본다. 어떤 느낌인가? 무언가를 떠올리게 하는가?
- 꿈에 나타난 사람들을 떠올려본다. 무엇을 하고 있었나? 현실 속 인물이라면 누구인가? 다른 누군가나 무언가를 떠올리게 하는가? 이들에게서 좋든 싫든 당신 자신의 일부를 볼 수 있는가? 이 일부를 본 느낌이 어떤가?
- 꿈속에 동물이 있었다면 무엇을 하고 있었나? 어떤 기분이 들었는가? 그 동물의 개성이나 특징을 어떻게 설명할 수 있는가?
- 꿈의 주요 이미지는 무엇인가? 지금 그 이미지를 생각하면 어떤 연관성이 떠오르는가? 그 이미지의 원천을 현실에서 찾을 수 있는가?
- 그날 밤 잠자리에 들 때 무슨 생각이 들었는가?
- 이런 질문에 대한 답을 생각할 때 내 꿈 또는 꿈의 특정 요소가 현실의 특정 상황, 경험, 또는 지속되는 근심을 떠올리게 했는가?
- 전체적으로 볼 때 이 질문에 대한 답변은 내가 누구인지, 누군가가 되고 싶어 하는지, 주변 세계를 어떻게 바라보고 상호작용하는지에 대해 무엇을 말해주는가?

익숙해질 때까지 여러 꿈으로 연습해야 하지만, 이런 질문을 하면 꿈을 더 잘 이해하는 데 도움이 된다. 당신이나 생활환경에 대한 새로운 정보, 연관성, 통찰이 전체 꿈이 아니라 꿈 요소 중 하나에서 발생할 수도 있다는 점도 명심해야 한다. 다시 말하면 전체 꿈을 '이해'하려 하지 말아야 한다. 꿈 작업이 처음이거나 특히 길고 복잡하며 기괴한 꿈으로 꿈 작업을 할 때는 이 점이 중요하다. 꿈에서 얻은 중심 이미지, 주제, 감정, 상호작용에서 정보를 얻는 편이 꿈을 이해할 가능성 훨씬 크고 가치 있는 결과를 얻을 수 있다. 한번 시도해보라.

2. 그룹 꿈 작업

가장 잘 알려져 있고 널리 사용되는 '그룹 꿈 작업' 접근법은, 뉴욕에서 훈련한 정신의학자이자 정신분석가이자 1960년대에 브루클린의 마이모니데스 꿈 연구소Maimonides Dream Laboratory를 설립한 몬터규 울먼Montague Ullman이 개발한 '꿈 공감dream appreciation' 방법일 것이다. 울먼의 꿈 공감법은 안전하게 무언가를 발견하는 것을 강조한다. 이 방법은 여러 단계로 구성되어 있는데, 가장 중요한 단계를 소개한다.[4]

꿈 발표자는 자신의 꿈 중 하나를 그룹 나머지 사람들에게 설명하고 나머지 사람들은 질문을 해서 꿈 내용을 명확하게 한다. 발표자는 나머지 사람들이 그 꿈을 자신의 꿈인 것처럼 작업하는 ('그게 내 꿈이라면' 기법) 것을 듣는다. 나머지 사람들은 그 꿈이 내 꿈이었다면 경험했을 감정을 이야기하는 것부터 시작해 그 꿈에 대한 개인적인 연관성과 꿈에 대한 예측, 자신의 생활환경에서라면 그 꿈이 무엇을 의미하는지 이야기한다. 발표자는 나머지 사람들이 공유한 내용을 바탕으로 최근 경험한 사건이나 근심에 주목해 그 꿈이 자신의 삶과 어떤 관련이 있는지 살펴본다. 그러고 나서 2인칭 시점으로 꿈을 다시 읽고 모든 사람이 상호 토론에 참여한다. 나중에 이 꿈으로 돌아와 꿈에 대해 느꼈던 통찰이나 생각을 덧붙일 수 있다.

이 과정에서 발표자는 꿈과 삶의 개인적이고 내밀할 수도 있는 부분을 공유해도 안전하다고 느낄 수 있다. 발표자는 꿈을 공유하라고 강요받거나 원치 않는 삶의 세부 내용을 밝힐 의무가 있다고 느껴서는 안 되며 언제든 꿈 토론을 중단할 수 있다. 마지막으로 힐의 인지 경험 꿈 모델과 마찬가지로 다른 사람들이 발표자의 꿈을 해석해 논한 연관성을 발표자에게 강요해서는 안 된다.

울먼의 꿈 공감법을 적용한 사례를 기술한 문헌은 상당하다. 또한 이 방법을 제대로 사용하면 자기 통찰이 증가한다는 중요한 이점은 물론 그룹 전체가 다양한 꿈 관련 이득을 얻을 수 있다는 사실을 뒷받침하는 연구 역시 많다.[5]

〰️ 일련의 꿈에서 의미 찾기

꿈 작업에 관심이 있는 사람들은 대부분 개별 꿈에 초점을 맞춘다. 하지만 일련의 꿈에 초점을 맞춰 작업하는 것도 유익할 수 있다. 9장에서 우리는 1950년대 캘빈 홀이 일련의 꿈에서 보이는 꿈 내용 패턴을 이용해 꿈꾸는 사람의 성격, 핵심 갈등, 근심의 면면을 추론할 수 있다는 사실에 매혹되었다는 사실을 살펴보았다. 홀과 다른 이들은 모르는 사람이 보고한 일련의 꿈에서도 심리적으로 의미 있는 정보를 추출하는 것이 가능하다는 사실을 보였다.

우리도 그들의 몇 가지 아이디어와 방법을 이용해 각자 일련의 꿈을 연구할 수 있다. 그 과정에서 나 자신에 대해 개별 꿈에서는 유추할 수 없는 많은 것을 배울 수 있다. 만약 25~50가지 정도의 일련의 꿈을 조사한다면 꿈 내용에서 패턴을 파악할 수 있다. 꿈이 어디서 일어나는지, 전체적인 주제는 무엇인지, 누가 꿈에 자주 나타나는지, 그들이 당신을 어떻게 대하고 당신이 그들을 어떻게 대하는지, 특정 환경 또는 사람이나 사물이 있는 조건에서 당신이 어떻게 느끼고 행동하는지, 꿈속 행동이나 기괴함 또는 감정이 언제 어떻게 변하는지 살펴볼 수 있다. 꿈 일기를 쓰고 있거나 시작할 계획이라면 일련의 꿈으로 꿈 작업을 해보자. 그리 큰 관심을 얻지 못하는 방법이지만 이런 방법을 사용하면 꿈 일기를 최대한 활용할 수 있다.

반복되는 꿈으로 작업해도 더 나은 자기 통찰이나 자기 이해를 얻을 수 있다. 여러 연구에 따르면 꿈이 반복되거나 반복되던 꿈이 중단되는 현상은 우리가 일상에서 감정적인 근심이나 어려움을 얼마나 잘 다루는지와 관련 있다.[6] 만약 당신이 반복되는 꿈을 꾸고 왜 그 꿈이 반복되는지 궁금하다면 각각의 꿈이 일어나기 직전에 일어난 감정적으로 두드러진 사건이나 스트레스 요인에 주목하자. 예를 들어 가까운 사람에게 실망하거나, 스스로에게 회의적인 시기를 겪고 있거나, 부끄러움을 느낄 때 그런 꿈을 꿀 수 있다. 반복되는 꿈이 한 번 꿀 때부터 다음번에 꿀 때까지 대체로 변하지 않는 이유는 우리가 꿈속에서 펼쳐지는 내용에 매번 같은 생각, 행동, 감정으로 반응하기 때문이라는 점을 잊지 말아야 한다.

꿈꾸는 뇌는 이전에 탐색한 가능성을 다시 검토하고 시간이 지남에 따라 꿈 자체가 이 가능성에 어떻게 반응하는지 추적하면서, 우리가 감정적으로 몰두하고 있는 문제를 잘 인식하거나 해결하는지, 또는 그렇지 못한지 잘 판단할 수 있다.

넥스트업, 통찰, 그리고 현실 속 꿈의 원천

이 장에서 설명한 접근법을 포함해 여러 꿈 작업 방법을 사용하려면 우리는 불가피하게 현실 환경과 관련해 꿈 내용을 살펴보거나, 현실 세계에서 꿈의 핵심 요소를 유발한 잠재적인 요인을 확인해야 한다. 사람들은 대부분 이 일이 비교적 간단하다고 생각하지만, 꿈 내용을 현실 속 원천과 자신 있게 연결하기는 꽤 복잡하다.

8장과 10장에서 우리는 꿈에 짜넣어지는 세부가 어디에서 오는지 질문했다. 꿈에서 발견되는 다양한 요소와 관련된 현실 속 원천을 결정하는 일은 까다로울 뿐만 아니라 때로는 불가능하다는 사실도 알았다. 실제로 울먼의 꿈 공감법처럼 집단적 꿈 작업을 할 때도 꿈 재료가 현실 세계의 어디에서 왔는지 확실히 추적할 수 있는 경우는 20퍼센트뿐이라는 연구 결과도 있다. 특히 넥스트업이 꿈에 새롭고 독특한 연관성을 끼워넣는다는 점을 고려하면 (특히 밤 후반기 아침 렘수면 동안) 이런 발견은 놀랄 일이 아니다. 하지만 꿈 연구자들에게는 여전히 '놀라운 사건일 수' 있다.

몇 년 전에 토니는 한 무리의 학생들에게 강의하고 있는데 뭔가 강당의 느낌이 이상해 꿈꾸고 있다는 사실을 깨달은 적이 있었다. 토니는 방을 둘러보고 나서 꿈속에서 눈을 감고 파도가 해안으로 밀려오는 넓은 모래밭에 서 있는 상상을 했다. 눈을 뜨자 토니는 진짜 해변에 서 있었고 상상했던 것처럼 크고 거대한 파도가 밀려왔다. 하지만 아주 이상한 점이 있었다. 펭귄이 여기저기 있던 것이다. 정말이지 '수천' 마리는 되는 펭귄이었다. 사방에 펭귄이 있었고 그의 발 옆에도 수십 마리가 서 있었다. 펭귄들은 그저 자기 하고 싶은 대로 뒤뚱거리며 돌아다녔고, 까맣고 하얀 펭귄 무리는 머리를 까딱이며 멀리까지 뻗어나갔다. 토니는 당황하며 일어났다. 왜 뇌는 평화로운 해변에 펭귄 무리를 넣었을까? 갈매기나 원반던지기 놀이, 아니 차라리 아무것도 없는 편이 낫지 않았을까? 마지막으로 펭귄을 떠올린 게 언제인지 기억도 나지 않았다. 아무리 노력해도 토니는 펭귄에 대해 현실 삶의 맥락에서 이해할 수 있는, 현실과 관련된 원천이나 은유적 원천을 찾을 수 없었다.

며칠 후 토니는 친구의 차를 타고 가다가 광고판을 보았다. 바다로 뻗은 두 해변 사진이 나란히 있었다. 왼쪽 사진에는 사람들이 모래사장을 즐기고 물속으로 뛰어들고 있었다. 하지만 오른쪽 사진은 펭귄으로 뒤덮여 있었다! 펭귄이 가득한 사진으로 묘사된 메인주 남부 해변보다 훨씬 따뜻하다며 아이들과 캐나다 해변으로 놀러 오라는 관광 광고였다. 토니는 그 광고를 본 기억은 없지만 최근 그 도로에서 운전한 적은 있었다. 아마 토니의 마음은 전혀 눈치채지 못했지만 뇌가 그 이미지를 기록했을 것이다. 그래서 토니가 자각몽에서 평화로운 해변을 상상하려고 했을 때 뇌는 약하고 잠재적으로 유용한 연관성을 기억 네트워크에서 찾아냈고, 특이한 가정, 즉 광고판에 있던 펭귄 무리를 떠올린 것이다. 또는 어쩌면…… 토니가 자각몽을 꾸기 전 그의 강의를 듣고 있던 학생들일지도 모른다. 만약 그게 학생들이라면 그들도 펭귄처럼 "그저 자기 하고 싶은 대로 뒤뚱거리며 돌아다니는 까맣고 하얀 무리로 멀리까지 뻗어나갔"을까? 넥스트업은 토니의 학생들에 대해 뭔가 유용한 것을 탐구하고 있던 것일까? 알 수 없다.

뇌는 꿈을 꿀 때 이전에는 거의 또는 전혀 고려하지 않은 사건을 포함해 어디서든 약하고 새로운 연관성을 탐색한다. 꿈 내용을 최근이나 더 먼 사건과 연결하기가 생각보다 더 까다로운 이유다.

8장에서는 밥의 꿈꾸는 뇌가 꿈속에서 밥의 반응에 따라 딸 제시와 실험실 개의 탐색적 연관성을 어떻게 강화했고, 이 연관성이 꿈의 전개에 어떤 영향을 미쳤는지 살펴보았다. 하지만 토니는 꿈에서 깨어나기 전에는 해변-펭귄-바다의 연관성에 그저 어리둥절했을 뿐이다. 토니의 뇌는 아마 이런 연관성이 강화할 가치가 없다는 것을 이해했을 것이다. 미래의 가능성을 이해하는 데 쓸모없는 연관성처럼 보였을지도 모른다. 꿈속의 모든 것이 엄청난 계시를 담고 있는 것은 아니다.

하지만 때로 현실 세계에서 온 꿈의 원천은 낮처럼 명백할 수도 있고, 적어도 그렇게 보이기도 한다. 토니의 친구(에릭이라 부르자) 중 한 명은 언젠가 엄청난 눈밭에 갇혀 오도 가도 못한 채 운전대를 잡고 있던 꿈을 말해주었다. 에릭의 여자친구 린다가 옆에 있었다. 정확히 기억나지는 않았지만, 에릭은 실수로 차를 눈더미 쪽으로 몰았고 린다는 뭐라도 좀 해보라고 화를 내고 있었다. 에릭은 바퀴를 좌우로 돌리고 앞뒤로 가속해서 차를 이리저리 움직이려고 해보고 심지어 차에서 내려 바퀴 쪽 눈을 치우려고도 했다. 하지만 헛수고였다. 눈이 너무 많이 쌓였던 것이다. 에릭이 보기에 이 꿈의 원천은 명확했다. 꿈을 꾸기 전날 밤 몬트리올에

눈보라가 몰아쳐 도로에 차들이 갇히고 운전자가 눈에서 빠져나오려고 애쓰는 모습을 본 것이다. 하지만 토니는 에릭이 꿈에서 경험했다고 말한 감정을 눈여겨보았다. 에릭은 사고나 자동차, 지각에 대해 걱정하지 않았다. 대신 에릭은 그들이 곤경에 빠졌다고 여자친구가 자신을 비난하는 행동에 화가 났었다.

몇 가지를 조사하고 의견을 나눈 끝에 에릭은 꿈의 새로운 원천을 발견했다. 린다와의 관계다. 에릭과 린다는 힘든 시기를 겪고 있었고 둘 다 관계가 정체되어 있다고 느꼈던 것으로 밝혀졌다. 게다가 에릭은 마음속에서 자신이 모든 책임을 떠안은 채 상황을 개선하려고 혼자만 애쓰고 있다고 느꼈다. 다시 말하면 두 사람은 옴짝달싹 못 하고 있었고, 에릭의 꿈은 실제 자동차나 눈보라와는 전혀 상관없는 상황에 대한 완벽한 은유였다.

이런 사례처럼 꿈을 이해하려 할지라도 불확실성을 만날 수도 있다. 하지만 우리는 이 장에서 설명된 꿈 작업이 자기 통찰을 줄 수 있으며, 넥스트업의 관점에서 보면 이해할 수 있는 효과라고 생각한다. 우리는 앞서 꿈이 밤 동안 진화할 기억을 선택하는 데 중요한 역할을 한다는 사실을 보았다. 뇌는 꿈을 꿀 때 두드러진 경험과 감정적 근심을 어떤 식으로든 구현한 연관성을 확인하고 강화한다. 그리고 그 연관성이 지금이나 미래에 당면한 문제나 비슷한 근심을 해결할 때 유용할지 계산한다. 마지막으로 넥스트업은 꿈꾸는 사람이 꿈 세계에 어떻게 반응하는지, 반대로 꿈 세계가 꿈꾸는 사람의 꿈속 생각, 행동, 감정에 어떻게 반응하는지를 동시에 관찰해 결과적으로 끊임없이 진화하는 꿈 내러티브를 만든다. 이게 넥스트업의 흥미로운 측면이다.

꿈의 설정, 등장인물, 주요 이미지, 주제 같은 꿈의 주요 특징을 살펴보면 우리는 꿈 세계에 구현된 경험과 근심을 되돌아볼 수 있다. 그리고 꿈에서 경험한 생각과 감정을 살펴보면 이런 근심이 현실에서 우리가 느끼고 행동하는 방식에 어떻게 영향을 미치는지 알 수 있다. 그뿐만 아니라 뇌가 상호작용하며 꿈을 구성할 때 꿈속에서 이어지는 생각, 행동, 감정이 연관성과 가능성을 선택하는데 어떻게 영향을 미치는지도 엿볼 수 있다. 이 탐색 과정이 우리 자신과 우리가 사는 세계에 대해 배울 기회를 제공하지 않는다면, 무엇이 그렇게 해주겠는가.

13장
밤에 마주하는 것들

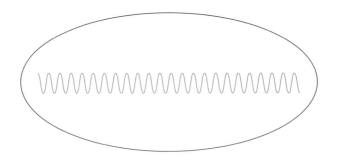

이 책에서 우리는 수면 마비에서 렘수면행동장애, 기면병, 악몽, 외상후 스트레스장애에 이르는 다양한 꿈 관련 장애의 특징을 살펴보았다. 이 장에서는 이런 꿈 장애를 모아 앞서 살펴본 특성에 더해 이들이 서로 어떻게 비슷하거나 다른지, 그리고 넥스트업에 대해 무엇을 말해주는지 살펴본다.

외상후스트레스장애(PTSD) 악몽

헬리콥터 소리가 들리더니 이내 시야에 들어왔다. 하지만 이미 너무 늦었다. 래리와 카를로스는 10미터쯤 떨어진 그의 좌우에서 이미 죽어 있었다. 그도 죽을 것이다. 헬리콥터가 굉음을 내며 머리 위에서 폭탄을 투하하기 시작했을 때, 그는 자신과 래리의 중간쯤에 팔 하나가 떨어져 있는 것을 보았다. '래리의 팔인가 아니면 내 건가?' 그는 생각했다. 누군가 그의 팔을 흔드는 것이 느껴졌다. 눈을 뜨자 아내가 부드럽게 그를 흔들어 깨우고 있었다. 아내는 말했다. "그냥 꿈이에요." 그렇다면 그는 왜 수천 번이나 똑같은 꿈을 꾸는 걸까?

PTSD를 겪는 사람의 꿈이 독특한 이유는 환자를 사로잡는 두려운 느낌이 강렬해서라기보다 오히려 실제 외상 사건을 되풀이하고 현실적으로 재생하기 때문이다. 앞서 5장에서 PTSD를 논할 때 우리는 PTSD가 사실 수면 의존적 기억 진화의 장애라고 주장했다. PTSD는 외상 기억에 대한 감정 반응을 무디게 하고 그 기억을 오래된 기억과 통합하는 수면 기능이 실패한 특정한 상태를 나타낸다. 5장에서 우리는 PTSD 꿈의 독특한 형태를 잠깐 언급했다. 각성 상태에서 PTSD의 여러 본질을 살펴보면 기억 진화의 메커니즘과 기능에 대한 통찰을 얻을 수 있지만, PTSD 꿈 역시 넥스트업과 그 작동 방식에 대한 통찰을 준다.

앞서 살펴보았듯 꿈 내용의 특징 중 하나는 연상적이고 때로 은유적이라는 점이다. 꿈은 보통 깨어 있는 동안의 기억을 그대로 재생하지 않는다. 대신 우리는 깨어 있을 때 일어난 일에 대해 꿈꾼다.

밥의 실험실에서 연구하는 대학원생인 노르웨이인 마그달레나 포스Magdalena Fosse는 우리가 꿈에서 기억을 정확히 복제한 일이 아니라 실제로 일어난 일 '에 대해' 꿈꾼다는 사실을 실험으로 살펴보았다.[1] 포스는 실험 참가자들에게 2주간 매일 아침 일어나자마자 꿈을 적게 했다. 그리고 현실에서 꿈의 원천을 짐작할 수 있는 부분에 밑줄을 긋고 그 근원을 설명하게 했다.

포스는 사람들이 꿈속에서 실제로 일화적 기억을 재생하는지 알아보려 했다. 우리는 8장에서 일화적 기억을 실제 사건에 대한 기억이라고 설명했다. 일화적 기억은 우리가 세세하게 상기할 수 있는 기억으로, 본질적으로 그 경험을 다시 체험하게 한다. 포스는 우리가 이런 일화적 기억을 꿈에서 재생한다면 같은 장소에서 일어날 것이라고 주장했다. 그리고 깨어 있는 동안의 원천과 같은 인물이나 사물, 행동, 감정, 주제를 포함할 것이라고도 보았다. 이런 특징은 모두 일화적 기억과 관련되기 때문이다. 그래서 포스는 참가자에게 밑줄 친 꿈 요소들이 현실 세계의 원천과 얼마나 비슷한지 장소나 인물, 사물, 행동과 감정, 주제가 실제 사건과 얼마나 들어맞는지 설명하게 했다.

답은 간단했다. 들어맞는 것은 거의 없었다. 현실 세계에서 온 원천이 확인된 350가지 이상의 꿈 요소 중 현실 세계와 같은 장소에서 일어난 경우는 60가지뿐으로, 6가지의 꿈 중 하나에 불과했다. 최종적으로 전체 350가지의 꿈 보고 중 5가지인 2퍼센트도 안 되는 꿈 보고만이 일화적 기억을 재생한다는 요건을 충족했다. 우리가 넥스트업에서 예상하는 바와 일치한다. 수면 의존적 기억 진화의 여러 측면은 처리된 기억이 재활성화되는 과정의 도움을 받아 이루어지는 것 같지만, 꿈꾸는 동안 발생하는 네트워크 탐색은 사실 원래의 기억 원천을 재활성화하는 것을 피한다. 8장에서 살펴본 것처럼 넥스트업은 약하게 연결되었지만, 기억 원천을 새롭게 활용하고 해석하는 데 도움이 될 만한 옛 기억들을 찾아 활성화하도록 설계되었다. 특히 렘수면에서는 더 그렇다. 렘수면 동안 해마에서 일화적 기억 재생이 차단되면 신경전달물질인 아세틸콜린이 증가하고 노르아드레날린은 차단되어 약한 연관성을 탐색하는 연상적 네트워크로 기울어진다. 렘수면에서 의미 점화 역시 약한 연관성을 활성화하는 편을 선호한다.

따라서 꿈에서 일화적 기억을 현실적으로 재생하는 현상은 넥스트업의 실패를 의미하며, 적어도 특정 기억과 관련된 일화적 기억이 반복해서 재생되는 현상은 넥스트업의 오작동을 나타낸다. 바로 이것이 PTSD 환자들이 겪는, 거의 매일 밤 그들의 꿈에서 나타나는 실제 외상 기억의 재생이다.

외상 경험의 여파로 나타나는 '악몽 복제replicative nightmares'는 PTSD로 진전될 전조이며, 악몽에서 외상 관련 기억을 반복해서 묘사하는 현상은 더 심각하고 만성적인 주간 PTSD 증상으로 이어진다. 즉 넥스트업이 오작동하면 인지하거나 의도하지 않더라도 뇌가 수면 중에 자동으로 자연스럽게 외상 기억을 처리하는 능력이 제대로 발휘되지 못한다. 동시에 수면 의존적 기억 진화의 여러 형태, 특히 렘수면에 의존하는 형태도 제대로 발휘되지 못한다. 다음은 이런 영향을 받아 제 기능을 하지 못하는 것들이다.

- 감정 기억의 지엽적인 세부가 사라진다.
- 나중에 기억을 떠올릴 때 감정 반응이 무뎌진다.
- 새로운 기억과 오래되고 관련된 기억이 통합된다.
- 기억에서 요점을 추출하고 의미를 밝힌다.
- 기억에 대한 그럴듯한 해석과 기억의 용도를 이해하기 위해 네트워크를 탐색한다.

6장에서 8장까지 살펴본 바와 같이 이런 과정은 모두 수면 중 자연스럽게 발생한다. 그런데 왜 PTSD가 발생하면 이런 기능이 제대로 작동하지 않을까? 가능성 있는 이유 중 한 가지는 스트레스에 대한 신체의 정상적인 반응이라는 가설이다. 신체적·정신적 스트레스를 받으면 부신에서 코르티솔과 아드레날린 같은 스트레스 호르몬이 분비되고 뇌에서 노르아드레날린이 분비된다. 노르아드레날린은 깨어 있는 동안 뇌가 관련 없는 생각이나 감각으로 산만해지지 않고 잠재적인 위협에 맞서 예민하게 집중하도록 한다. 렘수면에서 노르아드레날린 분비가 정상적으로 차단되면 넥스트업은 약하게 관련된 기억을 탐색할 수 있다. 하지만 PTSD로 과다 각성 상태가 되면 노르아드레날린 분비가 차단되지 못하고 넥스트업은 이런 탐색을 할 수 없다.

탐 멜먼Tom Mellman은 1995년에 수행한 연구에서 건강한 참가자는 잠자는 동안 노르아드레날린 분비가 전반적으로 75퍼센트 감소했지만, PTSD 환자는 오히려 25퍼센트 '증가'했다고 보고했다.[2] 노르아드레날린 분비 억제 실패는 그림 13.1에서 볼 수 있는 연쇄작용으로 이어진다. 고농도 노르아드레날린은 렘수면 상태의 기능이 완전히 발달하지 못하게 방해해 일화적 기억 재생이 정상적으로 억제되지 못하게 한다. 또한 고농도 노르아드레날린은 선택적으로 약한 연관성을 찾는 뇌의 능력을 제한한다. 이렇게 되면 외상 사건을 광범위하게 연관된 네트워크에 통합하는, 외상 경험을 흘려보내는 데 필수적인 넥스트업의 능력이 차단된다. 이런 연쇄적인 실패가 바로 PTSD 진전을 명확히 보여준다. 따라서 넥스트업을 포함한 수면 의존적 기억 진화의 연쇄적인 실패가 일부 외상 기억이 시간이 지나도 적응적으로 진화하지 못하는 궁극적인 원인일 수 있다. 어쩌면 이런 현상이 PTSD가 발생하는 이유를 밝혀줄 수도 있다.

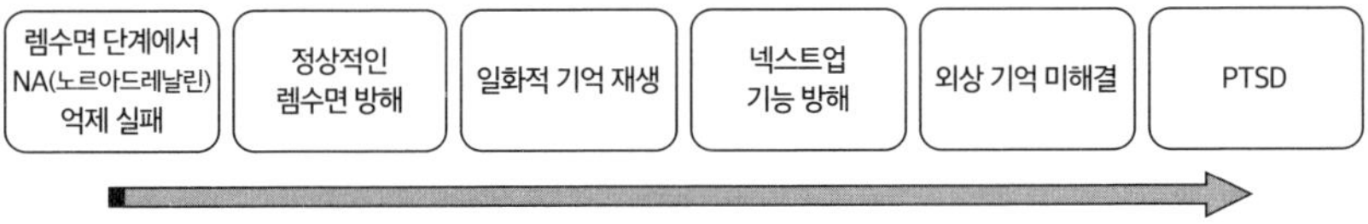

<그림 13.1.> 외상 후 PTSD 진전 단계

하지만 꿈, 더 확장하면 넥스트업의 신경생물학은 너무 복잡해서 성공이나 실패로만 단정할 수는 없다. 성공과 실패의 양극단 사이에는 수면 의존적 기억 진화가 단속적으로 일어나며 다양한 효과를 보이는 넓은 중간 지대가 있다. 예를 들어 외상에 노출된 후 PTSD로 진전된 사람의 90퍼센트는 외상 사건 자체와 여러모로 비슷한 악몽을 보고하지만, 악몽에서 외상 기억을 그대로 재생하는 경우는 절반뿐이다. 대신 외상 후 악몽은 외상 요소를 왜곡해서 드러내거나, 은유적으로 외상 사건을 드러내거나, 실제 외상 사건을 직접 언급하지 않고 외상 당시 경험했던 것과 동일한 공포, 슬픔, 무력감 등의 괴로운 감정을 재생한다. 따라서 PTSD 악몽은 넥스트업이 얼마나 기능하는지에 따라 외상과 관련된 비슷한 반복을 계속 드러낸다. 하지만 시간이 지나며 외상 관련 악몽의 내용이 긍정적으로 변화(반복되는 요소의 빈도와 강도 감소, 외상 사건에 대한 은유적 표현 증가, 일상 사건이 꿈으로 통합되는 경우가 증가)하면서 전반적으로 감정과 일상 기능이 회복되는 임상적 개선도 함께 일어난다.

과학자들은 꿈 내용이 점차 변하면서 외상 후 회복에 어느 정도 도움을 주는지 아직 결론을 내리지 못했다. 하지만 우리는 넥스트업 기능의 이상, 특히 렘수면 동안의 독특한 신경화학 및 신경생리학적 뇌 상태 동안 일어나야 하는 기능 이상이 발생하면 심각한 적응 실패로 이어지며,

반대로 밤의 기능이 적절히 작동하면 다루기 어려운 이런 감정 기억이 시간이 지나면서 효과적으로 진화할 수 있다고 여긴다.

프라조신 Prazosin

잠자는 동안 뇌의 노르아드레날린이 증가해 PTSD가 진전된다면, 노르아드레날린의 작용을 억제하면 어떻게 될까? 시애틀 워싱턴대학교의 정신의학 교수인 머리 래스킨드 Murray Raskind는 보훈처의 '퓌젓 사운드 아프리카계 미국 재향군인 스트레스 장애 프로그램 Puget Sound African American Veterans Stress Disorders Program' 의학 고문을 맡았던 2000년에 우연히 이 질문의 답을 발견했다. 당시 래스킨드는 베트남 참전 용사였던 PTSD 환자 2명이 PTSD와 관련 없는 프라조신(혈관 확장 및 전립선 주변 근육 이완 작용으로 고혈압, 심부전 및 전립선비대증에 흔히 사용되는 약물-옮긴이)을 처방받은 다음부터 차츰 PTSD 악몽 정도가 극적으로 감소했고 더 정상적인 꿈으로 돌아왔다고 보고한 사실을 발견했다.

프라조신은 α1-아드레날린 길항제로, 노르아드레날린이 결합하는 여러 뇌 수용체 중 하나를 차단해 그 작용을 조절하는 약물이다. 알츠하이머 환자의 노르아드레날린성 장애를 연구해온 래스킨드는 일부 약물이 α1-아드레날린 수용체를 활성화해 심각한 수면 장애를 일으킨다는 사실을 알고 있었다. 또한 PTSD를 겪는 환자에서 수면 중 노르아드레날린이 증가한다는 사실을 발견하고, 이 노르아드레날린 증가와 수면 시간 '감소'가 관련 있다고 보고한 탐 멜먼의 연구도 알고 있었다.

래스킨드는 프라조신이 뇌에서 노르아드레날린 활성을 줄여 꿈에서 일화적 기억이 재생되지 않게 하는 정상적인 뇌 기능을 회복시킨다고 생각했다. 사실 프라조신은 뇌에서 노르아드레날린을 증가시키는 다른 약물 때문에 억제된 렘수면을 정상으로 되돌려놓는 것으로 알려져 있었다. 이후 래스킨드와 연구진은 PTSD 꿈을 억제하거나 제거하는 프라조신의 효과를 입증하는 일련의 연구를 수행했다.[3] 프라조신은 PTSD 환자의 뇌에서 노르아드레날린 농도를 낮춰 넥스트업이 작업을 수행하는 데 필요한 신경화학적 환경을 회복시킨다. 게다가 프라조신을 투여해 만성적 외상 관련 악몽이 줄어들자 수면의 질은 물론 주간 활동 기능이 임상적으로 유의한 수준으로 개선되었다. 래스킨드의 추론은 들어맞았고 이후 프라조신은 PTSD를 겪는 환자의 외상 관련 악몽에 대한 약리학적 치료법으로 가장 많이 추천된다.

특발성 악몽

10장에서 살펴본 것처럼 특발성 악몽idiopathic nightmares은 어디에나 있다. 하지만 발생 이유는 분명치 않다. 사람들은 대부분 매년 최소한 몇 번은 특발성 악몽을 경험한다. 임상적으로 중요한 악몽은 보통 일주일에 한 번 이상 발생하는 악몽을 말하며, 보통 성인 인구의 약 4퍼센트가 이런 악몽을 보고한다. 특발성 악몽은 남성보다 여성에서 더 흔하며 보통 낮 동안에도 꿈에 대해 크게 걱정하는 것이 특징이다. 불면증, 우울증, 심리사회적 적응 장애, 자살 충동 등을 포함한 다양한 현상과도 관련 있다. 하지만 악몽은 비교적 심리적으로 건강한 사람에게도 일어난다. 그렇다면 이런 불안감을 주는 꿈은 어디에서 비롯되며, 왜 이런 꿈이 그렇게 흔할까?

꿈의 본질과 기능에 대한 다양한 믿음이 널리 퍼진 것처럼 악몽의 기원에 대한 믿음도 다양하다. 옛날에는 주로 악몽을 악마나 귀신, 악령의 방문 때문이라고 설명했다. 현대에는 스트레스, 해결되지 않은 갈등, 어린 시절의 고난, 유전, 악몽에 취약한 성격 등에 초점을 맞추어 설명한다. 여기에 연구자들은 악몽에 생물학적 기능이 있다고 주장하며 문제를 더 복잡하게 만든다. 악몽이 정상적인 생물학적 기능에 이상이 생겼음을 의미한다고 생각하는 연구자도 있지만, 어떤 생물학적 기능과도 무관하다고 보는 연구자도 있다.

악몽의 기원에 대한 생각의 차이는 부분적으로 다양한 악몽이 서로 다르다는 점으로도 설명할 수 있다. 개인적 차원에서만 보아도 특발성 악몽은 갑자기 간헐적으로 찾아오거나 만성적으로 반복되기도 하고 내용도 다양하다. 특발성 악몽은 유년기·청소년기·성인기에 시작되기도 하고, 무력감처럼 매번 동일한 주요 감정을 드러내거나 다양한 감정을 나타내기도 한다. 낮 동안 심각한 괴로움이나 수면 회피 행동을 유발해 만성 불면증으로 이어지기도 하고, 일상 생활에 거의 영향을 미치지 않아 그다지 중요하지 않게 여겨지기도 한다. 따라서 보통 악몽을 설명하려고 끌고 오는 요소는 일부 악몽에만 해당하거나, 특정 사람만 경험하거나, 한시적으로 겪는 경험일 수도 있다.

7장에서 살펴본 꿈의 기능을 논한 어네스트 하트만은 삶의 대부분을 악몽을 꾸는 사람을 연구하는 데 바쳤다. 하트만은 평생 악몽을 꾸는 사람을 포함해 악몽을 자주 꾸는 사람이 어린 시절 명확한 외상을 겪은 기록이 없고 일관된 정신병리학적 패턴을 나타내지 않는다는 사실을 발견했다. 한편 평생 악몽을 겪는 환자는 보통 무척 개방적이고 사람을 잘 믿으며, 감정적으로 예민하고 창의적이며, 쉽게 산만해지는 성격 유형이라는 사실도 발견했다. 이런 사람들은 꿈속의 꿈이나 기시감 같은 특이한 경험을 보고할 가능성도 컸다. 하트만은 이런 관찰에 근거해 잦은 악몽을 꾸는 사람은 "심리적 경계가 얇다"라고 주장했다.[4] 하트만은 나중에 '경계 설문지boundary questionnaire'를 개발해 이런 성격 차원을 측정했고, 연구 결과를 통해 자신의 주장을 일부 입증했다. 심리적 경계가 '두꺼운' 사람, 즉 성격이 한결같고 방어력이 높고 엄격하고 무신경한 사람에 비해 심리적 경계가 '얇은' 사람은 꿈을 더 잘 기억하고 악몽을 많이 꾸며 더 강렬하고 기괴한 꿈을 보고하는 경향이 있었다.

여러 연구 결과 간에 일관성이 적기는 하지만, 악몽의 발생에 영향을 주는 또 다른 요인은 스트레스다. 연구 결과들이 일치하지 않는 한 가지 원인은 스트레스 요인이 다양한 형태로 나타나기 때문이다. 스트레스 요인에는 극심한 스트레스 요인(전쟁이나 자연재해), 실험적 스트레스 요인(괴로운 영화를 보거나 자기 전에 한 어려운 '지능'검사), 감정적 스트레스 요인(실직, 이혼, 사랑하는 사람의 죽음), 사회적 스트레스 요인(대인 갈등, 외로움, 친구나 동료와 관련된 근심), 단순한 일상적 괴로움(과로, 교통체증, 열쇠나 기타 물건의 잦은 분실) 등이 있다. 이런 스트레스 요인은 모두 몇 주, 몇 달, 심지어 몇 년에 걸쳐 쌓일 수 있다.

물론 모든 사람이 주어진 스트레스 요인에 같은 방식으로 반응하지는 않는다. 같은 스트레스를 받아도 어떤 사람은 악몽을 꾸지만 다른 사람은 그렇지 않다.

신체의 주요 스트레스 호르몬인 코르티솔 농도 같은 스트레스 반응의 '생물학적' 지표는 실제로 우리가 얼마나 스트레스를 받는다고 느끼느지에 대한 '인상'과는 크게 다를 수 있다. 스트레스에 대한 주관적 지각이 아닌, 스트레스에 대한 신경생물학적 반응이 우리가 언제 악몽을 꾸는지 결정하는 가장 큰 역할을 한다.

마지막으로 스트레스 요인에 대한 우리의 선천적인 경험적·생물학적 민감성은 부분적으로 유전적 영향을 받는다. 3,500쌍 이상의 쌍둥이가 꾼 악몽을 살펴본 대규모 연구에서 유년기와 성인기의 악몽과 관련된 유전자 변이를 연구했다.[5] 이 유전자들이 환경 요인과 상호작용해서 생생하게 감정적인 악몽의 발생을 어떻게 통제하는지는 아직 정확히 알려지지 않았다.

하지만 악몽은 흔하고 다면적이며, 우리는 여러 심리학적·생물학적 요인 사이에서 일어나는 복잡한 상호작용의 산물인 악몽을 이제 막 이해하기 시작했을 뿐이다.

특발성 악몽과 넥스트업

PTSD 악몽에서 외상 사건이 재생되는 것은 넥스트업 기능이 제대로 작동하지 못함을 나타내고, 악몽 내용이 긍정적으로 바뀌는 것은 외상 기억을 더 광범위하게 관련 네트워크에 통합하는 넥스트업의 능력이 부분적으로라도 회복됨을 의미한다. 그렇다면 비외상적 악몽은 어디에 해당할까? 이런 악몽이 어떻게 펼쳐지는가에 일부 답이 있다.

10장으로 돌아가 토니와 그의 제자 주느비에브 로베르가 수백 가지 나쁜 꿈과 악몽의 내용을 분석했던 실험을 다시 살펴보자. 두 사람은 연구의 하나로 일상적인 꿈이 언제, 어떻게 나쁜 꿈이나 악몽으로 발전하는지 살펴보았다. 연구 결과 꿈꾸는 사람 외부에서 일어나는 부정적인 사건("하늘을 쳐다보았는데 미사일이 우리 쪽으로 떨어지고 있었어")이 일상적인 꿈에서 나쁜 꿈이나 악몽으로 발전하는 가장 흔한 원인으로, 나쁜 꿈이나 악몽의 약 4분의 3을 차지했다. 반면 생각("호수 위를 맴돌다가 불현듯 내가 공중에 떠 있는 것은 내가 죽었기 때문이라는 사실을 깨달았어")이나 감정("언니가 방으로 들어왔는데 갑자기 언니가 너무 무섭게 느껴졌어")은 약 4분의 1밖에 차지하지 않았다.

이런 꿈의 시작은 해롭지 않다는 것은 분명하다. 꿈꾸는 사람은 먼저 설정이나 다른 등장인물, 걷거나 주위를 둘러보는 것 같은 일상적인 활동을 묘사한다. 하지만 악몽을 유발하는 요인은 멀리 있지 않다. 약 60퍼센트의 경우 악몽 유발 요인은 꿈의 첫 3분의 1 동안에 나타난다. 하지만 나쁜 꿈과 악몽의 3분의 1이 조금 넘는 경우에서만 이런 요인이 기분 나쁘게 바뀐다. 토니와 로베르가 이 꿈들의 결말을 확인했더니, 악몽의 20퍼센트와 나쁜 꿈의 40퍼센트가 방향을 바꿔 부분적으로 긍정적인 결말을 맺거나(꿈꾸는 사람이 위험에서 벗어나지만 상대방은 다친다), 완전히 긍정적인 결말(꿈꾸는 사람은 상황을 통제하고 마지막에 구출된다)을 맺었다. 이런 발견은 넥스트업이 일상적인 악몽과 꿈에 작동하는 방식에 대해 좀 더 보편적인 통찰을 준다.

꿈 보고서는 대체로 비교적 중립적이고 사건이 적은 장면을 묘사하면서 시작한다. 넥스트업이 진행되어 관련된 기억을 탐색하면서 점차 꿈이 탄력을 받은 뒤에야 내러티브 전개는 명확하게 부정적인 느낌으로 바뀐다. 앞서 언급했듯 평범한 꿈에서 나쁜 꿈이나 악몽으로 바뀌는 꿈속 사건은 꿈속 생각이나 감정에서 오기도 하지만 대체로 보통 꿈 세계

자체에서 유래한다. 이 차이는 중요한데, 꿈을 꿀 때 뇌는 우리가 몰입하는 가상 사례를 창조함은 물론, 1인칭 관점에서 이 가상 세계를 인지하고 이에 반응하는 꿈꾸는 자아 자체를 창조하기 때문이다. 9장에서 우리는 넥스트업이 깨어 있을 때는 보통 무심히 넘어가는 연관성을 어떻게 탐색하는지, 그리고 이 결과로 생성된 꿈 시나리오에 우리 마음이 어떻게 반응하는지 관찰한다는 사실을 살펴보았다. 하지만 우리가 주목한 것은, 뇌는 이 시나리오에 반응해 생성된 생각이나 감정, 행동이 끊임없이 변화하는 꿈 세계의 사람들과 사건에 어떤 영향을 주는지도 살핀다는 점이다. 우리는 꿈 자체와 시뮬레이션된 꿈 세계 사이에서 놀라운 상호작용이 일어나는 동안 넥스트업이 가장 중요한 일을 한다는 점도 지적했다. 하지만 불행하게도 이때가 나쁜 꿈과 악몽이 펼쳐질 절호의 기회이기도 하다.

어떤 사람들은 불쾌한 꿈을 문제 해결이나 감정 조절 같은 꿈 기능이 실패한 결과라고 본다. 하지만 다른 이들은 반대로 이런 꿈은 꿈 기능이 성공적으로 실행된다는 사실을 의미한다고 여긴다. 넥스트업의 관점에서 보면 나쁜 꿈이나 악몽의 빈도와 내용은 넥스트업이 성공하거나 실패하거나, 또는 그 사이 어딘가에 있다는 사실을 나타낸다.

악몽 속 감정이 너무 압도적이면 꿈꾸는 사람을 깨워서 깨 있는 동안에도 큰 고통을 겪게 한다. 넥스트업이 특정 사건이나 감정 기억에서 새로운 연관성을 탐색하다 막다른 골목에 다다르면 이런 일이 생긴다. 넥스트업의 이런 실패는 개인이 결코 경험하거나 이해할 수 없는 어떤 기억에 대한 약한 연관성을 찾지 못하거나, 비정상적으로 고농도인 노르아드레날린이 약한 연관성을 찾는 접근을 막아 넥스트업의 활동을 방해하기 때문이다. 하지만 악몽이 아닌 나쁜 꿈은 보통 넥스트업이 아주 고통스러운 연관성을 탐색하고 이들을 이용해 핵심 기억을 더 넓은 네트워크로 통합하는 과정에 있다는 사실을 보여준다.

악몽이 넥스트업의 실패를 의미한다고 해서 그게 전부는 아니다. 사람들이 깨어 있는 동안 강렬한 감정적 사건을 다시 생각해보듯, 꿈꾸는 뇌도 비슷한 방식으로 강한 감정적 상황과 갑자기 꿈을 중단하게 만드는 사건에 주목한다. 하나의 꿈에서 실패하면 넥스트업은 나중에 탐색하거나 다음 꿈에서 해결하기 위해 이런 기억에 꼬리표를 붙인다. 물론 우리가 잠에서 깰 때 꿈 대부분을 떠올리지는 못하기 때문에 이런 넥스트업의 재방문은 대부분 아침에는 기억에서 사라진다. 하지만 넥스트업은 꿈속에서 며칠, 몇 주, 또는 몇 달에 걸쳐 이 골칫거리 주제를 계속해서 다시 찾을 것이다. 나쁜 꿈과 악몽이 만성화되거나 반복되는 경우에만 넥스트업이 확실히 실패했다고 볼 수 있고, 이런 꿈은 수면의 질과 건강 저하로 이어질 수 있다.

악몽과 이미지 리허설 치료

만성적인 악몽을 꾸는 사람들은 잠을 완전히 피하지 않고는 이 불안한 꿈에 대해 할 수 있는 것이 별로 없다고 여긴다. 사실 임상적으로 의미 있는 악몽을 꾸는 사람 중 소수만 의료 전문가와 상담하고, 3분의 1 미만 정도만 악몽을 치료할 수 있다고 믿는다. 하지만 악몽은 치료할 수 있다. 앞서 PTSD를 겪는 사람의 외상 관련 악몽을 치료하는 데 프라조신을 약리학적으로 추천하는 이유를 살펴보았다. 안전하고 비용 대비 효과적으로 악몽을 치료하는 비약물적인 방법으로는 '이미지 리허설 치료IRT, imagery rehearsal therapy'가 있다.[6]

외상 관련 악몽이나 반복되는 악몽, 만성적인 특발성 악몽으로 고통받는 이들에게는 악몽 치료를 위한 모범 치료법인 IRT를 꾸준히 추천한다. IRT는 악몽을 다시 쓰고 변형된 버전을 미리 리허설하도록 환자를 교육하는 인지 행동 개입이다.[7]

IRT를 적용하는 방법은 다양하다. 하지만 핵심 원칙은 같다. 악몽을 겪는 이들은 자신에게 적당하다고 생각하는 어떤 방법으로든 악몽을 '고쳐 쓰고', 그다음에는 새로운 꿈을 시각 이미지로(어린이라면 그림을 이용) 하루에 몇 분씩 연습한다. 치료사는 내담자에게 '당신에게 맞다고 생각하는 어떤 방식으로든 악몽을 바꾸도록' 해서 꿈을 어떻게 바꾸고 싶은지에 대한 선호를 탐색하게 한다. 악몽을 긍정적으로 바꾸거나 이겨내야 한다는 주장과는 정반대의 치료법이다. 내담자는 자율적으로 벽 색깔 같은 꿈속의 사소한 세부사항을 바꾸거나 꿈의 새로운 결말에 초점을 맞추어 변형하기도 하고 완전히 새로운 이야기를 전개하기도 한다.

여러 연구를 통해 IRT로 어린이와 참전 용사, 외상 사건의 피해자와 정신질환을 겪는 환자 등 많은 이들의 외상적·비외상적 악몽을 줄일 수 있다는 사실이 발견되었다. 중요한 건 IRT로 이룬 성과가 시간이 지나도 유지된다는 점이다. 게다가 악몽을 성공적으로 치료하면 수면과 꿈뿐만 아니라 현실에서의 삶도 크게 개선할 수 있다.

IRT가 악몽을 겪는 사람 대부분에게 효과적이라는 사실이 명백해졌지만 왜 효과가 있는지는 아직 확실하지 않다. 다만 악몽을 고쳐 쓰면서 사람들이 악몽에 대해 무언가를 '할 수 있다'라는 가능성을 열어놓는다는 사실은 IRT가 효과 있는 이유 가운데 하나다.

몇 년 전 토니는 성폭행 생존자 여성들이 IRT를 이용해 만성적 악몽을 어떻게 고쳐 썼는지 살펴보는 연구에 협력했다.[8] 토니와 동료들은 이 여성들이 꿈의 특정 세부사항을 다시 써서 꿈 내용을 장악할 수 있게 된 새로운 내러티브에 일관된 특징이 있다는 사실을 발견했다. 이들의 고쳐 쓴 꿈에는 행동적(가해자나 다른 위협을 물리치거나 맞서 싸우기), 사회적(다른 꿈 등장인물이 돕게 만들기), 환경적(꿈의 적대적인 환경을 위협적이지 않은 설정으로 바꾸기) 특징이 나타났다. 여성들은 이렇게 해서 외상에 대한 새로운 연관성을 만들어 꿈꾸는 뇌가 대안적인 연상 경로를 탐색할 디딤돌로 이용할 수 있게 했다. 깨어 있는 동안 악몽을 고쳐 쓰면 '악몽이 전개될 때' 꿈꾸는 사람이 반응하는 방법을 바꿔 악몽이 좀 더 적응적으로 나아갈 수 있게 돕는다. IRT 치료 효과를 나타내는 메커니즘이 무엇이든 결과적으로 IRT는 덜 불안한 꿈을 만든다.

수면 마비

4장에서 간략히 설명한 수면 마비는 가장 이상한 수면 관련 반응 소실 증이다. 다시 살펴보면 수면 마비는 깨어난 후에도 렘수면 동안의 근육 마비가 지속되는 것이 특징으로, 흔히 눈을 뜨고 각성 상태로 있는 동안에도 렘수면 같은 환각 증상이 나타난다. 환각은 보통 침실에서 어떤 사람 또는 생물을 보거나, 근처에 사악한 존재가 있다고 '느끼는' 현상을 포함한다. 성인의 약 4분의 1이 수면 마비를 경험한 적이 있으므로 이 현상은 아주 특이한 것으로 간주되지는 않는다. 기면병과 관련이 있거나 수면의 반복적인 특징으로 나타나는 때도 있다.

침실에 침입자가 나타났다는 환각이 느껴진다면 당연히 혼란스럽고 공포스럽다. 꿈꾸는 사람은 꿈을 꾸고 있다고 느끼지만 동시에 깨어 있다는 사실을 안다. 수백 년 동안 여러 문화권에서 이런 현상을 나름대로 이해하려 애썼다. 때로 환각을 일으키는 존재는 헨리 푸젤리Henry Fuseli의 유명한 그림 〈악몽The Nightmare〉(1781)에 등장하는 것처럼 잠자는 여성의 가슴 위에 앉은 악마로, 때로는 천사로 여겨지기도 했다. 오늘날에도 여러 문화권에서는 수면 마비를 귀신, 마녀, 악령, 시체나 세례받지 않은 아기의 공격 탓으로 돌리곤 한다.[9]

심지어 서구 문화권에서도 수면 마비를 모르는 사람들은 이런 현상을 어떻게든 이해하려고 애쓴다. 밥의 실험실에는 아일랜드 출신의 조교가 있었는데, 그는 대학 시절 수면 마비를 겪었던 끔찍한 경험 때문에 제대로 잠을 자지 못한 이후 처음으로 수면 연구에 관심이 생겼다고 한다. 그는 수면 마비를 겪은 고민을 사제에게 털어놓기도 했다. 사제는 집에 성경과 성수를 갖고 와 악령을 쫓아내는 퇴마의식을 수행했다. 그리고 그 시절의 사제답게 남자친구와 한 침대에서 자야 안전하다는 조언을 하기도 했다. 조교는 밥에게 이렇게 말했다.

"대학 시절 룸메이트나 집주인은 아직도 내가 제정신이 아니라고 여길걸요."

이런 반응 소실증의 역사를 보면 오늘날 수면 마비를 겪는 많은 미국인이 우주인 납치설을 믿는 것도 이해가 된다. 하버드대학교의 리처드 맥날리Richard McNally와 수전 클랜시Susan Clancy는 외계인 납치설이 수면 마비를 이해하는 현대 문화적 해석의 하나라고 주장한다.[10] 이들이 예로 든 한 여성의 경험을 보자.

> 깊은 잠에서 깨어났을 때 그는 똑바로 누워있었다. 몸은 완전히 마비되었고 침대 위로 공중 부양하는 느낌이 들었다. 심장이 두근대고 호흡은 가빴으며 온몸에 긴장감이 느껴졌다. 무서웠다. 눈을 뜰 수 있어서 그렇게 하자 발치에 빛나는 빛 속에 서 있는 3명의 존재가 보였다.[11]

전형적인 수면 마비 경험으로 보인다. 더 옛날이었다면 그는 3명의 존재가 천사나 악마라고 생각했을지도 모른다. 사실 이 여성은 처음에는 그들이 천사라고 생각했다. 하지만 나중에 친구 이야기를 듣고 틀림없이 외계인이라는 확신을 얻었다.

흥미롭게도 맥낼리와 클랜시가 면담한 10명의 '납치 피해자' 중 그 누구도 꿈꿀 당시에는 자신이 납치되었다고 생각하지 않았다. 납치되었다는 결론에 이르게 된 것은 외계인 납치를 다룬 영화나 방송을 보거나 친구들과 이야기한 뒤였다. 실험 참가자 모집 과정에서 연구진은 수면 마비에 대해 언급하지 않았다. 대신 신문에 "하버드대학교의 연구자들이 기억 연구를 위해 외계인과 접촉했거나 납치되었던 사람을 찾습니다"라는 광고를 냈다. 그런데도 모든 참가자가 수면 마비 증상을 보고했는데, 이는 대부분의 외계인 납치 주장이 수면 마비의 환각을 설명하려는 시도에서 비롯되었다는 사실을 암시한다. 물론 성인의 4분의 1(미국인 5천만 명 이상)이 수면 마비를 경험했다고 보고하기 때문에, 이 사건을 외계인 납치로 해석하는 사람은 분명 소수다. 하지만 그런데도 수면에서 각성으로 전환할 때 일어나는 각성 시 환각hypnopompic hallucination은 기억 처리나 넥스트업에는 전혀 쓸모없다는 관점이 합당하며, 따라서 수면 마비는 꿈 관련 장애를 나타내는 것이 분명하다.

렘수면행동장애

6장에서 렘수면행동장애RBD를 간단히 살펴보았다. RBD는 수면 마비의 정반대 현상이다. 각성 상태에 끼어드는 렘수면 마비와 달리 RBD는 렘수면에서 마비가 일어나지 않을 때 발생한다. 그 결과 RBD를 겪는 사람은 꿈을 신체적으로 실행한다. 때에 따라서는 극단적으로 자신이나 같이 자는 사람에게 해를 입히기도 한다.

RBD가 1986년까지 확인되지 않았다는 점은 다소 의아하다. 그해에 미니애폴리스 미네소타대학교의 카를로스 셴크Carlos Schenck와 마크 마호왈드Mark Mahowald는 2년 동안 환자 5명에게서 새로운 범주의 반응 소실증을 확인했다. 환자 중 4명(모두 남성)은 공격적인 꿈을 실제로 실행해 자신이나 배우자를 다치게 했다. 다음 해에 발표한 두 번째 논문에서 셴크와 마호왈드는 다섯 가지 증례를 더 보고했고 이 새로운 반응 소실증을 렘수면행동장애라고 이름 붙였다.

셴크와 마호왈드는 두 연구에서 총 10명의 환자를 언급하며 "10명 중 9명의 환자에게 반복적으로 상처를 입힌 원인은 때리고 발로 차고 침대에서 뛰어오르는 꿈을 실행에 옮기려고 시도한 것"이라고 보고했다.[12] 추정해보면 200명당 성인 1명, 특히 50세 이상의 남성에게 영향을 끼치는 RBD는 수천 년까지는 아니더라도 수백 년은 된 현상이다. 어떻게 이런 현상이 눈에 띄지 않았을까? 확실하지는 않지만 몇 가지 요인이 작용했을 가능성이 있다.

먼저 이런 공격과 부상은 잠을 자고 있었다는 본인의 주장과 달리 깨어 있는 동안에 일어났다고 여겨졌기 때문이다. 꿈을 실행에 옮긴 남편에게 공격당한 여성들이 응급실에 실려가면 폭력적인 남편이 실제로 때렸다고 여겨졌고, 여성들이 아무리 부인해도 진단이 바뀌지 않았다.

두 번째는 임상 환경에서 수면을 기록할 수 있게 되기 전까지는 이런 사건이 실제로 수면 중에 일어나는지 확인할 방법이 없었다는 점이다. RBD는 렘수면이 발견되었지만 임상 수면 실험실이 드물던 시절 이후 30여 년 만에야 기술되었다. 하지만 RBD의 확인이 늦어진 또 다른 이유는 RBD가 수면 장애이며, 수면이라는 주제는 비교적 최근까지도 의사들의 주목을 받지 못했기 때문이다. 잠든 후에는 흥미롭거나 중요한 일이 전혀 일어나지 않는다는 생각은 오래 지속되었다.

RBD 증상 발현은 약으로 조절할 수 있지만 안타깝게도 이 장애에는 더 어두운 측면이 있다. 애초부터 RBD를 진단받은 환자는 다른 신경장애를 겪는 경우가 많았다. 1980년대에 RBD 진단을 받은 최초의 10명 중 5명은 다른 신경학적 증상이 있었다. 2012년이 되자 이런 패턴은 명확해졌다. RBD를 겪는 환자 중 80퍼센트 이상은 파킨슨병이나 다른 치매에 걸리며, RBD 진단에서 파킨슨병 또는 치매 진단까지는 평균 14년이 소요되었다. RBD와 파킨슨병 모두 운동을 조절하는 동일한 뇌 네트워크가 약화하면서 일어나는 운동 장애라는 점을 볼 때 이런 관찰 결과는 놀랍지 않다. 하지만 RBD는 삶을 뒤흔드는 신경퇴행성 질환의 전조이며, RBD 증상 자체는 효과적으로 관리될 수 있지만 RBD에서 파킨

슨병 같은 신경퇴행성 질환으로 이어지는 현상을 지연시키거나 막을 신경보호 치료법은 없다.[13]

기면병

수면 마비와 마찬가지로, 기면병narcolepsy도 렘수면에서 각성 상태로 옮겨가는 동안 일어나는 마비에서 오류가 생기는 수면 장애다. 1장에서 기면병을 간략히 살펴보며 우리는 기면병 환자 대부분은 꿈이 현실에서 실제로 일어난 것인지 아닌지 혼란스러워하고, 대부분의 환자는 적어도 일주일에 한 번은 이런 혼란을 겪는다는 사실을 살펴보았다. 4장에서는 기면병 환자가 완전히 깨어 있는데도 바닥에 축 늘어져 쓰러지게 하는 탈력 발작이라는 무긴장증 현상을 살펴보았다. 이제 좀 더 자세히 살펴보자.

지금까지 설명한 다른 수면 장애와 달리 기면병의 원인은 명확히 알려져 있다. 신경전달물질인 오렉신(orexin, 하이포크레틴hypocretin이라고도 불림)을 생성하는 뇌에서 1만~2만여 개의 뉴런이 죽는 것이 기면병의 원인이다. 많다고 여겨질지 모르지만 양쪽 눈에 각각 1억 개의 뉴런(오렉신을 만드는 뉴런의 약 1만 배)이 있고, 전체 뇌에는 약 800억 개(오렉신을 만드는 뉴런의 약 8백만 배)가 있다는 사실에 비하면 그리 많은 숫자는 아니다. 오렉신 뉴런은 신체 면역체계의 공격으로 죽는다. 탈력 발작을 앓는 기면병 환자는 거의 모두 면역 조절 유전자에 특정 돌연변이가 있다. 오렉신 뉴런을 공격하고 파괴하는 항체를 생성하는 돌연변이다. 오렉신은 우리가 깨어 있을 때는 깨어 있도록 잠들 때는 잠들도록 유지하는 각성-수면 사이클의 안정성을 조절한다. 그 결과 기면병을 앓는 사람은 낮에는 자주 잠에 빠지고 밤에는 여러 번 잠에서 깬다. 약물을 투여하거나 생활환경을 바꿔 증상을 관리할 수는 있지만 오렉신 뉴런의 소멸을 멈추거나 되돌리는 방법은 아직 알려지지 않았기 때문에 이 장애 자체를 예방하거나 치료할 방법은 없다.

게다가 과학자들은 오렉신 결핍이 분자, 세포, 뇌 네트워크 수준에서 수면에 어떻게 영향을 미치는지는 잘 알지만 꿈에 어떤 영향을 미치는지는 모른다. '깨어나고 몇 시간 후에' 당신이 기억하는 것이 사실 꿈에서 일어난 사건인데도 실제 일어난 사건이라고 믿는 망상적인 믿음이 오렉신 결핍의 직접적인 영향이라고 설명할 수는 없다. 이 꿈 장애를 밝히려면 더 많은 연구가 필요하다.

몽유병

토니의 오른손이 멀쩡한 것은 순전히 행운이었다. 대학원생일 때 토니는 침대에서 일어나 침실 구석에서 나무 의자를 끌어온 뒤 팔걸이 위에서 회전하는 천장 선풍기로 막 손을 뻗으려던 참이었다. 그것을 본 여자친구가 자다 일어나 "토니! 뭐 하는 거야!"라고 소리쳤다. 토니는 랍스터가 침입해서 뭔가 조치를 취해야 한다고 생각했다고 했고, 선풍기에 매달린 빌어먹을 갑각류가 공격을 시작할 것이라고 말했다. 당연히 랍스터는 없었다. 토니는 일반 성인의 2~4퍼센트에 해당하는 몽유병자였다.

토니의 랍스터 일화는 예전에는 수면 보행증somnambulism이라고 알려진 몽유병의 3가지 주요 특징을 보여준다.

첫째, 몽유병자는 증상이 발현되는 동안 놀라울 정도로 복잡한 행동을 할 수 있다. 의자 팔걸이에 조심조심 서 있고, 요리를 하거나 음식을 먹고(끔찍하게도 피넛 버터에 피클을 섞어 먹기도 한다), 가구를 재배치하고, 옷을 입고, 악기를 연주하거나 바깥을 돌아다니고, 사다리를 타거나 운전을 하고, 산탄총 같은 무기를 휘두르기도 한다. 심지어 자살로 의심되는 사례나 '살인 몽유병증homicidal somnambulism'이라고 정확히 이름 붙여진 사례도 있다.[14]

둘째, 몽유병을 겪는 어린이 대부분은 증상 발현을 전혀 기억하지 못한다. 하지만 대조적으로 성인 몽유병자의 80퍼센트는 증상 발현을 기억하며 간혹 몽유병 증상 중의 활동과 관련된 '작은 꿈mini-dreams'을 기억하기도 한다.

셋째, 몽유병자의 행동이 외부 관찰자에게는 이상하게 보여도 아무렇게나 일어나는 사건은 아니다. 판단력이 손상된 경우라도 수면 보행증 환자의 행동은 위급하다는 느낌이나 기저의 논리에 따라 일어난다. 잘 알려진, 셰익스피어의 《맥베스》에서 죄책감에 시달리는 맥베스 부인의 몽유병 증상에서도 같은 특징을 볼 수 있다. 맥베스 부인은 "사라져라, 저주받은 핏자국이여"라고 소리치며 자신과 남편이 저지른 범죄에 대해 잠꼬대하며 손에서 상상의 핏자국을 씻으려 애쓴다.

그런데 몽유병 환자는 증상이 발현되는 동안 실제로 잠들어 있는 걸까? 몽유병은 대부분 깊은 N3 단계 수면 중 일어난다. 하지만 렘수면행동장애 환자와 달리 수면 보행증 환자는 깨어 있는 것처럼 보이기도 한다. 이들은 주변 환경을 잘 알아서 쉽게 문과 계단을 넘거나 냉장고를 열기도 한다. 사람들과 소통할 수도 있고 극단적인 경우 놀라운 수준의 자각을 보여준다. 흥분한 몽유병자는 침대에서 일어나 아내에게 이렇게 말하기도 했다. "내가 가끔 몽유병 증상이 있는 건 알지만, 지금 이건 그게 아니야! 지금 '진짜로' 집에 누가 침입해서 우리는 지금 도망쳐야 한다고!"

반대로 환경을 잘못 인지하고 외부 자극에 반응하지 못하거나 정신적 혼란 징후를 보이고, 깨어났을 때 자신이 무슨 행동을 했는지 기억하지 못하기도 한다.

몽유병 증상 발현에 대한 EEG 연구를 보면 뇌는 깨어 있는 동시에 잠들어 있다는 사실을 확인할 수 있다.[15] 뇌 영상 연구 결과도 마찬가지로 몽유병 증상이 발현될 때는 일부 뇌 영역의 활동이 보통 때 잠잘 때처럼 꺼져 있다는 사실을 보여준다. 하지만 다른 뇌 영역의 활동은 깨어 있는 동안 감정적으로 유발되는 행동을 할 때 나타나는 수준 정도로 켜져 있었다. 분명 몽유병 환자들은 증상이 발현되는 동안 완전히 깨어 있는 것도 완전히 잠든 것도 아니다. 대신 뇌 영역 전반에서 수면과 각성이 공존하는 상태가 특징적으로 나타난다. 게다가 토니가 주도했던 한 몽유병자 연구를 보면 증상이 실제로 시작되기 20초 '전에' 깊은 수면과 각성 상태의 공존이 나타나는 것을 확인할 수 있었다.[16]

몽유병자는 이런 상태 동안 '꿈을 꿀까'? 그건 좀 더 까다로운 질문이다. 몽유병자는 일반적으로 몽유병 상태일 때의 신체적 환경을 인지할 수 있으며, 이 환경은 정상적인 꿈이나 렘수면행동장애에서 나타나는 것과는 다르다. 한편 몽유병자는 보통 증상이 발현되는 동안 눈을 뜨고 주변을 돌아다닐 수도 있다. 하지만 정상 렘수면이나 비렘수면 꿈은 실제 세계에 대한 인식이 극도로 제한된 가상의 오프라인 세계에서 일어난다. 이런 이유로 어떤 이들은 몽유병자의 꿈 지각이 진짜 꿈보다는 깨어 있는 동안의 환각에 더 가깝다고 본다. 하지만 우리는 이 견해를 의심한다. 몽유병자는 수면 마비가 일어날 때처럼 실제와 상상의 결합을 본다. 토니는 실제 천장 선풍기와 환각의 랍스터를 모두 인식했다. 하지만 랍스터 침공에 대한 믿음은 꿈의 세계에서 온 것이며 깨어 있는 동안의 환각은 없었다.

몽유병은 수면 중 기억 처리에 대한 통찰을 주는 도구로 이용되기도 한다. 이사벨 아르눌프Isabelle Arnulf와 파리 및 제네바의 동료들은 밤의 손가락 타이핑 과제를 변형해 일련의 큰 동작을 하면서 양팔을 움직이기 등의 과제를 훈련한 몽유병자가 N3 단계 수면에서 이 움직임 일부를 재현하는 것을 촬영했다.[17] 이는 분명 대부분의 수면 의존적 기억 처리에서 기초가 되는 수면 중 기억 재활성에서 온 것이기도 하지만, 몽유병자가 흔히 실행하는 움직임이기도 하다. 넥스트업도 작업 중이었을까? 안타깝게도 이 재현 이후 꿈 보고는 수집되지 않았기 때문에 과제와의 연관성을 탐색하는 꿈이 함께 나타났는지는 알 수 없다.

방대한 꿈

꿈 관련 장애의 세계를 나서기 전에 마지막으로 하나만 더 살펴보자. 잠에서 깰 때마다 피곤함을 느낀다고 생각해보자. 잠을 제대로 못 자서가 아니라 반복적인 집안일을 하거나 눈밭이나 진흙탕에서 끝없이 고군분투하는 것 같은, 끝나지 않는 신체활동과 관련된 길고 지루한 꿈을 밤새

꾸었기 때문이다. 만약 이런 밤의 꿈이 낮의 피로로 이어진다면 당신은
방대한 꿈epic dream을 겪는 것이다.

이 장애는 그다지 연구되지 않은 꿈 장애의 일종으로 1995년에 셴크
와 마호왈드가 처음으로 설명했다(렘수면행동장애를 최초로 언급한 두 사람
이다).[18] 방대한 꿈이라는 패턴이 남성보다 여성에게 더 많은 영향을 미
친다는 점 말고는 알려진 바가 거의 없다. 수면 실험실 평가로 보면 보통
임상적으로는 정상이다. 그리고 이런 끈질긴 꿈을 꾸고 일어나면 피곤
하고 진이 빠지지만, 방대한 꿈 자체의 감정은 보통 중립적이거나 전혀
감정이 없다.

방대한 꿈을 꾸는 일이 악몽과 함께 벌어질 때조차도 밤새 이어지는
이 꿈의 인상은 대체로 꿈꾸는 사람이 누군가에게 도움을 요청하도록
하는 느낌이다. 방대한 꿈에 대한 심리학적·행동적·약리학적 치료는
대부분 효과가 없는 것으로 드러났다. 방대한 꿈을 꾸는 사람이 왜 그렇
게 느끼고, 방대한 꿈이 넥스트업의 기능이나 기능 장애에 대해 무엇을
말해주며, 이런 꿈 기억 패턴과 내용이 피로라는 임상적 증상에서 어떤
역할을 할까? 이 모든 질문은 풀리지 않은 채로 남아 있다.

이 장을 맺으며 몇 가지 중요한 사실을 요약해보자.

첫째, 수면은 광범위한 뇌 시스템이 세심하게 조직된 활동 패턴 안에
서 기능해야 하는 매우 복잡한 과정이다. 그러므로 때로 이런 기능의 통
일성이 무너지는 것도 놀라운 일은 아니다.

둘째, 꿈 관련 장애는 흔히 정신질환과 마찬가지로 미신적인 두려움
과 혼란을 낳았다. 하지만 분명히 해두자. 이들은 수면 장애이지 정신 장

애가 아니다. 수면 장애는 모두 잠자는 뇌에서 정상적인 행동 통합이 실패한 결과다.

셋째, 대부분의 꿈 관련 장애는 심리요법이나 약물요법으로 치료할 수 있다. 마지막으로 이런 매혹적인 장애는 의사와 연구자 모두에게 꿈의 본질과 기능에 대한 설득력 있는 통찰을 제공한다.

14장
깨어 있는 마음, 잠자는 뇌

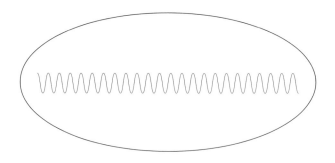

토니는 열여덟 살 때 인생을 바꿀 꿈을 꾸었다. 범인으로 몰려 유죄판결을 받아 감옥에 갇혔는데, 한 재소자에게 손과 가슴을 찔린 후 교도소 마당을 가로질러 5미터 높이의 철조망을 뛰어넘어 도망치다 총격을 당했다. 철조망 건너편 눈밭에 뛰어내리자 토니는 뭔가 이상하다는 사실을 깨달았다. 뒤쪽 감옥 마당(이제 보니 학교 같았다)은 눈밭이 아니라 잔디밭이었다. 그리고 생각해보니 기적적인 5미터 점프도 말이 되지 않았다. 칼에 찔린 상처를 살펴보았다. 상처는 이미 다 나은 것 같았고 총격을 받아 찢어지는 듯했던 고통도 사라지고 총을 쏜 간수도 보이지 않았다. 말이 되는 설명은 딱 한 가지뿐이었다. 토니는 꿈을 꾼 것이다.

토니는 자신의 진짜 몸은 침실에 잠들어 있다는 것을 깨닫고, 꿈에서 눈을 한 줌 집어 미세한 질감을 들여다보고 손에 찬 기운이 스며드는 것을 느끼며 감탄했다. 20미터쯤 떨어진 곳에 덩치 큰 남자가 눈에 들어왔다. 토니는 그가 어떻게 반응할지 궁금해하며 남자를 향해 눈덩이를 던졌다. 가죽점퍼를 입은 폭주족 같은 남자는 소리를 지르며 토니를 때려

눕히겠다고 위협했다. 폭주족 남자가 몇 발짝 다가오자 토니는 자신이 꿈을 꾸고 있다는 사실을 잠시 잊고 당황했다. 그다음에는 꿈속에서 흥미로운 두 인물과 마주쳤는데 그중 한 명은 토니에게 지금 꿈을 꾸고 있는 게 '아니라고' 확신시키려 했다. 마침내 꿈에서 깬 토니는 꿈에 마음을 사로잡힌 한편, 상당히 당황했다. 꿈속에서 꿈이라는 것을 깨닫는 꿈을 꾼 적은 있지만 이렇게 눈을 뗄 수 없을 정도로 상세하고 복잡한 꿈은 처음이었다.

몇 주 후 중고 서점을 둘러보던 토니는 《창의적인 꿈Creative Dreaming》 (1974)이라는 책을 집어 들었다. 퍼트리샤 가필드Patricia Garfield가 쓴 이 책을 읽으며, 토니는 꿈속에서 자신이 꿈을 꾸고 있다는 사실을 깨달았던 최근의 경험에 '자각몽lucid dream'이라는 이름이 있다는 사실을 알게 되었다. 그 후로 토니는 렘수면과 꿈에 대한 책을 닥치는 대로 읽고 이듬해 고민 끝에 결정을 내렸다. 형의 뒤를 따라 의대에 진학하려던 원래 계획을 바꾸기로 한 것이다. 부모님은 실망하셨지만, 토니는 꿈 연구자가 되기로 했다. 그리고 일이 잘 풀려 토니는 꽤 괜찮은 자각몽자도 되었다.

이전의 많은 사람과 마찬가지로 토니는 자각몽이라는 경험과 개념에 사로잡혔다. 책과 웹사이트, 온라인 토론, 앱 그리고 이 독특한 꿈의 형태를 다룬 유명한 논문이 엄청나게 많다는 사실을 보면, 이 주제에 대한 대중의 관심은 그 어느 때보다도 높은 것 같다. 하지만 안타깝게도 자각몽에 대한 신화와 오해는 지속되고 있고, 근거 없이 '꿈을 통제할 수 있다'라고 주장하는 제품도 넘쳐난다. 이 장에서는 꿈의 이런 매혹적인 측면을 명쾌하게 살펴볼 것이다.

무엇이 자각몽이고, 무엇은 자각몽이 아닌가

자각몽의 개념은 비교적 간단하지만 종종 오해를 사기도 한다. 많은 사람이 자각몽이란 꿈을 꾸고 있다는 사실을 자각하거나 그렇지 못하거나, 둘 중 하나인 양극단적인 현상이라고 생각한다. 하지만 꿈의 자각성은 이분법적으로 구분되지 않고 연속선상에 있다.

자각몽의 한 극단에 있는 형태는 '전-자각pre-lucid'몽으로, 이런 꿈을 꾸는 사람은 자각몽이라는 경험의 타당성에 의문을 제기하며 자신에게 "내가 꿈을 꾸는 중인가?"라고 자문하지만 그렇지 않다고 잘못된 결론을 내린다(이런, 아슬아슬하다!). 악몽이 끝날 때 금방 사라지는 낮은 정도의 자각이 있는 꿈을 꾸기도 한다. 이런 꿈을 꿀 때는 갑자기 "아! 이건 꿈이지!"라고 깨닫고 갑자기 꿈에서 깨어난다. 자각몽이라는 일련의 연속체를 더 따라가보면 꿈을 꾸고 있다는 감각을 막연히 경험하거나 간헐적으로만 자각하는 꿈이 있다. 이런 꿈을 꿀 때는 꿈을 꾸고 있다는 사실을 잠시 잊거나, 깨어 있다는 사실을 자각하고 완전히 흥분한다.

자각몽의 연속성을 따라가면 반대쪽 극단에는 자신이 꿈을 꾸고 있다는 사실을 알 뿐만 아니라 완전히 깨어 있을 때처럼 중요한 정신 능력을 보여주는 자각몽이 있다. 이런 자각몽을 꾸는 사람은 깨어 있는 동안 일어난 현실의 사건을 기억하고 논리적으로 추론할 수 있으며, 꿈에서 시도해보고 싶었던 것을 기억하고 의식적으로 꿈속 행동을 결정할 수 있다. 이런 자각몽을 꾸는 사람은 오늘이 무슨 요일인지, 자신이 어디에서 자고 있는지 등의 세부사항을 기억할 수 있다. 의도적으로 하늘을 날거나 벽을 통과하는 등의 초자연적 행동을 할 수도 있다. 사물이 드러나거나 사라지게 만들면서 꿈의 방향을 조절할 수도 있다. 이처럼 자신이 꿈꾸고 있다는 사실을 드러내는 가장 노골적인 단서부터 꿈 내용의 다양한 측면에 대한 의식적인 통제에 이르는 경험 모두가 자각몽의 일종이다.

많은 사람이 자각몽과 꿈의 통제라는 개념을 혼동한다. 하지만 이 둘은 다르다. 두 가지 경험이 동시에 일어날 수 있고 실제로 그런 경우도 있지만, 꿈을 꾸고 있다는 사실을 지각해도 꿈의 방향을 바꿀 수 없고 그러고 싶지 않을 수도 있다. 반대로 꿈꾸고 있다는 사실을 깨닫지 못해도 꿈속에서 의도적으로 현실 세계에서는 불가능한 방식으로 사물을 바꿀 수도 있다.[1] 게다가 꿈의 통제라는 명칭도 부적절하다. 자각몽자는 꿈에서 행동을 의식적으로 지시할 수 있지만, 대부분 기껏해야 꿈이 어떻게 펼쳐지는지에 '영향을 줄' 수 있을 뿐이다. 꿈에서 난데없이 어떤 등장인물이 나오게 할 수 있지만, 그 인물이 나타난 후에 무슨 말을 하거나 어떻게 행동할지는 운에 맡겨야 한다. 설정도 마찬가지다. 파리의 멋진 노천카페로 자신을 옮겨놓을 수 있지만, 그 장면에는 자신이 의식적으로 선택하거나 고려하지도 않았을 수많은 세부사항이 담겨 있다. 하늘이 맑은지 흐린지, 교통은 어떤지, 주변 사람들이 무엇을 하는지, 그리고 여기서도 문제가 될지 모르지만 자신이 무엇을 입고 있는지 등은 결정할 수 없다.

자각몽을 포함한 꿈은 우리가 의도적으로 창조하거나 통제하기는커녕 보통은 신경 쓰지도 않는 세부사항으로 가득 차 있다. 게다가 자각몽자의 약 3분의 1만이 자신의 꿈을 계속 조종할 수 있다고 보고하며, 능숙한 자각몽자도 꿈에서 특정한 과제를 수행하는 데 어려움을 겪는다.

안타깝게도 우리가 자각몽에 대해 아는 것은 꿈꾸는 사람이 스스로 말한 보고에서 얻은 것뿐이기 때문에 자각몽이 정말 존재하는지 의문을 제기하는 이들도 있다. 자각몽 경험을 상세히 기술하는 주관적인 보고는 차치하고서라도, 이런 꿈이 실제로 일어난다고 주장할 객관적이고 과학적인 증거는 무엇이 있는지 의문이 들 수 있다. 타당한 일이다. 많은 철학자와 과학자에게 잠자는 동안 자각과 추론이 일어난다는 말도 안 되는 생각은 모순처럼 보인다. 수면은 실제 주변 환경을 감지하는 의식적 인식을 '잃는' 것이 특징이기 때문이다. 그렇다면 수면 연구자나 과학 연구자를 포함한 많은 이들이 자각몽을 완전히 불신하지는 않더라도 회의적으로 보는 견해도 놀랄 일은 아니다. 하지만 기면병, 수면 마비, 몽유병, 렘수면행동장애 같은 반응 소실증 논의에서 살펴본 것처럼, 수면 상태에서만 일어나는 뇌의 처리 과정과 각성 상태에서만 일어나는 처리 과정은 과학적으로 연구된 여러 흥미로운 조건 속에서 공존하기도 한다. 자각몽은 이런 조건 중 하나에 불과하다.

왼쪽, 오른쪽, 왼쪽, 오른쪽

2장에서 우리는 렘수면의 빠른 눈 운동이 꿈꾸는 동안의 시선 방향과 관련 있다는 스캐닝 가설을 설명했다. 여전히 논쟁의 여지가 있는 가설이지만, 렘수면 동안 기록된 눈 움직임이 사다리를 오르거나(위로 움직임) 테니스 경기 관람(반복적으로 양쪽으로 움직임)처럼, 꿈속의 특정한 활동 중에 보았다고 보고한 것과 일치한다는 사실은 분명하다.

1970년대 중후반, 당시 둘 다 대학원생이었던 영국 헐앤드리버풀

대학교의 키스 헌Keith Hearne과 스탠퍼드대학교의 스티븐 라버지Stephen LaBerge는 각자 시선 일치를 연구한 끝에 동일한 흥미로운 결론에 도달했다.[2,3] 자각몽을 꾸는 사람이 꿈을 꿀 때 미리 합의한 일련의 눈 운동(예를 들어, 왼쪽 오른쪽으로 반복해서 눈을 움직이기)을 하게 하고 이를 실험실에서 안전도EOG로 기록하면 꿈속에서 자각이 일어나는 정확한 시간을 표시할 수 있다는 것이다. 예감은 적중했다. 숙련된 자각몽자이자 헌의 실험 초기 참가자인 앨런 월시Alan Worsley는 꿈에서 자각할 때 신호를 보낸 최초의 자각몽자로 인정받았다. 월시가 1975년 4월 자각몽을 꾸며 눈을 왼쪽, 오른쪽, 왼쪽, 오른쪽으로 움직여 보낸 눈 신호 원본 연구지와, 동시에 그 순간 그가 실제로 잠들었음을 증명하는 EEG와 EMG 기록지가 런던 과학박물관에 영구 전시되고 있다.

이후 여러 실험실 연구에서 자각몽자들이 방금 설명한 자발적인 왼쪽-오른쪽-왼쪽-오른쪽LRLR 눈 운동 신호와 비슷하게 미리 정해진 눈 운동 신호를 보내 렘수면 중 자각하고 있다는 사실을 연구자에게 알릴 수 있다는 사실을 밝혀냈다. 이 방법은 논란의 여지 없이 자각몽의 증거가 되며, 자각몽자에게는 꿈에서 특정 과제를 언제 시작하고 끝내는지 정확히 나타내는 '타임 스탬프' 기능을 한다. 예를 들어 자각몽자는 자각이 시작될 때 한 번, 미리 정해진 과제를 시작할 때 또 한 번, 마지막으로 그 행동이 끝날 때 LRLR 신호를 보낼 수 있다. 연구자는 이런 방법으로 잠자는 참가자가 꿈속에서 정확히 '언제' 실험 과제를 수행하는지(앞선 사례에서라면 두 번째와 세 번째 신호 사이), 즉 실제로 과제가 얼마나 오래 진행되는지 알 수 있다. 또 연구자는 심장이나 호흡, 근육 활동, EEG, 다른 신체와 뇌 기능의 변화에 상응하는 변화를 보려면 참가자의 정신

생리학 기록 어디를 살펴보아야 하는지도 알 수 있다. 연구자들은 이런 방식으로 노래하기, 숫자 세기, 시간 간격 추정하기, 숨 참기, 손 쥐기, 스쿼트하기, 심지어 성행위까지 포함한 자각몽 활동을 연구했다.[4]

이렇게 생각해보자. 수면 연구자는 잠자는 참가자를 관찰하고 있고, 참가자는 렘수면에 들면 자신이 실험실에서 자고 있고 꿈꾸는 동안 실험을 수행하고 있다는 사실을 기억한다. 그리고 꿈속에서 미리 정해진 눈 움직임 신호를 이용해 연구자에게 이제 자각이 시작되고 정해진 과제를 시작한다고 알린다. 공상과학 소설이나 일종의 속임수가 아니다. 이것은 과학이다.

이 연구로 꿈에 대해 무엇을 알 수 있을까? 이 실험은 전반적으로 자각몽 활동 중에 일어나는 생리적 변화가 깨어 있는 동안 비슷한 활동을 할 때 보이는 생리적 변화와 같다는 사실을 보여준다. 자각몽자가 꿈에서 숨을 참으면 신체는 전형적인 중추 무호흡central apnea, 즉 뇌에서 지시한 일시적인 호흡 중단을 보인다. 참가자가 자각몽에서 운동을 시작하면 심박수가 올라간다. 한 여성 자각몽자가 자각몽 중 성행위를 할 때 연구자는 호흡수, 피부 전도, 질 EMG 등 다양한 실험 측정법으로 이에 상응하는 신체 변화를 관찰했다. 기능적 자기 공명 영상을 이용한 사례에서는 렘수면 자각몽과 깨어 있는 동안 손을 꼭 쥐는 활동이 뇌의 감각운동피질의 동일한 영역을 활성화한다는 사실도 드러났다.[5] 대부분 단일 사례이거나 매우 작은 표본에서 얻은 발견이지만 상당히 매력적인 결과임에 틀림없다.

앞서 렘수면에 수반되는 마비가 제대로 일어나지 않는 렘수면행동장애를 논할 때, 우리는 이런 꿈 장애가 있는 사람은 흔히 신체적으로 꿈을 실행한다는 사실을 보았다. 이런 임상 문헌에 더해 자각몽 연구는 꿈에서 무언가를 할 때 행동으로 나타나는 근육 활동이 차단되더라도 뇌 자체는 현실에서 그 행동을 할 때와 크게 다르지 않다는 사실을 보여준다.

그렇다면 자각몽을 꿀 때의 뇌 특성으로 잠자는 동안 일어나는 자기 반영을 설명할 수 있을까? 대답은 '그렇다'이지만 몇 가지 중요한 주의점이 있다.

뇌가 자각몽을 꿀 때

대부분의 자각몽은 렘수면 중 일어나며, 특히 잠자는 뇌가 더 높은 수준의 피질 활성을 보이는 수면의 후반부에 일어난다는 사실은 오래전부터 알려졌다. 하지만 이후 자각몽 중의 EEG 연구가 보여준 결과는 대체로 엇갈리고 일관성이 없었다. 그런데 최근의 뇌 영상 연구는 좀 더 명확한 그림을 보여준다.

뇌가 자각몽을 꾸면, 현실의 자기 반영적 인식과 관련이 있지만 렘수면 중에는 보통 꺼지는 전두 영역frontal region이 더욱 활성화된다. 사실 자각몽을 꾸는 동안 이 전두 영역 사이의 소통은 깨어 있을 때만큼 늘어난다.[6] 하지만 자각이 이런 뇌 활성 변화로 이어지는 것일까? 아니면 그 반대일까? 적어도 한 연구 결과를 보면 뇌 활동의 변화가 자각을 발전시키는 원인으로 보인다. 위스콘신-매디슨대학교의 줄리오 토노니 연구실에서 벤저민 베어드Benjamin Baird가 시행한 연구를 보자. 자각몽을 꾸지 않는 대조군에 비해 일주일에 적어도 3~4회 자각몽을 꾸는 사람은 깨어 있을 때 눈을 뜨고 쉴 때도 뇌 전두 영역 활동이 늘어나 있었다.[7] 이런 결과를 볼 때 자각몽자는 깨어 있든 잠을 자고 있든 자각몽과 관련된 뇌 전두 영역 활동이 늘어나 있고, 이런 뇌 활동의 증가로 렘수면에서 자각이 촉진된다고 볼 수 있다.

어떤 연구자들은 이마 바로 위에 전극을 붙여(경두개 전기 자극transcranial electrical stimulation이라 알려진 비교적 최근의 뇌 자극 방법) 직접 전두 영역 자극을 시도했다. 하지만 꿈 내용이 자각몽으로 바뀌었다는 증거는 거의 없었다. 한 연구에서 연구자는 자각 전혀 없음(0점), 자각 가능성 있음(1점), 자각 징후가 분명함(2점)으로 구분되는 3단계 척도를 고안했다.[8] 연구 팀은 뇌를 자극하면 자각 점수가 올라가기는 했지만 아주 적은 수준(평균 점수에서 0.5점 올라간)에 불과했으며, 그것도 평소에 자각몽을 꾼다고 보고한 사람들에게서만 발견되었다고 밝혔다.

온라인과 언론에서 매우 성공적이었다고 보도한 다른 연구 결과도 실은 그다지 성공적이지는 않았다.[9] 언론에서는 연구자들이 특정 주파수로 뇌를 자극해서 자각몽을 유도할 수 있음을 밝혔다고 대대적으로 보도했지만, 실은 뇌 자극으로 참가자의 해리dissociation(꿈에서 제3자의 관점을 취함)와 통찰(꿈을 꾸고 있다는 사실을 깨달음)에 대한 자기 보고 점수가 소폭 증가했을 뿐이었다. 게다가 LRLR 신호로 확인된 자각몽은 단 한 건도 수집되지 않았다. 통찰력 증가는 자각몽자가 실제 자각몽을 꿀 때 보고한 수준의 5분의 1에도 미치지 못했다.

하지만 연구자들은 다른 접근 방식으로 렘수면을 강화해 꿈의 자각을 늘리려 했다. 이런 연구 중 하나가 '갈란타민galantamine'이라는 약물을 이용해 뇌의 아세틸콜린 농도를 증가시키는 것이었다. 7장에서 살펴보았듯이 아세틸콜린은 렘수면을 조절하는데, 갈란타민은 아세틸콜린을 증가시켜 렘수면 양을 늘리고 렘수면의 기억, 생생함, 복잡함도 증가시킨다. 이 연구에서 참가자 121명은 4시간 30분간 자고 일어나 갈란타민이나 위약을 투여받고, 30분간 자각몽을 유도하는 정신 기술을 연습한 후 다시 잠들었다. 위약을 투여한 밤에는 참가자의 14퍼센트가 자각몽을 꾸었다고 보고했다. 하지만 갈란타민을 투여한 밤에는 참가자의 약 절반인 42퍼센트가 자각몽을 꾸었다고 보고했다.[10] 놀라운 결과지만 실험을 자세히 살펴볼 필요가 있다. 첫째, 참가자들은 매우 의욕적인 성인으로 8일간 자각몽 워크숍에 참여했고 이 실험은 훈련 프로그램 5일 차에 시작되었다. 둘째, 갈란타민을 투여한 후 최소 30분간 수면 방해가 있었고, 참가자들은 다시 수면을 하기 전에 자각몽 유도 기술을 연습했다. 마지막으로, 갈란타민은 불면증과 위장 장애 같은 부작용을 일으킬 수 있다. 따라서 이 실험 방법은 자각몽을 유도하는 데는 성공적이었지만 많은 이들이 시도해볼 만한 방법은 아닌 것 같다.

이런 새로운 연구 물결은 과학자들이 자각몽의 신경증적 토대는 물론 자각몽 발생을 촉진하는 뇌 기반 과정을 이해하는 데 더욱 관심을 가진다는 사실을 보여준다. 하지만 대중은 보통 이런 연구에서 어떻게 자각몽자가 될 수 있는지, 또는 이미 자각몽을 꾸는 사람이라면 어떻게 그 빈도를 높일 수 있는지에 주로 관심을 보인다. 게다가 이런 목표를 달성하는 데 도움을 준다고 주장하는 방법이나 기기는 넘쳐난다.

자각몽 일으키기

우리가 얼마나 오래 꿈을 꾸고 얼마나 많은 꿈을 기억하는지 생각해본다면 자각몽은 상당히 드문 편이다. 인구의 절반을 약간 넘는 정도가 자각몽을 꾼 적이 있다고 보고했고, 한 달에 한 번 자각몽을 꾼다고 보고하는 사람은 20~25퍼센트에 불과하다. 일주일에 여러 번 자각몽을 꾸고 수면 실험실에서 LRLR 신호를 성공적으로 전할 수 있는 고도로 숙련된 자각몽자는 1퍼센트 미만이다.

자각몽을 빈번하게 꾸는 이들은 기억하는 한 오래전부터 자각몽을 꾸었거나, 비교적 어린 나이에 자각몽을 꾸려고 스스로 연습했다고 보고했다. 어느 쪽이든 숙련된 자각몽자는 대부분 꿈을 잘 기억한다. 따라서 자각몽자가 되고 싶다면 꿈 기억을 잘해야 한다. 11장에서 제시한 문제 해결을 위한 꿈을 끌어내는 방법처럼, 자각몽을 꾸고 싶다면 잠에서 깼을 때 꿈을 기억하는 법을 배워야 하며 일기나 녹음기, 앱 등을 이용해 실제로 기억하는 꿈을 기록하는 것이 중요하다. 동기부여도 필요하다. 다른 기술 학습과 마찬가지로 자각몽을 잘 꾸는 데는 시간이 걸린다. 하지만 어떤 기술을 이용하면 더 쉽게 배울 수 있고, 최근에는 웨어러블 기기들이 다수 발명된 덕분에 학습 과정을 단축할 수 있다.

대중이 자각몽 기술에 관심이 많다고 말하는 것은 사실 상당히 절제된 표현이다. 실제로 지난 10년 동안 자각몽 유도 장치를 제안한 회사들이 크라우드 펀딩에 성공해서 몇 주 만에 목표액의 2배, 3배를 달성한 사례도 있었다.

이런 장치 대부분은 센서를 이용해 렘수면 관련 전기적 뇌 활동을 감지하고, 자고 있거나 꿈을 꿀 때 빛이나 소리, 진동 감각 같은 자극을 전달해 우리가 꿈꾸고 있다는 사실을 알려준다. 다른 기기는 앞서 살펴본 경두개 자극 연구에서 사용한 장치와 비슷하게 전류를 전달한다. 하지만 수백 달러를 들여 이런 제품을 구매해도 사실 대부분 제품의 효과에 대해서는 공인된 자료가 적거나 거의 없다는 사실을 알아야 한다.[11] 게다가 이런 제품을 개발하는 많은 회사가 도산했거나, 자각몽을 확실하게 유도하는 제품을 개발하는 도중 여러 난관에 부딪혀 제품 생산이 수년간 지연되기도 한다.

반면 자각몽을 유도하기 위해 고안된 다양한 인지 연습의 효과를 연구한 문헌은 약 36종이나 된다.[12] 자각몽 유도 기술에 관심 있는 독자라면 이런 기술을 다룬 책이나 온라인 자료를 수십 종은 찾을 수 있다. 이런 방법은 자기 암시나 시각화, 잠든 동안 자각을 유지하는 것을 목표로 하는 기술에 이르기까지 다양하다. 자각몽 유도 기술을 시도해보고 싶은 독자를 위해 연습 시작을 도와줄 방법을 간단히 제안하겠다.

〈자각몽자가 되는 법〉

1. 하루에 여러 번 "내가 꿈을 꾸고 있나?"라고 자문해본다. 자동으로 그냥 대답하지 말고 곰곰이 생각해보라. 주변을 살펴보고, 어떻게 그곳에 도착했는지, 이 질문을 던지기 직전에 무슨 일이 일어나고 있었는지 생각해보라. 이런 태도를 연습하면 꿈속 부조화를 인지하고 흔히 꿈을 특징짓는 일종의 기억 상실을 발견하는 데 도움이 된다.

2. 놀랍거나 일어날 것 같지 않은 일이 일어나거나 강한 감정을 경험할 때

마다 자신에게 "내가 꿈을 꾸고 있나?"라고 묻는 습관을 들이자. 이런 상황은 당신이 꿈을 꾸고 있다는 사실을 깨닫게 될 가능성이 가장 큰 상황이다.

3. 일상에서 깨어 있는지, 꿈을 꾸는지 확인하는 '현실 확인reality check' 방법을 연습한다. 이런 방법은 책을 읽으려고 하거나, 거울 속 자신을 바라보거나, 어두운 방에서 불을 켜거나, 손가락으로 손바닥을 찌르거나 하는 등 여러 형태일 수 있다. 대부분 꿈에서는 책을 읽기가 어렵고, 거울에 비친 모습은 금방 흐려지고, 전등 스위치는 제대로 작동하지 않으며, 손가락이 손바닥을 통과하거나 특이한 감각을 불러일으킨다. 꿈에서 이런 '현실 확인' 행동을 해보면 꿈을 꾸고 있다는 사실을 깨달을 수 있다.

4. 반복되는 꿈이나 주제 또는 설정이 있다면, 꿈을 꾸고 있다는 사실을 스스로 깨닫는 상상을 하면서 리허설을 해보자.

5. 자기 암시의 힘을 이용해 잠들기 전 자신에게 오늘 밤에 자각몽을 꾸게 될 것이라고 말해보자. 몇 번 반복한다.

6. 한밤중이나 새벽에 깨서 다시 잠을 자려고 한다면(또는 낮잠을 자려고 한다면), 잠시 시간을 내 자각몽을 꾸게 될 거라고 말하거나, 꿈속에서 자각하는 모습을 시각화해본다. 다시 잠든 후 바로 렘수면에 들어가 자각몽으로 즉시 진입할 수 있다.

7. 깨어 있는지 꿈속인지 분명하지 않을 때는 틀림없이 꿈을 꾸고 있다는 사실을 기억하라!

이런 기술을 이용하면 자각몽자가 되거나 더 자주 자각몽을 꿀 수 있다(어떤 사람들은 이 장을 읽는 것만으로도 자각몽을 유도할 수 있다). 자각몽자가 되는 건 비교적 간단한 일이다. 사실 자각몽을 '유지하는' 게 진짜 어려운 부분이다. 자각몽을 유지하는 일은 항상 비자각 꿈으로 돌아가거나 반대로 각성으로 넘어갈 위험이 있는 아슬아슬한 줄타기다. 자각몽을 사용하는 법을 배워 다음 꿈에서 일어날 일에 영향을 주는 건 훨씬 어렵다. 지금부터 우리는 자각몽의 또 다른, 그리고 더 높은 수준의 측면을 살펴볼 것이다.

기대하고, 몸을 돌리고, 계속 꿈꾸기

지금까지 꿈 자각의 연속성에 대해 살펴보았다. 보통 하나의 꿈 안에서도 꿈꾸는 사람의 자각은 완전히 사라지거나 다시 나타나는 등 그 정도가 크게 변한다. 그 이유를 파악하는 건 어렵지 않다. 9장에서 우리는 꿈이 어떻게 구성되는지 살펴보았고, 특히 렘수면 중 일어나는 꿈은 전체 꿈에서 연속성이 거의 없다는 점을 상세히 밝혔다. 대신 넥스트업으로 예측한 바와 같이 꿈에서는 위치, 관점, 행동이 변하는 경우가 흔하다. 꿈속 생각은 꿈이 전개됨에 따라 마찬가지로 변하고 흔들린다. 꿈꾸는 뇌가 끊임없이 진화하는 일련의 기억과 네트워크 탐색을 엮는 동안 다시 비자각적 꿈으로 빠지지 않으려고 정신적으로 집중을 유지하고, 깨지 않기 위해 감정을 조절하는 법을 배우는 것이 자각몽자가 직면하는 가장 큰 어려움이다.

꿈속에서 자각하는 것과 분명하게 생각하는 것은 다르다. 자각몽에서도 꿈꾸는 사람의 추론은 분명 부족할 때가 많다. 자각몽을 꿀 때도 어디서 잠에 빠졌는지 잘못 기억하거나, 물속에 있을 때 숨을 쉬러 수면 위로 올라올 필요가 없다는 사실을 잊거나, 꿈꾸는 사람에게 말을 거는 지혜로운 베짱이가 정말로 고대의 신이라고 믿는 엉뚱한 결론에 이르기도 한다.

일단 꿈을 꾸고 있다는 사실을 깨닫고 나면 꿈꾸는 사람은 다음에 일어날 사건에 영향을 주고 싶어 할 것이다. 의도적으로 사물, 사람, 심지어 전체 설정을 나타나게 하거나 사라지게 할 수 있는 자각몽자도 있지만, 대부분은 우리가 '의도하는' 것을 나타나게 하지 못한다. 제대로 작동하는 것은 그저 무언가가 일어나도록 '기대하는' 것뿐이다.

9장에서는 꿈속에서 다양한 상황에 반응하는 방식이 꿈의 전개에 어떻게 영향을 미치는지 살펴보았고, 10장에서는 꿈속 생각, 감정, 행동이 일상의 꿈을 어떻게 나쁜 꿈이나 악몽으로 바꾸는지 살펴보았다. 자각몽에도 같은 생각이 적용된다. 이렇게 해보자.

자각몽에 멋진 집, 맛있는 디저트, 특정 인물이 나오게 하고 싶다고 가정하자. 바로 눈앞에 이들을 구체화하려고 애쓰지 말고 원하는 사물이나 장면을 잠시 상상해보자. 그리고 꿈속에서 당신 뒤에 원하는 사물이 있다고 '기대하면서' 천천히 뒤를 돌아보자. 그러면 그 사물이나 장면 또는 비슷한 것이 있을 가능성이 크다. 꿈속에서 건물 안에 있는 자신을 발견한다면, 천천히 사무실로 걸어 들어가면서 그곳에 보고 싶은 사람이 기다리고 있다거나 모퉁이를 돌면 바로 나타날지도 모른다고 생각해 보자. 이 '기대 효과expectancy effect'를 이용해 꿈에 원하는 사물이 나타나게 할 수 있다. 책상 서랍 안, 가구 뒤, 바지 주머니 안에서 어떤 사물을 찾을 수 있다고 자신에게 말해보자. 일부 능숙한 자각몽자는 꿈속에서 문을 열며 자기가 기다리는 것이 반대편에 있다고 상상한다. 당연히 이런 기대 효과는 당신이 그렇게 할 수 있다고 확신하는 경우에만 효과가 있다. 조금이라도 의심한다면 꿈꾸는 뇌는 불확실성을 추적하고, 원치 않거나 예측하지 못한 방향으로 꿈을 끌고 갈 수도 있다.

토니의 친구(사라라고 부르자)가 말한 사례를 보자. 사라는 어릴 때 숲에서 크고 무서운 늑대가 쫓아다니는 꿈을 꾸곤 했다. 사라가 아빠에게 꿈 이야기를 하자, 사라의 아빠는 꿈은 사람을 해칠 수 없으니 다음에 꿈에서 늑대를 만나면 "그만해! 넌 나를 해칠 수 없어. 이건 꿈이야!"라고 말하라고 했다. 몇 주 후 사라는 그 꿈을 다시 꾸었는데 아빠가 한 말을 기억하고 그렇게 말했다. 사라가 아빠가 가르쳐준 대로 말하자 늑대는 가까이 와서 사라의 눈을 똑바로 보더니 "그래서?"라며 으르렁댔다. 그러고는 갑자기 거칠게 사라의 팔을 물어버렸다. 사라는 비명을 지르며 잠에서 깼고 말도 안 되는 조언을 해준 아빠에게 화를 냈다.

하지만 사라의 꿈에서 문제는 아빠의 조언 자체가 아니었다. 사실 많은 사람이 어린 시절 악몽을 극복하기 위해 자각몽을 꾸는 방법을 익혔다고 말한다. 문제는 사라가 꿈에서 제대로 말했다고 해도, 사라의 일부는 늑대가 무언가를 할 수 있을 거라고 두려워했다는 점이다(후에 사라는 이 일을 되돌아보며 진짜 그랬다고 생각했다). 두려움이라는 근본적인 감각은 어린 시절 내내 사라의 꿈꾸는 뇌에 등록되어 꿈의 실망스러운 결말에 기여했을 것이다. 즐겁게 하늘을 나는 꿈을 꾸는 도중에 내가 어떻게 해서 날 수 있게 되었는지 질문하는 순간 땅으로 떨어지고 마는 꿈에도 비슷한 역학이 작용한다.

하지만 꿈속의 부정적인 생각과 감정이 꿈을 불쾌한 방향으로 이끌 수 있는 것처럼, 긍정적인 생각과 감정은 꿈을 더 즐거운 영역으로 이끌 수도 있다. 능숙한 자각몽자는 자유 의지와 의도를 이용해 다양한 창조적인 방법으로 꿈 세계를 탐색하거나 꿈에 영향을 준다.

색이나 명료함, 밝기 같은 시각적 측면이 재빨리 사라지기 시작하는 등 꿈이 막 끝나간다고 느낄 때 이런 감정을 연장하는 방법을 아는 사람도 있다. 자각몽자들은 아직 깨어나고 싶지 않을 때 자각적 모험을 연장하는 여러 방법을 탐구했다(맞다, 사람들은 그런 것을 연구하고 보고한다). 자각몽을 연장하는 인기 있는 방법은 꿈속에서 몸을 돌리는 것이다. 꿈에서 간단히 팔을 뻗거나 팽이 또는 무용수처럼 몸을 돌려보자. 어떻게 몸을 돌리는지는 중요하지 않다. 중요한 것은 돌린다는 감각을 '느끼는' 것이다. 또 다른 유명한 기술은 꿈속에서 두 손을 비비는 것인데, 많은 자각몽자가 꿈 이미지를 안정시키는 데 특히 효과적이라고 여기는 방법이다.

왜 이런 방법이 효과가 있는지는 아무도 모른다. 꿈꾸는 뇌가 생생한 환각적 신체 경험을 꿈속 몸에 만들어서, 뇌가 실제 몸에서 온 정보(침대 위에 내 팔과 다리가 어떻게 놓여 있는지 등)를 추적하거나 변환하지 못하게 한다고 생각하는 연구자들도 있다. 실제 몸이 말을 듣지 않으면 결과적으로 당신은 꿈속에 머무를 수 있다. 하지만 이것도 그저 추측에 불과하다.

자각몽 속 등장인물과 소통하기

일반적으로 꿈, 특히 자각몽의 매혹적인 측면은 우리가 내적으로 만든 꿈 세계에서 만나는 사람들이다. 어떤 사람들은 꿈에서 1차원적인 엑스트라로 등장하지만, 또 어떤 사람들은 현실감을 띠고 우리에게서 여러 반응을 끌어낸다. 등장인물은 표정, 목소리 톤, 단어 선택, 감정적인 제스처, 전체적인 행동과 태도를 통해 우리를 논쟁으로 이끌거나, 어떤 이상한 계획으로 그들을 도와야 한다는 확신을 갖게 하거나, 혐오감을 느끼며 방을 나가게 하거나, 깊은 사랑에 빠지게 할 수도 있다. 그들은 우리를 화나게 하거나, 두렵게 하거나, 혼란스럽게 하거나, 아주 흥분하게 할 수도 있다. 꿈의 등장인물은 그들이 '자신의' 뚜렷한 생각과 감정을 겪는 것처럼 행동할 수도 있다. 정말 행복하거나, 두려워하거나, 슬퍼보일 수도 있다. 심지어 우리가 모르는 것을 아는 것처럼 보이기도 한다!

자각몽자는 꿈속 등장인물에게 의도적으로 특정한 질문을 던지고 그들의 반응을 관찰해서 꿈꾸는 뇌가 꿈속 등장인물을 어떻게 설명하는지 탐색할 수 있는 독특한 능력이 있다. 독일의 꿈 연구자이자 게슈탈트 심리학자인 파울 톨라이*Paul Tholey*는 꿈속 등장인물이 드러내는 명백한 정신 능력을 다룬 흥미로운 연구에서 9명의 능숙한 자각몽자들에게 꿈속 인물이 나타나면 글쓰기, 그림그리기, 운율 만들기, 수학 문제 풀기 등 특정한 작업을 하도록 부탁하라고 했다.[13] 꿈속 등장인물은 기꺼이 이런 작업을 했고, 심지어 몇몇은 놀랍게도 매우 잘했다. 수학만 빼면 말이다.

3 곱하기 4 같은 기본적인 연산 문제를 시켰을 때 자각몽자는 쉽게 풀어도 꿈속 등장인물은 보통 답을 찾지 못했다. 두 번째 연구 결과도 비슷했다. 꿈속 등장인물의 3분의 2는 틀린 답을 내놓았다.[14] 하지만 더 흥미로운 것은 자각몽자들이 지적한 것처럼 이들의 특이한 대답과 반응이었다. 수학 문제를 풀라고 요청하자 어떤 등장인물은 갑자기 울기 시작

했다. 어떤 등장인물은 도망갔다. 그 요청이 지나치게 개인적이거나, 답변이 너무 주관적이고 중요해서 말할 수 없는 것처럼 행동하기도 했다.

일부 사람들에게 이런 특이한 연구는 그저 흥미를 끄는 신기한 결과에 지나지 않을지도 모른다. 하지만 이런 결과는 꿈속에서 만나는 등장인물과 우리가 일으키는 간밤의 상호작용에서 주목할 만하지만 쉽게 간과되는 측면을 부각한다. 자각몽자가 의식적으로 꿈속 등장인물에게 특정 질문을 하려고 '결심하고', 자신이 꿈을 꾸고 있다는 사실을 '알고', 마주 보고 있는 인물은 상상의 산물이라는 사실을 알아도 자각몽자는 꿈속 등장인물이 질문에 어떻게 반응할지는 모른다. 이런 예측 불가능성은 비자각적 꿈에서는 오히려 강화된다. 사실 꿈에서 우리가 관여하는 모든 상호작용은 꿈속 등장인물이 다음에 무슨 말을 하거나 어떤 행동을 할지 알지 못한 채 펼쳐진다. 다시 말하면 자각몽자의 기대가 작용할 때도 꿈속 등장인물은 자신만의 생각과 의도를 따르는 듯 예측하지 못한 방식으로 행동한다. 게다가 꿈속 인물들은 우리 자신의 꿈꾸는 뇌에서 창조되었기 때문에, 꿈에서 이런 일이 일어날 때마다 당신은 정말 놀라게 된다.

일부 자각몽자, 특히 초보자들은 그저 꿈속 등장인물이 어떻게 반응하는지 보기 위해 그들이 진짜가 아니라고 말할지도 모른다. 대부분의 꿈속 등장인물은 꿈꾸는 사람의 말을 그냥 무시하거나 비웃거나 화를 낼 것이다. 경험이 풍부한 자각몽자라면 꿈속 중심 등장인물에 좀 더 흥미로운 방식으로 접근해 '당신은 누구지? 나는 누구지? 당신이 나를 어떻게 도울 수 있지? 당신이나 나에 대해, 또는 우리에게 어떤 일이 일어날지 등에 대해 내가 알아야 할 가장 중요한 것은 무엇이지?'처럼 통찰을 줄 만한 질문을 던진다. 꿈속 등장인물은 횡설수설할 때도 있지만 진지하게 받아들이는 것처럼 보일 때도 있고, 놀랍도록 재치 있고 통찰력 있는 답변을 줄 수도 있다.

일단 꿈에서 자각하는 법을 배우고 나면 스스로 자각몽을 시도해서 등장인물이 어떤 반응을 내놓는지 살필 수 있다. 하지만 자각몽에서도 당신은 결코 운전대를 잡은 운전자가 아니라는 사실을 명심하자. 운전자는 당신의 꿈꾸는 뇌다. 그래도 꿈속 등장인물과 참신하게 때로는 통찰을 주는 방식으로 상호작용하고 당신의 생각, 감정, 행동이 꿈의 전개에 어떤 영향을 주는지 주목하면, 꿈꾸는 뇌가 내면의 꿈 세계를 어떻게 구성하는지 알 수 있으며 그 과정에서 당신 자신을 발견할 수도 있다.

이 장을 정리하며 몇 가지 요점을 짚어 보겠다.

첫째, 자각몽은 누구라도 쉽게 배울 수 있는 것처럼 묘사된다. 하지만 자각몽에 익숙하지 않은 사람들은 대개 상당한 노력을 투자해야 이 기술을 배울 수 있다.

둘째, 사람들은 흔히 자각몽이란 손가락만 까딱하면 무엇이든 만들고 일어날 수 있게 할 수 있는 능력이라고 생각한다. 하지만 많은 자각몽자가 보기에도 지속적이고 안정적으로 꿈에 영향을 미치기란 생각보다 훨씬 어렵다. 자각몽의 절반 정도에는 꿈을 제어할 수 있다는 어떤 증거도 없다. 게다가 능숙한 자각몽자도 적극적으로 꿈의 진로를 변경하기보다 꿈이 자연스럽게 펼쳐지며 '흐름을 따라가도록' 놓아주고 그 꿈을 탐색하는 편을 택한다.

셋째, 자각몽에 이점이 있다는 주장이 많지만(공포를 극복한다든가, 신체적으로 치유된다든가, 복잡하고 현실적인 문제를 해결하는 등) 대부분은 임상적·과학적 증거로 뒷받침되지 않는다. 그런 효과가 없다는 말이 아니라 아직 제대로 연구되지 않았거나 사실로 입증되지 않았다는 말이다. 자각몽은 매우 흥미로운 현상이며, 악몽을 치료하거나 창의성을 기르고 운동 기술을 향상하는 데 이용될 수 있다. 출발은 나쁘지 않지만 자각몽의 풍부한 미덕을 이해하기에는 여전히 갈 길이 멀다.

마지막으로, 아마도 가장 중요한 점은 자각몽이 모두를 위한 것은 아니라는 사실이다. 자각몽을 꾸거나 자각몽 꾸는 방법을 배우는 일은 해롭지 않지만, 자각몽자를 포함한 어떤 이들은 통제할 수 없고 억지로 깨어나야 하는 끔찍한 자각몽을 경험할 수도 있다.[15] 강렬한 공포와 무력감은 차치하고서라도, '자각 악몽lucid nightmares'으로 알려진 이런 꿈은 보통 꿈꾸는 사람을 향한 폭력적인 행동이 포함되어 있다. 자각 악몽에서는 흉악하고 악마적인 존재가 폭력적인 행동을 저지르는 경우가 많다. 이렇게 독특하고 무서운 꿈은 수 세기 동안 언급되었고, 1913년 '자각몽'이라는 용어를 만든 네덜란드의 정신과 의사 프레데리크 반 에덴Frederik van Eeden도 이런 현상을 상세히 설명한 바 있다. 그런데도 우리는 어떤 사람이 자각몽을 꾸기 쉬운지, 왜 그런지는 거의 알지 못한다. 게다가 이보다는 덜 걱정스러운 일이기는 하지만 종종 자각몽에 수반되는 '거짓 각성false awakening'을 매우 불안하게 느끼는 사람도 있다.

이런 단점이 있음에도 자각몽은 상당히 자극적이고 흥미진진하며 눈을 번쩍 뜨게 하는 경험이다. 자각몽에 대한 여러 가지 매력적인 실험실 기반 결과가 나왔고, 다양한 혁신적인 도구를 이용해 자각몽을 연구하는 연구자도 점점 늘고 있다. 자각몽을 이해하고 임상 또는 일상에서 자각몽을 적용하려는 실험에서도 느리지만 계속 진전이 이루어지고 있다. 궁극적으로 자각몽은 보통 다른 꿈속 인물과의 상호작용을 통해 일어나는 자기 탐색의 독특한 창을 제공한다. 하지만 수학 숙제를 도와줄 것이라는 기대는 접어두자.

15장
텔레파시와 예지몽

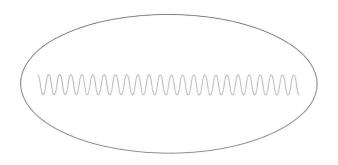

마음을 읽는 꿈, 멀리서 일어나는 사건에 대한 꿈, 미래를 예언하는 꿈. 사람들은 모두 이런 꿈 중 하나를 꾼 적이 있거나 꾼 사람을 알고 있다. 태곳적부터 사람들의 관심을 받고 우리의 문화적 정신에 뿌리내린 것들 중 텔레파시 꿈과 예지몽은 타인에 대해 가장 많은 질문과 격렬한 논쟁을 불러일으킨 경험으로, 불가해한 꿈의 한 측면이다.

우리가 초자연적 꿈 현상과 관련된 이메일을 수없이 받은 것도 이 때문일 것이다. 사람들은 항공기 추락에서 폭격, 자연재해에 이르는 미래의 사건을 자신의 꿈에서 어떻게 예측했는지 자세히 설명하고 싶어 한다. 많은 사람이 자기가 얼마나 자주 이런 꿈을 꾸는지, 이 꿈이 현실로 나타날 줄 어떻게 '알았는지'를 명확하게 설명하려 애쓰고, 그다음 꿈을 꾸었는데 나중에 현실로 나타난 사례를 든다. 그리고 그런 이메일은 보통 "'이 현상'을 어떻게 설명하실 건가요?"로 끝난다.

앞으로 살펴보겠지만 이런 종류의 꿈을 과학적으로 다루는 데는 어려움이 많다. 게다가 초자연적인 꿈은 설명 '될 수 있는' 경우도 많지만 그렇지 않은 때도 있다. 만약 당신이 이처럼 미래를 보는 예지몽을 꾼 적이 있거나, 마음에서 마음으로 다른 사람과 직접 소통하는 텔레파시 또는 실제로 지각할 수 없는 사건을 관찰하는 투시력을 가진 적이 있다면, 정상 과학의 범주를 넘어서는 아주 불가사의한 일이 일어났다는 느낌을 떨칠 수 없을 것이다. 하지만 당신만 그런 건 아니다.

꿈과 텔레파시

지금도 이어지는 조직인 영국 정신연구협회 연구자들은 1880년대에 다양한 초자연적 경험을 연구하고 있었다. 1882년에 '텔레파시telepathy'라는 용어를 최초로 만든 프레더릭 W. H. 마이어Frederic W. H. Myers를 포함한 이 협회의 창립자 중 3명은 1886년에《살아 있는 자들의 환영Phantasms of the Living》이라는 책을 출간했다.[1] 수백 건의 텔레파시와 유령에 대한 중요한 조사 결과를 상세히 담은 선구적인 책이다. 이 책에서는 저절로 일어난 149건의 꿈 텔레파시를 다루는데, 대부분 친척이나 친구 사이에서 일어난 것이었다. 이런 사례의 절반 이상은 죽음이라는 주제와 관련되었고, 그다음이 누군가 위험에 처하거나 괴로워하는 내용이었다. 사례 신고의 정확성, 확증적 증거, 우연과 관련된 설명, '잠복된' 기억, 사기 등의 요소를 조사한 끝에 저자들은 꿈과 깨어 있는 현실의 삶 모두에서 텔레파시가 있다는 진정한 증거가 있다고 주장했다.

미국의 심리학자인 윌리엄 제임스William James 같은 당대의 선도적인 과학자들은 이 책과 저자들을 상찬했지만, 이 책의 이론적·과학적 결론에 비판적인 사람들도 있다. 앞으로 살펴보겠지만, 오늘날 초자연적 경험을 조사할 가치가 있다고 생각하는 사람과 그런 건 쓰레기라고 생각하는 사람 사이의 간극은 그 어느 때보다 크다.

프로이트와 융에 이어 정신분석학 운동의 세 번째 창시자인 알프레드 아들러는 초자연적인 경험을 터무니없는 것으로 본 사람 중 한 명이었다. 반면 프로이트와 융은 불가사의한 현상을 다루고 심도 있게 논했다. 프로이트는 논문 〈꿈과 텔레파시에 관하여Dreams and Telepathy〉(1922)에서 이런 현상에 애증을 느끼면서도 호감을 보였다.[2] 훌륭하지만 상충된 관점으로 텔레파시를 상세히 다루는 이 논문은 이렇게 시작한다.

〈꿈과 텔레파시에 관하여〉라는 제목의 논문을 발표하면 분명 기대를 한 몸에 받을 것이다. 하지만 그런 기대를 할 필요가 없다는 사실을 서둘러 밝히려 한다. 당신은 이 논문에서 텔레파시의 수수께끼에 대해 아무것도 배울 수 없을 것이다. 사실 내가 텔레파시의 존재를 믿는지 아닌지도 알 수 없다.[3]

이와는 대조적으로 융은 1933년에 쓴 편지에서 양면적인 태도를 전혀 보이지 않으며 "시공간에 있는 텔레파시의 존재를 아직도 부인하는 사람은 분명 무지한 자뿐이다"라고 선언했다.[4] 융은 꿈의 내용을 결정하는 요소 하나가 텔레파시라고 굳게 믿었다.

오늘날에는 이 현상의 진위를 더는 논박할 수 없다. 물론 증거를 조사하지 않고 텔레파시의 존재를 매우 간단히 부정할 수는 있지만, 그런 행동은 주목할 가치도 없는 비과학적인 절차다.

나는 고대부터 알려진 대로 텔레파시가 실제로 꿈에 영향을 미친다는 사실을 경험으로 발견했다. 어떤 사람들은 특히 텔레파시에 예민하고 종종 텔레파시의 영향을 받은 꿈을 꾼다.[5]

융의 편지에서 약 10년, 그리고 프로이트의 〈꿈과 텔레파시에 관하여〉라는 논문이 발표된 후 약 20년 후인 1944년에 이르자 프로이트는 텔레파시 꿈(예지몽은 아님)을 사실로 받아들이는 쪽으로 더 기울었다. 프로이트는 〈꿈의 오컬트적 의미The Occult Significance of Dreams〉라는 논문에서 얻을 수 있는 정보에 기초해 다음과 같은 결론을 내렸다.[6] "텔레파시가 진짜로 존재할 가능성이 있다는 잠정적인 결론에 도달했다."[7] 결국 프로이트는 "나는 우리 학파 내부의 일련의 실험에서 감정적인 색채를 강하게 띤 기억이 큰 어려움 없이 텔레파시를 통해 성공적으로 이송될 수 있으며, 잠자는 누군가에게 닿아 꿈에서 수신된다는 가능성을 무시할 수 없다는 인상을 종종 받았다"라고 주장했다.[8] 그러나 텔레파시 현상에 대한 설명은 프로이트와 융 같은 이들의 지지를 받았음에도, 실제 과학적 증거로 뒷받침되지 못하는 일화에 지나지 않았다. 그렇지만……

12장에서 살펴본 집단적 꿈 작업을 수행한 몬터규 울먼은 1962년 뉴욕 최초의 수면 연구소를 설립했다. 더 중요한 것은 마이모니데스 정신건강센터의 수면 연구소는 알려진 대로 원래 꿈 텔레파시를 실험적으로 연구하는 첫 번째이자 유일한 수면 연구소였다는 것이다. 1964년, 울먼은 나중에 '꿈 연구소Dream Laboratory'로 이름을 바꾼 연구소 소장이 되는 위스콘신 출신의 스탠리 크리프너Stanley Krippner와 합류했다. 이들은 함께 꿈 텔레파시를 연구하는 데 10년을 보냈다. 심리학 연구의 선구자로 알려진 크리프너는 미국심리학협회 인도주의 심리학 분회의 전 회장이다. 10년 동안 울먼과 크리프너는 꿈 텔레파시를 증명하는 여러 논문을 발표했다.

처음 발표한 논문에서 울먼과 크리프너는 참가자 한 명을 집중적으로 사진을 보는 '발신자'로 지정하고 다른 사람인 '수신자'는 옆방에서 잠을 자게 했다.[9] 그다음 발신자에게 사진의 정신적 이미지를 수신자에게 보내라고 했다. 첫 실험에서 수신자가 잠든 후 발신자가 보낸 이미지는 원이나 활과 화살표 같은 단순한 도형이나 잡지 속 사진이었다. 그런 다음 발신자는 수신자가 렘수면 중일 때 깨워 꿈 보고서를 요청했고 이후 세부사항을 도출하는 질문을 했다. 22회차로 진행된 첫 실험 중 14회차에서 울먼과 크리프너는 발신자가 집중한 사진과 수신자의 꿈 보고서 사이에 중요한 유사점을 발견했다. 이 결과에 고무된 두 사람은 마이모니데스 꿈 연구소를 설립하면서 점점 정밀한 실험을 수행했다.

두 번째 실험에서 울먼과 크리프너는 도형 그림이나 잡지에서 오려낸 사진이 아니라 살바도르 달리의 〈최후의 만찬The Sacrament of the Last Supper〉 같은 고전 회화 작품을 이용했다. 다시 발신자는 무작위로 선정된 12개의 그림 중 하나에 집중하고 수신자는 그것에 대한 꿈을 꾸려고 노력했다.

나중에 여러 판정단은 꿈 보고서를 읽고 전체 그림을 살펴본 다음 꿈 보고서의 내용과 가장 잘 맞는다고 생각되는 그림을 골랐다. 만약 '가장 잘 맞는' 그림이 정말 발신자가 집중했던 사진이라면, 발신자의 생각이 옆방에 있는 꿈꾸는 수신자에게 어떻게든 전달되어 꿈에 통합되었다는 사실을 암시한다. 물론 그 일치가 전적으로 우연일 수도 있지만, 울먼과 크리프너는 그런 일치가 일어날 비율을 보면 우연이 아닐 가능성이 더 크다는 결론에 이르렀다. 그리고 실제로 꿈 텔레파시를 관찰했다고 결론 내렸다. 울먼과 크리프너가 결과를 발표하자 어떤 이들은 꿈꾸는 사람이 어떻게든 발신자가 선택한 그림을 봤을지도 모른다고 주장했고, 또 어떤 이들은 실험에 사용된 통계적인 방법이 부적절하다고 주장하면서 연구는 엄청난 항의와 묵살에 부딪혔다.

1973년, 울먼과 크리프너가 〈록밴드 '그레이트풀 데드'와 함께하는 꿈 텔레파시 실험An Experiment in Dream Telepathy with 'The Grateful Dead'〉이라는 또 다른 연구 결과를 발표했을 때도 의심은 사그라지지 않았다.[10] 이 실험은 6회에 걸쳐 열린 '그레이트풀 데드' 콘서트에 참가한 팬 약 1만 2,000명의 도움을 받았다. 콘서트는 뉴욕 포트 체스터의 캐피털 극장에서 열렸고, 팬들은 맬컴 베센트Malcolm Bessent와 펠리시아 패리스Felicia Parise라는 2명의 수신자에게 이미지를 보내는 발신자 역할을 했다. 베센트는 뉴욕에서 약 64킬로미터 떨어진 브루클린의 마이모니데스 꿈 연구소에서 자면서 텔레파시를 받아 기록할 준비를 하고 있었다. 패리스는 브루클린의 집에서 자고 있었다. 놀라운 실험 디자인이었다. 대부분 발신자는 "음악에 열광하고 콘서트 전 환각제를 흡입하거나 다른 관객들과 접촉하면서 극적으로 의식 상태가 바뀐 상태였다."[11]

콘서트가 진행되는 동안 무대 위 큰 스크린에 15분 동안 6개의 그림 중 무작위로 선택된 그림 하나를 띄웠다. 그림을 띄우기 전 이런 설명을 띄웠다.

여러분은 ESP 실험에 참여하고 있습니다. 몇 초 후면 그림 하나가 나타납니다. 당신의 ESP를 사용해 이 그림을 맬컴 베센트에게 '전송'해보십시오. 그는 이 그림 꿈을 꾸려고 노력하고 있습니다. 그림을 '보내기' 위해 노력하세요. 맬컴 베센트는 지금 브루클린에 있는 마이모니데스 꿈 연구소에 있습니다.

베센트와 패리스는 6일 동안 밤에 여러 번 깨서 꿈 보고를 작성했다. 그리고 둘 다 다음 날 아침 각각의 꿈 보고의 연관성을 분석했다.

그 후 판정단은 밤마다 기록한 꿈 보고서와 이에 대한 연관성 설명, 그리고 6장의 그림 사본을 받았다. 판정단은 '꿈과 그림의 유사성'을 1점에서 100점까지 평가했다. 그 후 매일 밤 평균 유사성이 가장 높은 그림 하나를 선정하고 콘서트 관중들이 보낸 그림과 비교했다.

판정단은 패리스의 꿈 보고를 평가하면서 6일 중 단 하루만 팬들이 보낸 그림을 제대로 골랐다. 하지만 베센트의 꿈 보고는 6일 중 네 번 일치했다. 올바른 그림을 고를 기회는 한 번씩밖에 없었기 때문에 판정단이 패리스의 꿈에 나온 그림을 여섯 번 중 한 번만 맞춘 것은 패리스의 꿈이 매일 밤 팬들이 보낸 그림에 영향받지 않았음을 의미했다. 하지만 베센트의 꿈에서는 여섯 번 중 네 번이나 일치했다는 점이 놀라웠다. 그런 일치가 우연히 일어날 확률은 1퍼센트밖에 되지 않는다. 크리프너와 울먼은 팬들이 성공적으로 그림의 텔레파시적 인상을 며칠 밤에 걸쳐 베센트에게 성공적으로 전달했다고 결론 내렸다(크리프너는 최근 이 연구가 너무 많은 관심을 끌었다고 불평하며, 그와 동료들은 훨씬 더 과학적으로 엄격한 연구를 많이 수행했다고 지적했다. 그리고 공평하게 말하자면 그들 말이 옳다).

초자연적 꿈에 대한 실험적 조사

마이모니데스 꿈 연구소에서 수행한 꿈의 초감각 지각ESP, Extra Sensory Perception 연구는 이 분야에서 가장 잘 알려져 있으며 주목할 만한 결과를 냈다. 수십 가지의 다른 초자연적 꿈도 조사했지만 대부분 크리프너와 울먼의 실험을 따라 수행된 것이었다. 여러 메타 분석(연구들 사이의 통계적 영향을 전반적으로 밝히기 위해 이전 연구를 체계적으로 평가하는 데 이용되는 방법)에 따르면 판정단이 목표 그림을 더 정확히 식별한 것은 우연한 예측이라기보다는 꿈 보고를 활용한 결과다.[12] 다시 말해 연구자들에 따르면 꿈 ESP는 이런 현상에 대한 지속적인 연구를 정당화할 수 있는 작지만 분명한 효과다.

하지만 초자연적 꿈에 대한 실험적 조사는 개념적이고 방법론적인 어려움으로 가득하다. 이 연구 분야에 내재한 문제를 입증하는 실험은 수면 의존적 기억 처리 연구에서 중요한 역할을 해온, 존경받는 과학자 카릴 스미스Carlyle Smith가 2013년에 수행한 연구다.[13]

이 연구에서 스미스는 자신이 가르치는 트렌트대학교에서 65명의 학생을 꿈의 심리학 수업에 초대했다. 학생들은 이미 수업의 일부로 자신은 모르는 어떤 사람의 미확인 질병을 '표적'으로 하는 실험에 참가해 2개의 꿈 보고서를 녹음해 제출했다. 스미스는 실험에 참가하는 학생들에게 한 여성의 사진을 보여주고 그의 질병에 대해 '꿈을 배양(꿈 배양 개념은 11장에 자세히 설명했다)'해 달라고 요청했다. 스미스나 학생 모두 이 중년 여성이나 그 여성의 질병(한쪽 다리로 전이된 유방암)에 대해 실험이 끝날 때까지 몰랐다.

결과적으로 학생 중 12명만 그 여성에 대한 꿈을 꾸었던 것 같다고 느꼈고, 이들은 내용 분석을 위해 꿈 보고를 제출했다. 그제야 스미스와 학생들은 그녀의 병이 무엇인지 들었다. 하지만 꿈 보고를 읽기 전에 관련 주제, 즉 몸통, 다리, 가슴, 암, 임상적 조건 같은 관련 주제에 대한 언급을 객관적으로 점수화할 계획은 미리 고안되어 있었다. 스미스가 예측했듯 학생들에게 이 여성의 사진을 보고 여성의 병에 대해 꿈을 꾸도록 요청한 '후'에 수집된 꿈은 이전에 모은 꿈보다 더 암과 관련이 있다는 평가를 받았다. 이런 결과가 우연일 확률은 3~4퍼센트밖에 되지 않았다.

하지만 이 실험 디자인에는 문제가 있다. 알겠는가? 중년 여성이 가장 두려워하는 의학적 문제가 무엇일지 묻는다면 뭐라고 대답하겠는가? 유방암이라고 추측할 가능성이 매우 크다. 따라서 학생들이 실험의 본질을 알기 '전'보다 여성의 사진을 보고 여성에게 질병이 있다는 사실을 안 '후'에 목표 주제에 대한 꿈을 더 많이 꾸었다는 사실은 그다지 놀랍지 않다. 우리는 관련된 꿈의 비율이 증가한 것이 투시와 관련 있는지, 아니면 무의식적이든 의식적이든 아픈 여성을 보고 단순히 유방암을 떠올린 것 때문인지 알 수 없다.

이런 비판에 대응하기 위해 스미스는 더 나은 두 번째 실험을 설계했다. 이번에는 대조군을 추가했다. 대조군에는 컴퓨터로 합성한, 존재하지 않지만 그럴듯한 가상의 여성 사진을 보여주었다. 실험군에는 현실에서 여러 문제를 겪는 실제 여성의 사진을 보여주었다. 그러자 실험군 학생들은 사진을 보기 전보다 여성의 문제와 관련된 꿈을 더 많이 꾸었다. 하지만 대조군은 가상의 여성 이미지를 보고 나서도 여성의 삶에 대한 문제와 관련된 꿈을 더 꾸지 않았다. 새로운 실험에서도 실험군은 여성이 겪는 일상의 문제를 추측한다는, 첫 번째 실험과 동일한 문제가 있었다.

하지만 이 새로운 실험은 대조군에 있어 더 미묘한 한계가 있다. 안타깝게도 이 대조군 실험은 원래 실험보다 1년 후에 실시되었다. 결과적으로 대조군 참가자들은 작년 연구에 참가한 학생들에게 이 연구에 대해 들었을 수 있고, 가짜 여성 이미지를 보고 공식적으로 실험 설명을 듣기 전과 후 모두 여성의 문제에 대해 꿈을 꾸게 되리라고 예측할 수도 있었을 것이다. 두 그룹의 실험을 동시에 진행하고 무작위로 진짜나 가짜 여성 사진을 보여주었다면 훨씬 좋았을 것이다. 그랬다면, 다른 문제도 있었겠지만, 적어도 실험 설계에 대한 반론은 없었을 것이다.

이 결과를 어떻게 설명할까? 이 장을 시작할 때 우리는 정기적으로 초자연적인 다양한 꿈을 상세히 묘사한 이메일을 받는다고 했다. 수년에 걸쳐 토니는 자주 예지적인 꿈을 꾼다고 주장하는 사람들에게 꿈이 발생하는 날짜를 특정할 수 있도록 꿈꾼 즉시 그 꿈을 보고하고, 그와 관련된 사건이 실제로 언제 일어나는지 알려달라고 부탁했다. 대부분은 꿈 보고서를 보내지 않았고 보낸 사람 중에서도 그 예측이 진짜로 일어났다고 확인해주는 이메일을 보낸 사람은 아직 한 명도 없다. 종종 이들은 초자연적인 꿈을 묘사한 후에 "이걸 어떻게 설명하실 건가요?"라고 질문하면서 우리를 시험해보고 싶어 하는 것처럼 보인다. 그렇다면 이런 꿈에 대해 몇 가지 설명을 살펴보자.

예지몽, 뇌의 무의식이 빚어낸 우연

'실제로 일어날 일'을 보여주는 꿈에 대한 첫 번째이자 가장 흔한 설명은 확률과 기억 편향이라는 주장이다. 우리는 하룻밤에 여러 가지 꿈을 꾸고, 매일 밤 수십억 명이 꿈을 꾼다. 그러므로 하루에도 항공기 추락이나 화산 폭발, 쓰나미, 유명인의 죽음에 대한 꿈을 꾸는 사람이 수백 명은 될 것이다. 하지만 아무도 친구나 연구자에게 편지로 이렇게 말하지는 않는다. "두 달 전에 큰 산업 폭발 사고 꿈을 꿨는데, 어떻게 됐게요? 아직 아무 일도 일어나지 않아서 기다리고 있어요!" 우리가 기억하고 말하는 꿈은 대부분 실제로 일어난 것처럼 보이는 꿈이다. 그렇지 않은 꿈은 대부분 잊는다.

하지만 저마다의 예지몽이 단순히 우연일 수도 있지만, 이런 우연이 일어날 가능성은 너무 희박해서 때로는 ESP가 더 그럴듯한 설명으로 들리기도 한다. 20명에서 25명 정도의 사람이 모여 있을 때 생일이 같은 사람이 한 명은 있다는 사실을 발견할 때도 비슷하게 생각할 수 있다. 이런 일이 일어날 확률이 얼마나 될까? 자, 23명이 모여 있다면 그럴 확률은 50대 50이 넘는다. 사실 수학적으로 계산해보면 생일이 같은 사람이 없을 가능성보다 있을 가능성이 더 크다. 요점은 직관적으로 가능성 없어 보이는 일도 사실은 그렇지 않은 경우가 많다는 것이다. 이런 사실로 꿈 ESP가 드러난 사례 대부분은 아니더라도 많은 경우를 설명할 수 있다.

사실 우리가 꾼 꿈과 나중에 현실 세계에서 일어난 사건이 순전히 우연히 일치할 가능성은 우리가 상상하는 것보다 훨씬 높다. 우리가 모든 꿈을 기억하지는 못하기 때문이다. 우리는 아침에 일어날 때 기억하지 못하는 많은 꿈 기억을 뇌가 저장한다는 사실을 알고 있다. 아무 꿈도 기억하지 못한 채 일어났다가 샤워를 하려고 물을 틀자 갑자기 샤워하는 꿈을 꿨다는 것이 기억나기도 한다. 낮에 차 앞을 지나가는 고양이를 보고 "맞다! 어제 꿈에 고양이가 나왔지"라며 전체 꿈이 기억날 수도 있다(우연이든 아니든 이 두 가지 예는 모두 우리가 겪은 일이다). 자연히 기억나는 꿈에 비해 기억 속에 저장된 꿈은 더 많겠지만, 어떤 사건으로 그 꿈을 떠올리지 않는 한 우리는 저장된 꿈을 기억하지 못한다. 게다가 이런 꿈 기억이 자연재해나 부모님의 죽음 같은 비슷한 사건이 일어날 때 떠오를 준비를 하고 얼마나 오래 유지되는지도 알지 못한다. 따라서 다시 말하지만 우연히 이런 유사성을 보여주는 꿈은 생각보다 훨씬 많을 수 있다.

하지만 또 다른 가능성은 꿈의 초연상적hyper-associative 본성과 더불어 꿈 기억이 흐릿하다는 본성("고양이와 관련된 뭔가가 있었던 것 같은데……") 때문에 특별한 공통점이 전혀 없는데도("진짜 슬펐던 느낌이 들었어, 뭔가 잃어버린 것처럼……") 어떤 꿈이 부모님의 죽음 같은 특정 주제와 관련되었다고 회고적으로 생각한다는 사실이다. 밥이 7장에서 논한 테트리스 연구 논문을 제출했을 때 한 리뷰어가 이 같은 문제를 제기했다. 그는 사람들이 입면기 꿈에서 흔히 보고하는 기하학적 모양을 꿈에서 보고 깨어난 다음에 이 모양이 테트리스 이미지였다고 결정했을지도 모른다고 주장했다(그런 결론은 가능성이 거의 없는 것으로 밝혀졌다. 밥이 테트리스 게임을 하지 않은 참가자의 입면기 꿈 보고를 살펴보았지만 꿈에 기하학적 모양은 나오지 않았다). 우리가 미묘하고 무의식적으로 꿈의 기억을 바꿔 다음 날 일어난 사건과 일치시킨다는 것은 놀라운 일이 아니다. 이런 변화가 일어나면 실제로 우연이더라도 어떤 꿈이 미래의 사건과 의미 있게 관련되어 보일 가능성은 늘어난다.

하지만 초자연적인 꿈에 대한 가장 흥미로운 설명은 프로이트가 제안한 '꿈꾸는 사람의 무의식적 추정과 가정'과 가장 유사할 것이다. 이런 관점에서 보면 당신은 진짜로 다른 사람의 마음을 읽거나 미래를 보지만 ESP에 따른 것은 아니다.

토니가 대학원생이었을 때 이웃 중 한 사람이 토니에게 그날 아침 일찍 아파트 2층 바깥 계단을 올라가고 있었는데 갑자기 발밑의 계단 하나가 부서져 하마터면 심하게 다칠 뻔했다고 말했다. 하지만 이 이웃이 젊은 꿈 연구자에게 말하려 했던 요지는 바로 며칠 전날 밤 바로 그 계단에서 떨어지는 꿈을 꾸었다는 것이었다! 토니가 밖에 나가 그 계단을 유심히 살펴보자 나무 계단 일부의 가장자리, 특히 난간에 연결된 금속 리벳 주변에 썩은 흔적이 있었다. 이웃은 그 부분이 썩은 것을 전혀 눈치채지 못했고, 알았다면 심하게 다치도록 내버려두는 대신 계단을 수리했을 거라고 주장했다. 하지만 이웃의 뇌는 썩은 나무를 실제로 눈치챘을 것이고, 이로부터 그의 꿈꾸는 뇌가 결국 이 '무의식' 기억과 관련한 가능성을 탐색했다고 추정하는 건 어렵지 않다.

하지만 이런 무의식적 추정과 가정의 과정은 이보다 훨씬 미묘하다. 다음 사례를 보자. 최근 은퇴한 삼촌은 조카(수전이라 부르자)에게 친구들과 신나게 골프를 쳤는데 너무 열심히 친 탓인지 어깨가 아팠고 아마 노화 때문인 것 같다고 말했다. 그날 밤 수전은 삼촌이 뜻하지 않게 심장마비로 돌아가시는 꿈을 꾸었고, 다음 날 아침 삼촌이 그날 밤 진짜로 치명적인 심장마비를 겪었다는 사실을 알고 충격을 받았다. 수전은 예지몽을 꾼 것이다.

하지만 아닐 수도 있다. 어깨 통증은 협심증의 전형적인 징후로 심장에 충분한 산소가 공급되지 않을 때 느껴진다. 수전은 어느 시점에선가 그 사실을 알았을 테지만 몇 년 동안 떠올리지 않았을 수도 있다. 그래서 삼촌이 골프 라운딩 이야기를 했을 때나 심장마비를 일으킨 것을 알게 되었을 때도 그 사실을 떠올리지 않았을 수도 있다. 하지만 그 정보는 여전히 수전의 뇌 어딘가에 저장되어 있었고, 넥스트업에 따라 수전의 뇌는 예정되었던 일을 한 것일 뿐이다. 뇌는 가능성을 이해하기 위해 관련된 네트워크를 탐색했고, 삼촌이 말한 어깨 통증과 관련된 다소 불안한 기억을 발견해 꿈으로 만들었다. 수전의 꿈꾸는 뇌는 실제로 미래를 예견했지만, 그것은 넥스트업을 하는 뇌 메커니즘을 통해 이루어진 것이었다. 그리고 대부분의 꿈에서 그렇듯 수전의 뇌는 어떻게 그리고 왜 이 꿈을 만들었는지는 알려주지 않았다.

수전이 꿈을 꾼 지 사흘 만에 삼촌이 돌아가셨다면, 수전은 여전히 자신의 꿈이 마법처럼 삼촌의 죽음을 예견했다고 해석할 것이다. 그리고 그 사건은 수전의 믿음을 더 강하게 만들지도 모른다. 이제 수전의 꿈은 조금 후의 사건이 아니라 미래를 내다보는 것처럼 보이기 때문이다. 사실 수전은 아버지가 돌아가시는 꿈을 꿀 수도 있었고, 그래도 그 꿈이 삼촌의 임박한 심장마비에 대해 조금 뒤섞이기는 했지만, 미래에서 보내는 '메시지'라고 느꼈을 수도 있다. 8장에서 꿈의 '느껴진 의미felt meaning'가 무엇인지, 어떻게 이 느껴진 의미가 의미 있다고 신경화학적으로 믿게 되는지를 떠올려보자. 삼촌의 죽음은 명백하게 꿈의 중요성을 확인해주었기 때문에 수전은 꿈이 예지적이라는 설명으로 쉽게 건너뛸 수 있다.

하지만 이 중 어느 것도 적절한 설명은 아닌 것 같다. 앞서 우리는 밥의 개 실험실 이야기를 했다. 기억을 상기시키기 위해 밥의 1980년 꿈으로 돌아가보자.

나는 다시 개 실험실에 와 있었고, 우리는 개의 가슴을 절개했다. 실험대를 내려다본 순간 나는 누워 있는 것이 개가 아니라는 사실을 깨달았다. 내 다섯 살 딸 제시였다. 나는 어떻게 그런 실수가 있을 수 있는지 이해할 수 없어 얼음처럼 굳은 채 서 있었다. 그러자 절개 부위의 가장자리가 다시 모여 흉터 하나 없이 아물었다.

밥의 둘째 아들 애덤이 태어난 것은 30년 후였다. 애덤은 선천적 심장병인 '팔로 사 징후Tetralogy of Fallot'라는 선천성 심장 결함을 가진 '청색증 아기blue babies'로 태어났다. 치명적인 심장 결함을 치료하기 위해 애덤은 4개월이라는 어린 나이에 수술을 받았다. 외과의는 애덤의 가슴을 열고 심장 수술을 진행했다. 다행히도 수술은 아주 성공적이었고 애덤은 이후 건강하게 자라 현재 열여섯 살을 맞았다. 흉터도 거의 남지 않았다.

밥이 오래전 개 실험실 꿈과 애덤의 수술을 연결한 것은 애덤이 수술받은 후 일 년도 넘었을 때였다. 으스스하지 않은가! 단지 우연의 일치로 30년 후에 있을 애덤의 수술을 그렇게 정확히 예측할 기억에 남는 꿈을 꾸게 될 가능성은 얼마나 될까? 그런 선천성 심장 결함이 일어날 빈도가 아주 적다는 사실을 볼 때 그런 꿈을 우연히 꿀 가능성은 거의 없다. 하지만 밥은 우연이었다고 확신한다. 밥은 마법 같은 예지력이라는 대안을 결코 받아들일 수 없기 때문이다(그리고 토니도 이에 동의한다).

결국 진짜 문제는 꿈 텔레파시나 비슷한 것이 실제로 존재한다 해도 드물고 구체적이기보다는 상징적이며 믿을 수 없다는 점이다. 몇 년 동안 꾸준히 그럴 수 있는 사람은 아무도 없다. 복권 번호 같은 목표를 염두에 두고 실시한 연구에서도 작동하지 않았다. 그리고 우연한 예측 이상으로 뚜렷한 효과를 반복적으로 낸다는 사실을 증명할 만한 실험 디자인도 없다.

하지만 논쟁할 여지 없이 더 큰 문제는 과학계 다수가 이 개념을 전면적으로 거부한다는 점이다. 수면 연구자들 사이에서도 꿈 텔레파시에 대한 연구 결과를 읽은 사람은 거의 없으며, 읽은 사람도 어깨를 으쓱하며 "실험에 뭔가 문제가 있을 거야"라거나 "그래도 안 믿어"라고 말한다.

이런 반응은 수면 연구 학계에만 한정되지 않는다. 2018년 여름, 미국심리학협회의 주요 동료 검토peer review 저널인 〈아메리칸 사이콜로지스트American Psychologist〉는 초심리학 현상parapshychological phenomena(초자연현상psi phenomena이라고도 한다)에 대한 자료를 검토한 논문을 발표했다. 논문 저자들은 이렇게 결론 내렸다.

초자연 현상의 실체를 뒷받침하는 누적된 증거들이 있으며 이런 증거는 연구의 질 부족, 조작, 선별적 보고, 실험이나 분석 부족, 기타 빈번한 비판으로 쉽게 치부할 수 없는 것들이다.[14]

하지만 후에 같은 저널에는 이 리뷰를 번복하는 논문이 실렸다. 이 논문에서 저자들은 초심리학적 데이터를 제대로 검토하지 않았다고 솔직하게 말했다. 그 이유는 다음과 같다. "데이터는 실증적 가치가 없고" 적절하지 않다.[15] 번복 입장은 이렇게 요약될 수 있다. 초자연적 현상은 불가능하며, 따라서 어떤 주장도 진실이 아니다. 이상 끝.

이 사례로 과학자들이 꿈의 텔레파시 같은 주제를 보는 태도와 믿음을 설명할 수 있다. 소수의 연구자가 변칙적인 현상을 조사하기 위해 과학적인 방법을 적용하기도 하지만, 다른 이들은 반대편에 서서 미심쩍어하며 관심을 보이고, 또 다른 이들은 방금 살펴본 것처럼 경험적 증거가 있어도 그런 현상이 존재할 가능성을 고려하지 않는다.

어떤 이들은 검토하는 주제의 특성을 고려해 초자연적 현상을 연구할 때는 다른 과학적 기준을 따라야 한다고 생각한다. 이런 자세는 합리적이다. 천문학자인 칼 세이건은 유명한 말을 남겼다. "비범한 주장에는 비범한 증거가 필요하다." 18~19세기의 프랑스 수학자인 피에르 시몽 라플라스Pierre-Simon Laplace와 영국 철학자 데이비드 흄David Hume의 관점과 비슷하다.

하지만 어떤 주장이 이상하거나 불가능한 주장으로 여겨지는지는 부분적으로 우리의 지식과 믿음에 달려 있다. 역사에는 한때 이상하다고 여겨졌지만 사실로 밝혀지거나, 적어도 과학계에서 널리 받아들여진 아이디어와 주장이 상당히 많다. 행성 운동이나 멘델의 유전법칙, 전기, 양자역학, 기억 처리 역할을 하는 꿈의 개념도 이에 해당한다. 의식 자체를 비롯한 여러 친숙한 개념조차 과학적 설명이 불가능할 때도 있다. 그리고 많은 이들이 놀라겠지만 중력이 '정말 무엇인지' 아는 사람은 아무도 없다.[16] 오히려 과학의 역사를 볼 때 우리가 정말 알거나 알 거라고 '생각하는' 독단적인 확신은 항상 정당화되지는 않는다.

이 장을 마치며 앞서 언급한 내용을 강조하겠다. 뇌는 꿈을 꿀 때 미래를 예측하거나 멀리 떨어진 곳에서 동시에 일어나는 일을 보여줄 수 있다. 의식적이든 무의식적이든 우리는 뇌에서 이런 사건의 가능성을 계산하고 문자 그대로 시각화하는 정보를 갖고 있기 때문이다. 순전히 우연히 일어나는 경우도 있다. 꿈의 모호함과 꿈에서 의미를 찾고자 하는 뇌의 편향 때문에 이런 가능성이 늘어난다. 이런 요소들이 결합하면 우리가 나중에야 알게 되는 어떤 꿈과 사건의 연관성을 발견할 가능성이 커진다. 사실 뇌가 꿈을 만드는 데 이런 연관성을 사용하지 않았더라도 말이다. 안타깝게도 우리는 흔히 생각하는 것처럼 이런 일이 정신적 텔레파시나 예지력으로 일어났다고 자신 있게 말할 수 없다.

마지막으로 알아두어야 할 것은 우리가 초자연적 꿈을 이 장에 포함하지 않았다는 사실이다. 밥의 개 실험실 꿈의 경우는 다르지만, 우리 자신도 그런 꿈을 꾸었고 그런 꿈이 실제로 있다고 믿기 때문이다. 이런 현상을 실험적으로 입증하려고 노력하는 적극적인 연구자들이 있지만, 이들의 발견에는 여전히 논쟁의 여지가 있으므로 이 장에는 포함하지 않고 남겨두었다. 덧붙이자면 이 문제에 대한 밥의 의견은 아들러(허풍에 가깝다)와, 토니의 의견은 프로이트(가능성은 적지만 누가 알겠는가!)와 비슷하다. 그리고 두 가지 답 모두 나쁘지 않다.

꿈에 대해 우리가 아는 것과 모르는 것
우리가 결코 알지 못할 것들, 그리고 왜 이것들이 중요한가

글을 맺으며 이전 장의 요점을 살펴보고 몇 가지 마지막 질문을 제기하려 한다. 먼저 이 책에 실은 여러 꿈 관련 아이디어와 발견이 이룬 급속한 성장을 살펴보고, 이것들이 더 넓은 시대적 관점에서 어떻게 들어맞는지 알아보겠다. 그다음 이 책에서 다룬 우리의 새로운 꿈 기능 이론인 넥스트업의 몇 가지 핵심적 특징을 살펴보려 한다. 마지막으로 미해결된 문제나 제대로 답하지 못한 질문 같은, 우리가 풀지 못한 문제와 앞으로 놓인 도전과 흥분에 대해 다룰 것이다.

꿈 연구의 정점과 나락

1899년,《꿈의 해석》을 저술한 프로이트는 이 책의 1장을 20세기 이전 꿈 관련 과학 문헌을 심도 있게 검토하는 데 할애했다. 다시 말하면 프로이트는 100여 년의 꿈 연구를 하나의 장에 압축한 것이다. 오늘날에는 현대 꿈 연구의 일부만 철저하게 검토해도 책 한 권을 다 채울 수 있다. 꿈 내용, 꿈의 신경생물학, 꿈 기억, 꿈 관련 장애에 대한 논문은 수백 개나 된다. 그리고 꿈을 전체적으로 본다면 그 수는 수천에 달할 것이다.

프로이트의 연구와 뒤이어 나온 많은 연구 사이의 반목은 새로운 꿈 연구의 폭발적인 증가로 나타났다. 이런 생산적인 연구와 발견이 물밀듯이 이어지며 새로운 물결을 이루었다. 첫 번째 물결은 주로 임상이었다. 프로이트가 《꿈의 해석》을 출판한 지 약 10년 후 시작된 이 물결은 1930년대 말까지 지속되었다. 누군가는 진정한 쓰나미로 묘사할 만한 두 번째 물결은 1953년 렘수면의 발견에서 시작되었다. 권위 있는 저널인 《사이언스》에 실린 애서린스키와 클라이트먼의 획기적인 논문은 이 특이한 수면 단계와 꿈의 밀접한 연관성을 상세히 기록했다. 저자들은 매혹적인 질문을 제기하고 꿈 연구의 새로운 문을 열었다. 렘수면의 발견 덕분에 많은 과학자가 꿈의 실험실적 연구에 관심을 돌리게 되었다.

하지만 "렘수면은 곧 꿈이다"라는 낙관적인 공식은 지나치게 단순하다는 사실이 증명되었다. 여러 연구가 렘수면 꿈의 정신생리학에 대한 흥미로운 통찰을 주었지만 대부분 기대에 미치지 못했다. 게다가 이 실망스러운 결과는 렘수면과 렘수면 꿈의 기괴함을 실험적으로 연구하면 조현병schizophrenia이나 정신이상psychosis 같은 정신질환을 이해할 수 있을 것이라는 과학자들의 희망을 산산조각 냈다. 렘수면의 발견에 이어 20여 년간 꿈 연구가 이어졌다. 하지만 과학자들은 꿈의 본질과 기능을 묻는 근본적인 질문에 대해 여러 면에서 19세기 수면 연구 선구자들의 연구를 넘어서는 답을 내놓지 못했다. 몇몇 꿈 연구자들은 좌절하며 연구를 포기했다. 그 결과 실험실 기반 꿈 연구에 투자되는 자금이, 특히 미국에서는 거의 고갈되었다.

홉슨과 맥칼리의 활성화-통합 가설은 1977년에 출판되었고, 1980년대 일반 과학계에서도 유명한 다음과 같은 대중적인 관점을 던져주었다. 꿈이 잠자는 뇌의 준-무작위 발화quasi-random firing 현상을 무의미하게 반영하는 현상일 가능성이 크다는 관점이었다. 이런 관점이 발달하며 연구자들은 과학적인 꿈 연구에 덜 주목하게 되었다. 우리가 꿈 관련 질문을 연구의 중심으로 삼았을 때, 꿈 과학은 힘든 싸움을 마주하고 있었다.

하지만 진전은 이어졌다. 꿈의 인지적·현상학적 측면에 대한 새로운 관심에 힘입어 꿈 연구는 르네상스를 맞았다. 수면 또는 꿈 자체가 학습과 기억에 중요한 역할을 한다는 증거가 늘어남에 따라 의식의 본질에 관심을 가진 과학자가 급격히 늘었다. 꿈을 임상과 일상에서 이용하려는 새로운 접근법이 개발되고, PTSD 악몽과 관련된 고통을 대중이 더욱 인식하게 되는 한편, 자각몽에 대한 관심이 급증하면서 꿈 연구에 다시 활기가 돌았다.

21세기의 시작과 더불어 다양한 요소가 시너지 효과를 내며 꿈에 대한 관심과 흥분의 새로운 물결이 일어났다. 우리는 오늘날 꿈과 꿈꾸기가 과학 연구의 합당한 대상으로 널리 받아들여진다고 말할 수 있게 되어 기쁘다. 게다가 왜, 어떻게 꿈을 꾸는지를 연구하는 의사, 철학자, 실험심리학자와 신경과학자의 수는 사상 최고다. 다른 꿈 연구자들과 마찬가지로 우리는 이 상황이 정말 반갑다.

이 책에서 우리는 잠자는 뇌와 꿈의 본질에 대한 최근의 풍부한 통찰과 발견을 정리했고, 광범위한 문헌에서 온 아이디어와 연구 결과를 한데 엮었다. 우리의 목표는 꿈이 무엇인지, 어디에서 왔는지, 꿈은 무슨 의미인지, 그리고 왜 꿈을 꾸는지 묻는 애초의 4가지 질문에 새로운 답을 제시하며 인간의 뇌가 왜 꿈을 꾸어야 하는지 밝히는 것이다. 우리의 노력으로 꿈꾸는 뇌가 얼마나 놀라운지 확신하고, 밤의 창조물을 연구해 어떻게 이 많은 것을 얻게 되는지 알게 되었기를 바란다.

넥스트업과 꿈의 기능에 대한 또 다른 생각

뇌는 꿈을 만들 때 마음속에 놀라울 정도로 종합적인 가상 세계를 만든다. 뇌는 깨어 있을 때 흔히 감각기관이 만든 것과 구별되지 않는 환상의 감각 경험을 만든다. 하지만 토니가 조카에게 지적했듯이 뇌가 꿈을 꿀 때 우리는 눈으로 보지 않고도 보고, 귀로 듣지 않고도 듣는다. 뇌는 실제로 근육을 수축하거나 몸을 움직이지 않고 환상의 움직임을 만들 수 있다.[2] 환상의 고통을 일으키기도 한다. 깨어 있을 때 이런 감각을 신체적으로 느끼지 못하는 사지마비 환자에게 환상 오르가슴을 느끼게도 한다.[3]

뇌는 환상의 감정도 만든다. 몸에서 실제로 표현되지 않는 감정을 느끼기도 한다. 근육이 긴장하거나, 팔의 털이 주뼛 서는 느낌, 피부에서 땀이 분비되거나 배가 꼬이는 느낌을 경험하고, 실제로는 두려움을 나타내는 어떤 신체적 양상이 일어나지 않았는데도 두려움을 느끼기도 한다. 이 환상 세계의 존재는 심오한 의문을 제기한다. 만약 꿈에 외부 세계에서 오는 '실제' 지각 입력이 없고 다수의 철학자, 심리학자, 인지신경과학자가 의식적 인식에 필요하다고 믿는 신체적 과정과 꿈속 경험이 대부분 단절되어 있다면, 뇌는 우리가 꿈에서 경험하는 너무도 현실적인 느낌을 어떻게 만드는 걸까?

넥스트업으로 설명했듯, 뇌는 꿈을 꿀 때 단지 "수면 중에 일어나는 일련의 생각이나 이미지, 감정"을 만드는 것이 아니라 극적으로 더 복잡하고 특별한 일을 해낸다. 꿈꾸는 뇌가 자아 감각과 세계에 대한 인식의 기저에 있는 신경 지도를 활성화하면서, 우리는 풍부하고 몰입적이고 다면적인 감각적 꿈의 세계가 펼쳐지는 것을 경험하고 이 세계와 끊임없이 상호작용한다. 이 경험은 매우 사적이고 개인적인 1인칭 시점에서 일어난다. 뇌는 보통 이 꿈 세계를 사람, 생물, 반려동물 그리고 우리가 상호작용할 수 있는 다른 사물로 채우기 때문에 우리는 꿈에서 부러움, 동정심, 동지애, 수치심, 오만함, 자부심 같은 더욱 사회적인 느낌을 경험한다. 그뿐만 아니라 뇌가 꿈을 꿀 때 뇌는 꿈속 인물들도 그런 감정을 경험한다고 믿도록 당신을 속인다. 그래서 당신은 꿈속에서 질투심에 불타는 배우자, 당신의 일에 불만을 표하는 상사, 오랜만의 동창회에서 만나 기뻐하는 친구들, 또는 당신을 죽이러 온 사악한 침입자를 만난다.

잠시 멈춰 이 현상에 대해 생각해보자. 우리는 꿈에 익숙하고, 꿈이 너무 익숙하게 느껴진 나머지 뇌가 우리 마음의 인식 속에 이 놀라운 꿈의 세계를 구성하는 일이 얼마나 특별한지 종종 간과한다. 우리는 저마다 특정한 생각, 느낌, 지각, 행동으로 문자 그대로 무한한 가능성을 지닌 세계에 밤마다 참여한다.

뇌는 당신은 물론 환상의 환경을 창조해서 꿈에서 묘사된 상황에 마음이 어떻게 반응하는지 관찰할 뿐만 아니라, 당신의 반응이 꿈속 사람들이나 사건에 어떻게 영향을 미치는지도 묘사한다. 이런 지속적인 변화, 꿈속 자아와 꿈속 나머지 세계와의 역동적인 상호작용으로 뇌가 깨어 있는 동안은 절대 고려하지 않을 연관성을 탐색할 완벽한 환경이 마련된다.

이 마법 같은 꿈 세계에서, 넥스트업은 과거를 탐험하고 불확실한 미래를 더 잘 준비하기 위해 이 꿈 세계를 이용해 우리 자신과 우리가 사는 세계에 대해 알려준다.

잠자는 뇌의 이런 활동은 모두 넥스트업의 한 가지 주요 장점을 보여준다. 넥스트업 모델은 신경생물학, 수면, 학습, 기억 분야의 최근 연구 결과를 통합해 꿈이라는 '경험'의 주요 측면을 고려하고 이를 설명한다. 8장과 9장에서 자세히 논한 것처럼 넥스트업에서 도출된 몇 가지 예측은 꿈의 특정 내용뿐만 아니라 형식적 특성에 대한 현대적 설명과 완전히 일치한다. 넥스트업은 현재의 근심이 어떻게, 왜 우리의 꿈에 구현되는지, 그리고 꿈꾸는 뇌가 이런 근심과 관련해 약한 연관성과 가능성을 어떻게 탐색하는지 개념화하는 방법도 제시한다. 그리고 이 책의 뒷부분에서 살펴보았듯 넥스트업은 예지몽, 악몽, 자각몽에 이르는 다양한 꿈의 주요 특징을 이해하는 데 도움을 준다. 넥스트업 모델은 꿈이 어떻게 창의성을 촉진하는지, 왜 꿈이 자기 통찰의 원천이 될 수 있는지 설명한다. 넥스트업은 꿈이 각 수면 단계에 걸쳐 서로 밀접한 관계는 있지만 각기 다른 기능을 한다고 제안하는 최초의 모델이기도 하다. 마지막으로 넥스트업은 신경인지와 신경생물학적 토대를 바탕으로 어떤 형태로든 꿈을 경험하는 다른 포유류로도 확장될 수 있다. 넥스트업의 주요 특징은 이 책의 부록에 요약되어 있다.

다음은 무엇일까?

이 책의 도입부에서 오리 인형 꿈을 꿨던 밥의 딸 제시는 대학에 입학할 때가 되자 공학자가 되고 싶다고 했다. 밥은 딸에게 왜 공학자가 되고 싶은지 물었다. "과학자는 왜 싫은데?"라고 묻자 제시는 아이러니한 미소를 지으며 이렇게 대답했다. "하루가 끝날 때 대답하지 못한 질문이 '적었으면' 좋겠어요. 더 '많이'가 아니라요!"

과학자인 우리는 이런 난국에 익숙하다. 우리는 질문에 대해 완전히 만족할 만한 대답을 얻는 적이 결코 없다. 질문에 대답할 수 있을 것 같을 때마다 그 답이 더 많은 질문을 만들 뿐이라는 사실을 발견한다. 넥스트업은 이런 경우의 완벽한 사례이다. 우리는 넥스트업 모델을 정교하게 설명해서 꿈의 본질과 기능에 대한 몇 가지 질문에 대답할 수 있었다. 하지만 넥스트업이 제기한 질문을 탐색하자 새로운 질문이 더 많이 추가되었다. 너무나 비일비재한 일이지만 이런 일은 우리에게 과학적 흥분을 주는 큰 부분이기도 하다.

앞으로 놓인 주요 과제는 무엇일까? 꿈이 어떻게 조합되는지 이해하는 데는 상당한 진전을 이루었지만, 우리는 아직도 어떤 꿈을 만들 때 뇌가 어떻게 기억을 선택하는지는 잘 모른다. 꿈에 나온 낯선 사람의 얼굴이 저장된 기억에서 나온 것인지, 금방 맥락을 잊어버린 것인지, 여러 기억에서 개별적인 특징을 조합해서 그때그때 만들어진 것인지 모른다. 무엇이 꿈속 인물에게 주어진 행동, 감정, 성격을 인도하는지도 알 수 없다. 꿈의 내러티브적 구조가 전체적으로 어떻게 짜이는지, 내러티브에 어떻게 감정이 들어오는지도 모른다. 그리고 우리는 이 전체 과정이 어떻게 꿈의 형태로 의식에 떠오르는지 알지 못한다.

얼굴, 내러티브 구성, 기억의 선택과 관련된 몇 가지 질문은 결국 과학으로 답할 수 있으며, 우리가 논한 최신 신경 네트워크와 뇌 영상 기술도 이런 질문에 답하는 데 분명 도움이 될 것이다. 하지만 꿈의 현상학, 즉 꿈의 실제 '의식적 경험conscious experiencing'과 관련한 답을 찾는 과정은 상당히 길다. 이런 질문은 철학자들이 수천 년 동안 그리고 이후에는 신경과학자들이 다루려고 노력한 질문이다. 솔직히 우리는 이런 질문에 언제, 어떻게 대답할 수 있을지 모른다. 사실 답을 찾을 수 있을지조차 확신할 수 없다.

하지만 이 어려운 질문 중 어느 것도 꿈 연구에만 한정되지는 않는다. 오히려 이 질문은 인식과 의식 연구라는 더 큰 분야에 속한다. 어제 당신에게 일어난 일을 떠올려보자. 이제 알겠는가? 과학자인 우리는 당신의 뇌가 어떻게 그렇게 했는지, 즉 어떻게 어제의 기억을 검색하고 그중 하나를 선택하고 당신에게 의미 있다고 여겨지는 연관성을 발견했는지 알지 못한다. 그리고 당신이 이 정보들 중 하나를 어떻게 의식하게 되었는지도 알 수 없다. 꿈을 의식의 특별한 한 사례, 즉 의식의 변형된 상태로 여긴다면 꿈 연구자들은 의식에 대해 아직 대답하지 못한 이 특별한 사례에 대한 질문에 답하려고 애쓰는 것이 분명하다.

깨어 있는 동안의 기억 진화에 대해 거의 알지 못했던 20여 년 전, 다른 연구자들이 수면 의존적 기억 진화가 어떻게 작동하는지 설명해달라고 요청할 때면 밥은 똑같은 어려움을 호소했다. 하지만 적어도 지금은 수면 연구자들의 발견에 힘입어 깨어 있는 동안의 기억 처리에 대한 질문을 다루는 기억 연구자들이 훨씬 많아졌다. 의식 연구도 마찬가지일 것이다. 어쩌면 꿈 연구가 의식에 대한 더 넓은 탐험의 선봉이 될 수도 있다. 그렇다면 당신은 이 선봉대의 일원인 셈이다.

하지만 앞으로는 현대사회 전반과 관련된 더 골치 아픈 질문이 더 많이 나올 수 있다. 먼저 감각의 강도를 증폭하고 꿈속 감정적 경험이나 자각몽 같은 특정 꿈의 감정적 경험을 조절하면서 밤의 꿈을 변화시키려는 최근의 신기술은 개인적·사회적으로 어떤 의미가 있을까? 이런 기술에 대한 요구가 많지만 우리는 이 기술의 잠재적인 결과에 대해서는 거의 아무것도 모른다. 이런 기술로 수면이 얼마나 달라질 것이며, 이런 변화가 감정과 기억 처리를 포함한 수면의 핵심 기능에 어떤 영향을 미칠까? 꿈 중독 같은 위험도 있을까? 인위적으로 유도된 꿈은 깨어 있는 삶의 가혹한 현실에서 벗어날 도피처가 될 수 있을까? 그리고 꿈의 내용을 조작하면 꿈꾸는 뇌의 중요한 기능이 무심코 차단될 수도 있지 않을까?

더 먼 미래를 내다보자. 과학자들이 우리의 밤의 꿈을 기록할 수 있다면 어떻게 될까? 물론 깨어 있는 사람의 생각과 환상을 기록할 방법을 찾지 못한다면, 꿈 경험을 기록할 방법을 찾을 확률도 희박하다. 하지만 7장에서 살펴본 것처럼 연구자들은 컴퓨터 기술을 이용해 타인의 꿈 윤곽을 대강이라도 재구성하는 데 어느 정도 진전을 이루었다. 그런 기술이 완벽해지고 이용할 수 있게 된다면 당신은 밤마다 꿈을 기록하고 싶은가? 배우자나 아이들의 꿈은 어떤가? 누가 이 꿈에 접근할 수 있어야 하고, 누가 그렇게 할지 어떻게 통제할까? 대부분의 수면 추적기와 다른 웨어러블 바이오센서처럼 이런 상업적 제품은 독점적이고 비밀이 유지된 알고리즘에 의존한다. 내 꿈처럼 개인적인 것을 다루는 첨단기술 회사, 클라우드, 기업의 컴퓨팅 서버 같은 것을 어떻게 신뢰할 수 있을까?

인터넷에 접속해서 나온 연관 검색어가 지난번 검색에서 추출된 것이 아니라 간밤 꿈에 나온 것이라면 어떤 느낌일까?

먼 미래처럼 보이지만 지금 충분히 고려할 가치가 있는 문제다. 생물 의학과 기술의 발전 속도를 고려할 때 지금 멈춰서 이 질문에 대해 생각 하지 않으면 후회할지도 모른다.

꿈의 미스터리와 마법

꿈에 대한 이해를 넓히기 위한 과학적인 연구가 꿈이라는 매우 놀라운 사건의 아름다움과 마술을 위협할지도 모른다고 걱정하는 이들도 있다. 우리는 이 책이 그런 걱정을 잠재울 수 있다고 믿는다. 오히려 우리가 이 책에서 제시한 과학적 아이디어와 발견은 여러 면에서 꿈이 심리적·신 경학적으로 의미 있는 경험이고, 꿈꾸는 사람이나 예술가, 의사, 과학자 가 꿈에 관심을 기울여 이득을 얻을 수 있다는 점을 여러 면에서 밝힌다. 꿈이 어떻게 만들어지고 어떤 기능을 하는지 알수록 꿈꾸는 뇌에 대한 우리의 경외심은 오히려 늘어난다. 꿈이 만드는 이런 미스터리하고 경 이로운 느낌은 사라지지 않고 더욱 확대된다. 우리는 이 책이 당신에게 도 이런 놀라운 느낌을 주고 강화하는 데 도움이 되었기를 바란다.

또한 넥스트업을 통해 꿈의 본질과 기능을 더 잘 이해할 수 있게 되었 기를 바란다. 넥스트업은 꿈의 기능이 과거를 설명하고 미래를 예측하 는 것이며, 우리 삶에서 '다음에 next up' 무엇이 올지 발견하게 하는 것이 라고 제안한다. 바로 이것이 우리가 꿈꾸는 동안 뇌가 하는 일이다. 하지 만 이 목표를 달성하기 위해 꿈꾸는 뇌가 하는 일은 단지 이전에 무엇이 있었고, 앞으로 무엇이 있을 수 있는지 우리에게 보여주는 것이다. 위대한 화가나 작곡가, 소설가, 극작가가 하는 일과 마찬가지다. 이들은 우리가 완벽하게 설명할 수 없는 것을 '보여'준다. 이것은 예술의 기능이고, 우리는 그 또한 꿈의 기능이라고 믿는다. 그리고 좋은 예술처럼 꿈은 우리를 인도하고 삶을 풍요롭게 한다.

근육과 달리 우리의 뇌와 정신은 절대 쉬지 않는다. 뇌와 정신은 밤낮을 가리지 않고 끊임없이 기능한다. 참으로 아이러니할 수도 있지만, 마음은 결코 진정으로 잠들지 않는다. 마음은 꿈꾼다.

감사의 말

이 책과 그 안에 제시된 참신한 아이디어들을 가능하게 한 여러 분들께 개별적으로 감사를 드리지 못하지만 이 자리를 빌려 깊은 감사를 표한다. 꿈 일기를 쓰고, 질문지를 작성하고, 실험실이나 때로는 엄청나게 어려운 조건에서 잠자며 수면과 꿈에 관련된 뇌 활동이나 생각, 감정을 연구하는 수많은 실험에 참여해 꿈 과학의 발전을 도운 모든 연구 참가자들에게도 마음 깊이 감사를 전한다. 마찬가지로 우리 각자의 연구실에서 수행한 많은 연구는 수십 명의 부지런하고 끈기 있는 대학원생, 인턴, 엔지니어들이 없었다면 불가능했을 것이다. 특히 토니는 다음 이들에게 감사를 전한다. 니콜라스 페전트, 매튜 필론, 밀렌 듀발, 주느비에브 로베르, 엘레인 고샤, 마리이브 데스자댕, 프랑소와 화이트, 알렉산드라 뒤케트, 크리스티나 바누, 유진 삼손다우스트, 도미니크 보리우프레보스트, 브누아 아담, 도미니크 프티.

343

밥은 에이프릴 말리아, 신디 리튼하우스, 다라 마노아크, 데이비드 로든베리, 데니스 클라크, 에드 파스쇼트, 에린 웸슬리, 이나 종라직, 제이슨 로울리, 제스 페인, 마그달레나 포스, 마거릿 오코너, 매슈 워커, 사라 메드닉과 그 외 연구생, 학생들과 박사후과정 학생들, 동료들에게 감사를 전한다.

마지막으로 우리의 훌륭한 에이전트인 제시카 파핀과 W.W.노튼 사의 퀸 도, 교열 편집자 크리스티안 틸렌의 훌륭한 피드백과 통찰력 있는 편집에 진심으로 감사드린다.

토니는 다음과 같이 감사드린다.

밥 필과 돈 돈데리에게 특별한 빚을 졌다. 아무것도 모르는 대학생 때부터 박사학위 연구를 할 때까지 두 분 모두 내가 꿈에 대한 흥미를 추구하는 데 큰 도움을 주셨다. 두 분의 지지와 조언, 그리고 당시에는 이상했던 연구 아이디어를 탐구할 수 있도록 기꺼이 도와주신 점에 항상 감사한다. 많은 친구와 동료들은 꿈에 대한 이해와 인식을 심화시키는 데 핵심적인 역할을 했다. 다음 분들에게는 특별한 감사를 전한다. 빌 돔호프, 토레 닐슨, 리타 드와이어, 게일 델라니, 앨런 모피트, 해리 헌트, 조셉 드 코닝크, 다니엘 데슬라우리에스, 앤 저메인, 자크 몬플레지, 카릴 스미스, 마크 블라그로브, 짐 파겔, 어네스트 하트만, 로스 레빈, 자크 몬탠제로, 이자벨 아르눌프, 마이클 슈레들, 카티아 발리, 마크 마호왈드, 카를로스 셴크, 트레이시 칸. 또한 매년 열리는 회의에 참석하는 국제꿈연구협회 회원들에게 감사를 표한다. 1980년대 후반부터 다방면에 걸친 이 즐거운 회의를 통해 꿈에 대한 열정이 넘치는 놀라운 사람들을 수십 명이나 만날 수 있었다. 연구 자금을 지원해준 캐나다 사회과학 및 인문학 연구위원회와 캐나다 보건연구소에도 감사를 전한다. 부모님, 특히 꿈을 연구하는 것이 의대에 진학하는 것만큼 훌륭한 대안이라고 생각하신 어머니께 감사드린다. 두 분의 격려와 변함없는 성원에 감사를 표한다. 또한 멋진 두 아들과 아내 앤의 놀라운 인내와 지원에 감사한다. 마지막으로 나의 오랜 친구이자 조력자인 로버트 스틱골드에게 깊은 감사를 전한다. 밥, 당신과 함께 일하는 것이 지적으로 자극이 될 거라 예상했지만 이렇게 재미있을 줄은 몰랐네. 당신의 넓은 마음, 과학적 엄격함, 창의적 통찰력, 옛 아이디어들을 다시 살펴보면서 새로운 아이디어를 탐구하려는 의지는 우리의 흥미로운 프로젝트를 우리가 어떻게, 그리고 왜 꿈을 꾸는지에 대한 핵심으로 향하는 특별한 모험으로 바꾸었네.

밥은 다음과 같이 감사드린다.

이 책을 쓰는 길에는 많은 이들이 함께해주었다. 나를 과학자로 바꿔놓은 6학년 햄튼 선생님과 나를 생화학자로 바꾼 고등학교 생물 선생님 프레드 버딘 씨에게 감사드린다. 노스웨스턴대학교의 프랭크 뉴하우스는 내게 과학자가 되는 길을 가르쳐준 진정한 첫 멘토였다. 하버드대학교의 스티브 커플러는 나를 신경생물학자로 바꿔놓았다. 그리고 앨런 홉슨은 꿈 연구자로서 나를 단련시켰다. 만약 이 사람들 중 한 명이라도 내 인생에 없었더라면 나는 지금 이 글을 쓰고 있지 않았을 것이다. 내 연구에 재정적·정신적으로 큰 지원을 해준 맥아더 재단의 밥 로즈와 NIH의 국립정신건강연구소에도 감사를 전한다. 나는 앞서 토니가 열거한 많은 꿈 연구자에 덧붙여 로절린드 카트라이트, 레이 그린버그, 밀트 크레이머에게도 빚을 졌다. 그리고 이 책을 쓰는 동안 내내 사랑과 지지로 나를 지탱해준 아내 데비에게 큰 감사를 전한다. 마지막으로, 내게 감사를 전한 토니에게 어떻게 더 큰 감사를 전해야 할지 모르겠다. 그래서 어린 시절 쓰던 말을 하나 인용하겠다. 토니, "당신도 마찬가지야, 두 배로."

넥스트업이 밝힌 꿈의 작동 방식

참고: N1 단계, N2 단계 및 렘수면을 포함해 이 부록에 언급된 수면 단계에 대한 설명은 4장에서 자세히 볼 수 있다.

I. 꿈은 수면 의존적 기억 진화의 독특한 형태로, 예측하지 못했고 보통 이전에는 탐색하지 않았던 연관성을 발견하고 강화하면서 기존 정보에서 새로운 지식을 추출한다.

A. 이를 위해 꿈은 깨어 있는 동안에는 보통 뇌가 고려하지 않을 연관성을 탐색한다. 꿈은 뇌가 잠재적으로 미래에 유용할 것으로 계산한 새롭고 창조적이며 통찰력 있는 연관성을 찾고, 이런 연관성이 발견되면 강화한다.

B. 뇌 속 노르아드레날린이 감소(N2 단계 수면)하거나 사라지면(렘수면) 약한 연관성을 찾는 과정이 쉬워진다.

C. 꿈은 지속되는 근심을 해결하기 위한 과정이 아니라, 꿈꾸는 사람이 이 근심에 어떤 의미가 있는지 더 잘 이해하기 위해 근심과 가능한 해결책을 탐색하는 과정이다.

D. 꿈은 보통 지속되는 근심에 대한 명확한 관련성이나 유용성을 거의 보이지 않는다. 꿈은 오히려 뇌가 이런 근심이나 비슷한 근심을 해결하는 데 유용할 것이라고 계산한, 이전에는 예측하지 못한 연관성을 식별한다.

E. 세로토닌이 감소(N2 단계 수면)하거나 사라지면(렘수면) 뇌는 꿈의 연관성을 의미 있고 유용한 것으로 받아들이는 편으로 기운다.

II. 깨어 있는 동안의 모든 경험과 사건이 동등하게 통합될 가능성이 있는 것은 아니다.

A. 꿈을 꿀 때 뇌는 감정적으로 두드러지는 지속되는 근심을 선택하는 경향이 있다.

B. 선택된 근심은 해결되지 않은 질문을 포함한다. 뇌는 이에 대해 미래에 유용할 답변을 계산한다.

C. 이런 근심이 심각한 문제일 필요는 없다. 전날 무심코 들은 말이 무엇을 의미하는지나 다음 날 버스가 몇 시에 출발하는지 모르는 것처럼 간단한 것일 수도 있다.

D. 넥스트업은 실제 사건이 일어날 때나 몽상 중일 때, 백일몽 또는 수면 시작 때 근심을 인식하고

꿈 처리를 위해 꼬리표를 붙인다.

E. 수면 시작(N1 단계 수면), N2 단계 수면 및 렘수면 꿈은 다양한 근심과 연관성을 통합한다.

1. 입면기(N1 단계 수면) 꿈은 수면 시작 직전에 생각한 근심과 명백하게 관련되는 경향이 있다.

2. N2 단계 꿈은 덜 명백하지만 최근 일어난 일화적 기억에서 발견되는 연관성을 통합하는 경향이 있다.

3. 렘수면 꿈은 현재의 근심과의 관계가 훨씬 덜 분명한 더 오래되고 약한 의미적 연관성을 통합한다.

III. 꿈의 요소들이 어떻게 결합하는지가 꿈의 본질을 규정한다.

A. 꿈은 우리의 삶에서 일어나는 사건들을 낮에 기억할 때처럼 재생하지 않는다. 대신 그 사건에 대해 이야기를 한다.

B. 꿈은 일화적 기억과 의미 기억의 단편을 모두 모은다.

C. 일화적 기억은 그대로 꿈에 통합되지 않으며, 현재의 근심이 꿈에 직접적으로 언급되거나 통합되는 일은 드물다.

IV. 이 목표를 달성하기 위해서는 꿈을 의식적으로 경험해야 한다.

A. 가능한 시나리오를 탐색할 내러티브를 만들기 위해서는 의식적인 꿈 경험이 필요하다.

B. 이런 시나리오를 평가하는 데 중요한 감정적 느낌을 생성해야 한다.

C. 이를 통해 뇌는 꿈꾸는 사람의 마음이 꿈속에 묘사된 상황에 어떻게 반응하는지 추적하고, 그 다음 꿈꾸는 사람의 반응이 꿈속 인물이나 사건에 어떤 영향을 미치는지 주목한다.

V. 넥스트업의 결과

A. 꿈꾸는 동안 세로토닌 수치가 감소하면 뇌는 약한 연관성을 유용할 뿐 아니라 의미 있는 것으로 분류하는 쪽으로 치우친다. 꿈이 그토록 자주 중요하게 '느껴지는' 이유다.

B. 뇌가 꿈에 끼워 넣는 연관성은 보통 약하고 이전에 탐색되지 않은 것이어서, 현재의 근심과의 연관성이 분명하지 않은 경우가 많다. 심지어 그런 연관성이 식별될 수 있어도 뒤얽힌 내러티브에 깊이 묻혀 있거나 꿈에서 흔히 드러나는 기괴함 때문에 모호하다.

$$\boxed{\text{더 읽을거리}}$$

이 책을 읽은 여러분에게 잠과 꿈에 대해 더 많이 알고 싶은 열정이 생겼기를 바란다. 여기 더 읽어볼 만한 자료를 제안한다. 많지는 않지만, 우리가 봤을 때 일반 독자들이 읽기에, 과학에 근거한 최고의 자료라 생각되는 몇 가지에 초점을 맞추었다. 이 자료 중 일부는 이 책 전반에 인용된 여러 책, 과학 논문, 다른 참고문헌에도 실려 있다.

• 수면에 대한 온라인 자료

국립수면재단National Sleep Foundation

https://www.sleepfoundation.org

하버드대학교 의과대학 수면의학분과Harvard Medical School Division of Sleep Medicine

http://healthysleep.med.harvard.edu/healthy/

미국수면의학회American Academy of Sleep Medicine

http://sleepeducation.org

캐나다 공중보건 수면캠페인Sleep on It! Canadian public health campaign on sleep

https://sleeponitcanada.ca

• 꿈에 대한 온라인 자료

국제꿈연구협회International Association for the Study of Dreams

https://www.asdreams.org

빌 돔호프와 애덤 슈나이더의 '꿈의 정량적 연구'Bill Domhoff and Adam Schneider's The Quantitative Study of Dreams

https://dreams.ucsc.edu/

켈리 벌클리의 '꿈 연구와 교육'Kelly Bulkeley's Dream Research & Education

http://kellybulkeley.org

• 꿈 은행

http://www.dreambank.net

http://sleepanddreamdatabase.org

• 수면과 꿈에 대한 일반 서적

지난 수년간 우리가 읽고 즐겼던 수면과 꿈에 대한 책과 그 책들이 다루는 다양한 주제를 고려하면 추천할 책을 엄선된 소수로 좁히기는 거의 불가능하다. 이 책에 인용된 많은 고전 문헌은 제외하고 몇 가지를 추천하겠다.

수면과 그 중요성을 통찰력 있게 개괄하는 책을 찾는 독자는 매슈 워커의《왜 우리는 잠을 자야 할까》(사람의 집, 2019)와 윌리엄 C. 디멘트의《수면의 약속》(넥서스북스, 2007)을 찾아보라. 자신의 꿈으로 꿈 작업을 해보고 싶은 독자는 클라라 힐의《꿈 치료》(학지사, 2010), 몬터규 울먼의《꿈 공감법Appreciating Dreams》, 게일 드라니Gayle Delaney의《꿈 살리기Living Your Dreams; Breakthrough Dreaming》를 참고하라. 꿈의 종교적이고 영적인 차원에 관심 있다면 켈리 벌클리의《거대한 꿈Big Dreams: The Science of Dreaming and the Origins of Religion》등을 참고하는 것이 바람직하다.

자각몽을 다룬 책은 날로 증가하고 있지만, 원저작인 스티븐 라버지의《루시드 드림》(북센스, 2008)을 이기기는 어렵다고 생각한다. 자각몽에 대한 심층적이고 학제적 탐구에 관심이 있는 이들은 리안 허드Ryan Hurd와 켈리 벌클리가 편집한 2권짜리《자각몽Lucid Dreaming: New Perspectives on Consciousness in Sleep》을 살펴볼 수 있다.

꿈에 대한 좀 더 학문적인 서적에 관심이 있는 독자는 G. 윌리엄 돔호프의《꿈의 의미 찾기Finding Meaning in Dreams; The Emergence of Dreaming》와 로버트 호스Robert Hoss, 카티아 발리Katja Valli, 로버트 공로프Robert Gongloff가 편집한 2권짜리《꿈Dreams: Understanding Biology, Psychology, and Culture》을 살펴보기를 추천한다. 꿈 연구에 대한 보다 철학적인 접근에 관심이 있다면 제니퍼 M. 윈트Jennifer M. Windt의《꿈Dreaming: A Conceptual Framework for Philosophy of Mind and Empirical Research》을 읽어 보라.

• 꿈 저편으로의 여행

꿈의 개념을 이해하는 다양한 방법을 다룬 우리의 논의에 흥미를 느꼈거나 자각몽에 대한 장에서 제시된 아이디어에 사로잡혔다면, 최근 출간된 토니의 서스펜스 소설《꿈 수집가The Dreamkeepers》에 흥미를 느낄지도 모른다. 수면 과학과 꿈 신화를 섞은 이 미스터리 스릴러는 가상의 꿈 세계를 탐험하고, 꿈 세계에 존재하는 힘을 탐구하며, 자각몽이라는 아이디어를 새로운 경지로 이끈다. 토니의 꿈에 나오는 인물들도 이 책이 엄청나게 재미있다고 했다. 아마 당신도 흥미를 느낄 것이다.

| 1장 | 꿈이란 무엇인가 |

1 Kelly Bulkeley, *Dreams: A Reader on Religious, Cultural, and Psychological Dimensions of Dreaming*, New York, Palgrave, 2001; Robert L. Van de Castle, *Our Dreaming Mind*, New York, Ballantine Books, 1994, 3~106; W. B. Webb, Historical Perspectives: from Aristotle to Calvin Hall, *Dreamtime and Dreamwork: Decoding the Language of the Night*, Stanley Krippner ed.,Los Angeles, J. P. Tarcher–St. Martin's Press, 1990, 175~184.

2 Monique Laurendeau and Adrien Pinard, *Causal Thinking in the Child*, New York: International Universities Press, 1962.

3 Laurendeau and Pinard, *Causal Thinking in the Child,* 106.

4 E. Wamsley, C. E. Donjacour, T. E. Scammell, G. J. Lammers, and R. Stickgold, "Delusional Confusion of Dreaming and Reality in Narcolepsy", *Sleep*, 37, 2014, 419~422.

5 J. F. Pagel, M. Blagrove, R. Levin, B. States, R. Stickgold, and S. White, "Definitions of Dream: A Paradigm for Comparing Field Descriptive Specific Studies of Dream", *Dreaming*, 11, 2001, 195~202.

| 2장 | 꿈 세계의 초기 탐험가들 |

1 J. Sully, "The Dream as Revelation", *Fortnightly Review*, 53, 1893, 354~365.

2 Henri F. Ellenberger, *The Discovery of the Unconscious: The History and Evolution of Dynamic Psychiatry,* New York, Basic Books, 1970; Frank J. Sulloway, *Freud, Biologist of the Mind: Beyond the Psychoanalytic Legend*, New York: Basic Books, 1983; P. Lavie and J. A. Hobson, "Origin of Dreams: Anticipation of Modern Theories in the Philosophy and Physiology of the Eighteenth and Nineteenth Centuries", *Psychological Bulletin*, 100, 1986, 229~240; G. W. Pigman, "The Dark Forest of Authors: Freud and Nineteenth-century Dream Theory", *Psychoanalysis and History*, 4, 2002, 141~165.

3 Sigmund J. Freud, Moussaieff Masson, and Wilhelm Fliess, *The Complete Letters of Sigmund Freud to Wilhelm Fliess, 1887~1904*, Cambridge, MA, Belknap Press of Harvard University Press, 1985, 335.

4 Sigmund Freud, *The Interpretation of Dreams*, trans. J. Strachey, London, George Allen

& Unwin, 1900/1954, 1(지그문트 프로이트, 김인순 역, 《꿈의 해석》, 열린책들, 2020).

5   Pigman, *The Dark Forest of Authors*, 165.

6   Alfred L. F., Maury, *Le Sommeil et les Rêves: Études Psychologiques sur ces Phénomènes et les Divers États qui s'y Rattachent* (Sleep and dreams: psychological studies on these phenomena and the various states associated with them), Paris, France, Didier et cie, 1861.

7   Karl A. Scherner., *Das Leben des Traums*(The life of dreams), Berlin, Germany, H. Schindler, 1861.

8   Medard Boss, *The Analysis of Dreams*, New York: Philosophical Library, 1958, 25.

9   Freud, *The Interpretation of Dreams*, 359(지그문트 프로이트, 김인순 역, 《꿈의 해석》, 열린책들, 2020).

10 J. M. L. Hervey de Saint-Denis, *Les Rêves et les Moyens de les Diriger* (Dreams and the ways to guide them: practical observations), Paris, Amyot, 1867.

11 M. Calkins, "Statistics of Dreams", *American Journal of Psychology*, 5, 1892, 311~243.

12 같은 논문, 312.

13 Sante de Sanctis, *I Sogni: Studi Psicologici e Clinici di un Alienista* (Dreams: psychological and clinical studies of an alienist), Torino, Italy, Bocca, 1899.

14 R. Foschi, G. P. Lombardo, and G. Morgese, "Sante De Sanctis (1862~1935), a Forerunner of the 20th Century Research on Sleep and Dreaming", *Sleep Medicine*, 16, 2015, 197~201.

15 Sante de Sanctis, "L'interpretazione dei sogni(The interpretation of dreams)", *Rivista di Psicologia*, 10, 1914, 358~375.

3장   **프로이트는 꿈의 비밀을 밝혔는가**

1   M. Kramer, "Sigmund Freud's The Interpretation of Dreams: The Initial Response (1899~1908)", *Dreaming*, 4, 1994, 47~52.

2   Sigmund Freud, *The Interpretation of Dreams*, trans. J. Strachey, London, George Allen & Unwin, 1900/1954, xxv(지그문트 프로이트, 김인순 역, 《꿈의 해석》, 열린책들, 2020).

3   같은 책, 233.

4   C. G. Jung, "Two Essays on Analytical Psychology" in *The Collected Works of C. G. Jung* (vol. 7), ed. Sir H. Read, M. Fordham, G. Adler, and W. McGuire ,Princeton, NJ: Princeton University Press, 1967, 282.

5   Frederick C. Crews, *Freud: The Making of an Illusion* (New York: Metropolitan Books/Henry Holt and Company, 2017).

6   J. F. Kihlstrom, "Freud Is a Dead Weight on Psychology" in *Hilgard's Introduction*

to Psychology, ed. R. Atkinson, R. C. Atkinson, E. E. Smith, D. J. Bem, and S. Nolen-Hoeksema, New York: Harcourt Brace Jovanovich, 2009, 497(수잔 놀렌 혹스마, 정명숙 역, 《앳 킨스와 힐가드의 심리학 원론》, 박학사, 2016).

7   Henri F. Ellenberger, *The Discovery of the Unconscious: The History and Evolution of Dynamic Psychiatry*, New York, Basic Books, 1970.

8   Sigmund Freud, "The Complete Letters of Sigmund Freud to Eduard Silberstein, 1871~1881," in *The Complete Letters of Sigmund Freud to Eduard Silberstein, 1871~1881*, ed. Walter Boehlich, Cambridge, MA, Harvard University Press, 1900, 149.

9   Sigmund Freud, J. Moussaieff Masson, and Wilhelm Fliess, *The Complete Letters of Sigmund Freud to Wilhelm Fliess, 1887~1904*, Cambridge, MA: Belknap Press of Harvard University Press, 1985, 417.

10 Freud, S., "Project for a Scientific Psychology" in *The Standard Edition of the Complete Psychological Works of Sigmund Freud*, Volume I, 1886~1899, Pre-Psycho-Analytic Publications and Unpublished Drafts, ed. J. Strachey, London: Hogarth Press, 1895.

11 Benjamin Ehrlich and Santiago Ramón y Cajal, *The Dreams of Santiago Ramón y Cajal,* New York, Oxford University Press, 2017, 26.

12 같은 책.

4장   새로운 꿈 과학의 탄생

---

1   E. Aserinsky and N. Kleitman, "Regularly Occurring Periods of Eye Motility, and Concomitant Phenomena, during Sleep", *Science,* 118, 1953, 273~274.

2   W. Dement and N. Kleitman, "The Relation of Eye Movements during Sleep to Dream Activity: An Objective Method for the Study of Dreaming", *Journal of Experimental Psychology*, 53, 1957, 339~346.

3   D. Millett, "Hans Berger: From Psychic Energy to the EEG", *Perspectives in Biology and Medicine*, 44, 2001, 522~542.

4   M. F. van Driel, "Sleep-related Erections throughout the Ages", *Journal of Sexual Medicine*, 11, 2014, 1867~1875.

5   A. Rechtschaffen and A. A. Kales, *Manual of Standardized Terminology, Techniques, and Scoring System for Sleep Stages of Human Participants*, Washington, DC, U.S. Government Printing Office, 1968.

6   H. P. Roffwarg, W. Dement, J. Muzio, and C. Fisher, "Dream Imagery: Relationship to Rapid Eye Movements of Sleep", *Archives of General Psychiatry*, 7, 1962, 235~238.

7   H. S. Porte, "Slow Horizontal Eye Movement at Human Sleep Onset", *Journal of Sleep Research*, 13, 2004, 239~249.

8 D. R. Goodenough, H. A. Witkin, D. Koulack, and H. Cohen, "The Effects of Stress Films on Dream Affect and on Respiration and Eyemovement Activity during Rapid-eye-movement Sleep", *Psychophysiology*, 12, 1975, 313~320.

9 T. A. Nielsen, "A Review of Mentation in REM and NREM Sleep: 'Covert' REM Sleep as a Possible Reconciliation of Two Opposing Models", *Behavioral and Brain Sciences*, 23, 2000, 851~66; discussion 904~1121.

10 J. A. Hobson, *The Dreaming Brain,* New York, Basic Books, 1988.

5장   **잠은 졸음의 해결책일 뿐인가**

1 B. C. Tefft, "Prevalence of Motor Vehicle Crashes Involving Drowsy Drivers, United States, 2009~2013", Washington, DC, AAA Foundation for Traffic Safety, 2014, https://aaafoundation.org/wp-content/uploads/2017/12/PrevalenceofMVCDrowsyDriversReport.pdf.

2 M. M. Mitler, M. A. Carskadon, C. A. Czeisler, W. C. Dement, D. F. Dinges, and R. C. Graeber, "Catastrophes, Sleep, and Public Policy: Consensus Report", *Sleep*, 11, 1988, 100~109.

3 S. W. Lockley, L. K. Barger, N. T. Ayas, J. M. Rothschild, C. A. Czeisler, and C. P. Landrigan; Health Harvard Work Hours and Safety Group, "Effects of Health Care Provider Work Hours and Sleep Deprivation on Safety and Performance", *Joint Commission Journal on Quality and Patient Safety,* 33, 2007, 7~18.

4 M. Lampl, J. D. Veldhuis, and M. L. Johnson, "Saltation and Stasis: A Model of Human Growth", *Science*, 258, 1992, 801~803.

5 K. Spiegel, J. F. Sheridan, and E. Van Cauter, "Effect of Sleep Deprivation on Response to Immunization", *Journal of the American Medical Association (JAMA)*, 288, 2002, 1471~1472.

6 T. Lange, B. Perras, H. L. Fehm, and J. Born, "Sleep Enhances the Human Antibody Response to Hepatitis A Vaccination", *Psychosomatic Medicine*, 65, 2003, 831~835.

7 K. Spiegel, R. Leproult, and E. Van Cauter, "Impact of Sleep Debt on Metabolic and Endocrine Function", *Lancet*, 354, 1999, 1435~1439.

8 L. Xie, H. Kang, Q. Xu, M. J. Chen, Y. Liao, M. Thiyagarajan, J. O'Donnell, D. J. Christensen, C. Nicholson, J. J. Iliff, T. Takano, R. Deane, and M. Nedergaard, "Sleep Drives Metabolite Clearance from the Adult Brain", *Science*, 342, 2013, 373~377.

9 N. E. Fultz, G. Bonmassar, K. Setsompop, R. A. Stickgold, B. R. Rosen, J. R. Polimeni, and L. D. Lewis, "Coupled Electrophysiological, Hemodynamic, and Cerebrospinal Fluid Oscillations in Human Sleep", *Science*, 366, 2019, 628~631.

10 R. Stickgold, J. A. Hobson, R. Fosse, and M. Fosse, "Sleep, Learning, and Dreams: Off-line Memory Reprocessing", *Science*, 294, 2001, 1052~1057.

11 M. P. Walker, T. Brakefield, A. Morgan, J. A. Hobson, and R. Stickgold, "Practice with Sleep Makes Perfect: Sleep-dependent Motor Skill Learning", *Neuron*, 35, 2002, 205~211.

12 J. D. Payne, D. L. Schacter, R. E. Propper, L. W. Huang, E. J. Wamsley, M. A. Tucker, M. P. Walker, and R. Stickgold, "The Role of Sleep in False Memory Formation", *Neurobiology of Learning and Memory*, 92, 2009, 327~334.

13 D. L. Schacter, and D. R. Addis, "Constructive Memory: The Ghosts of Past and Future", *Nature*, 445, 2007, 27.

14 D. Payne, R. Stickgold, K. Swanberg, and E. A. Kensinger, "Sleep Preferentially Enhances Memory for Emotional Components of Scenes", *Psychological Science*, 19, 200, 781~788.

15 M.P. Walker and E. van der Helm, "Overnight Therapy? The Role of Sleep in Emotional Brain Processing", *Psychological Bulletin*, 135, 731~748.

16 I. Djonlagic, A. Rosenfeld, D. Shohamy, C. Myers, M. Gluck, and R. Stickgold, "Sleep Enhances Category Learning", *Learning & Memory*, 16, 2009, 751~755.

17 R. L. Gomez, R. R. Bootzin, and L. Nadel, "Naps Promote Abstraction in Language-Learning Infants", *Psychological Science*, 17, 2006, 670~674.

18 D. J. Cai, S. A. Mednick, E. M. Harrison, J. C. Kanady, and S. C. Mednick, "REM, Not Incubation, Improves Creativity by Priming Associative Networks", *Proceedings of the National Academy of Sciences USA*, 106, 2009, 10130~10134.

19 R. Stickgold, L. Scott, C. Rittenhouse, and J. A. Hobson, "Sleep-induced Changes in Associative Memory", *Journal of Cognitive Neuroscience*, 11, 1999, 182~193.

6장   **"개도 꿈을 꿀까?"**

1 S. Coren, "Do Dogs Dream?", *Psychology Today*, October 28, 2010, https://www.psychologytoday.com/blog/canine-corner/201010/do-dogs-dream.

2 E. A. Lucas, E. W. Powell, and O. D. Murphree, "Baseline Sleep-Wake Patterns in the Pointer Dog", *Physiology and Behavior*, 19, 1977, 285~291.

3 K. Louie and M. A. Wilson, "Temporally Structured Replay of Awake Hippocampal Ensemble Activity during Rapid Eye Movement Sleep", *Neuron*, 29, 2001, 145~156.

4 E. Goode, "Rats May Dream, It Seems, of Their Days at the Mazes", *New York Times*, January 25, 2001, https://www.nytimes.com/2001/01/25/us/rats-may-dream-it-seems-of-their-days-at-the-mazes.html.

5   David John Chalmers, *The Character of Consciousness*, New York: Oxford University Press, 2010, 3.

6   T. Nagel, "What Is It Like to Be a Bat?", *Philosophical Review*, 83, 1974, 435~450.

7   M. Grigg-Damberger, D. Gozal, C. L. Marcus, S. F. Quan, C. L. Rosen, R. D. Chervin, M. Wise, D. L. Picchietti, S. H. Sheldon, and C. Iber, "The Visual Scoring of Sleep and Arousal in Infants and Children", *Journal of Clinical Sleep Medicine*, 3, 2007, 201~240.

8   D. Foulkes, *Children's Dreaming and the Development of Consciousness*, Cambridge, MA, Harvard University Press, 1999; P. Sandor, S. Szakadat, and R. Bodizs, "Ontogeny of Dreaming: A Review of Empirical Studies", *Sleep Medicine Reviews*, 18, 2014, 435~449.

9   Inge Strauch and Barbara Meier, *In Search of Dreams: Results of Experimental Dream Research*, Albany, State University of New York Press, 1996, 58~59.

10 Mark Solms, *The Neuropsychology of Dreams: A Clinico-Anatomical Study*, Mahwah, NJ, Erlbaum, 1997, 137~151.

11 E. Landsness, M. A. Bruno, Q. Noirhomme, B. Riedner, O. Gosseries, C. Schnakers, M. Massimini, S. Laureys, G. Tononi, and M. Boly, "Electrophysiological Correlates of Behavioural Changes in Vigilance in Vegetative State and Minimally Conscious State", *Brain*, 134, 2011, 2222~2232.

12 University of Liège, "Patients in a Minimally Conscious State Remain Capable of Dreaming during Their Sleep", *ScienceDaily*, August 30, 2011, https://www.sciencedaily.com/releases/2011/08/110815113536.htm.

13 B. Herlin, S. Leu-Semenescu, C. Chaumereuil, and I. Arnulf, "Evidence that Non-dreamers Do Dream: A REM Sleep Behaviour Disorder Model", *Journal of Sleep Research*, 24, 2015, 602~609.

14 F. Siclari, B. Baird, L. Perogamvros, G. Bernardi, J. J. LaRocque, B. Riedner, M. Boly, B. R. Postle, and G. Tononi, "The Neural Correlates of Dreaming", *Nature Neuroscience*, 20, 2017, 872~878.

15 "Animals Have Complex Dreams, MIT Researcher Proves", MIT News Office, January 24, 2001, https://news.mit.edu/2001/dreaming.

16 "Singing Silently during Sleep Helps Birds Learn Song", University of Chicago Medicine, October 27, 2000, https://www.uchospitals.edu/news/2000/20001027-dreamsong.html.

7장   **"우리는 왜 꿈을 꿀까?"**

1   T. Horikawa, M. Tamaki, Y. Miyawaki, and Y. Kamitani, "Neural Decoding of Visual

Imagery during Sleep", *Science*, 340, 2013, 639~642.

2   P. Maquet, J. Peters, J. Aerts, G. Delfiore, C. Degueldre, A. Luxen, and G. Franck, "Functional Neuroanatomy of Human Rapid-eye-movement Sleep and Dreaming", *Nature*, 383, 1996, 163~166.

3   Hobson and R. W. McCarley, "The Brain as a Dream-state Generator: An Activation-Synthesis Hypothesis of the Dream Process", *American Journal of Psychiatry*, 134, 1977, 1335~1348.

4   R. W. McCarley and J. A. Hobson, "The Neurobiological Origins of Psychoanalytic Dream Theory", *American Journal of Psychiatry*, 134, 1977, 1211~1221.

5   Hobson and McCarley, "The Brain as a Dream-state Generator", 1347.

6   같은 책.

7   F. Crick and G. Mitchison, "The Function of Dream Sleep", *Nature*, 304, 1983, 111~114, 112.

8   A. Revonsuo, "The Reinterpretation of Dreams: An Evolutionary Hpothesis of the Function of Dreaming", *Behavioral and Brain Sciences*, 23, 2000, 877~901, discussion, 904~1121.

9   A. Zadra, S. Desjardins, and E. Marcotte, "Evolutionary Function of Dreams: A Test of the Threat Simulation Theory in Recurrent Dreams", *Consciousness and Cognition*, 15, 2006, 450~463.

10   A. Revonsuo, J. Tuominen, and K. Valli, "The Avatars in the Machine—Dreaming as a Simulation of Social Reality" in *Open MIND*, ed. T. Metzinger and J. M. Windt, Cambridge, MA, MIT Press, 2016, 1295~1322.

11   Ernest Hartmann, *The Nature and Functions of Dreaming*, New York, Oxford University Press, 2010.

12   R. D. Cartwright, "Dreams and Adaptation to Divorce" in *Trauma and Dreams*, ed. Deirdre Barrett, Cambridge, MA, Harvard University Press, 1996, 79~185.

13   Owen Flanagan, *Dreaming Souls: Sleep, Dreams and the Evolution of the Conscious Mind*, New York, Oxford University Press, 2000.

14   David Foulkes, *Children's Dreaming and the Development of Consciousness*, Cambridge, MA, Harvard University Press, 1999.

15   G. William Domhoff, *The Emergence of Dreaming: Mind-Wandering, Embodied Simulation, and the Default Network*, New York, Oxford University Press, 2018.

16   R. Stickgold, A. Malia, D. Maguire, D. Roddenberry, and M. O'Connor, "Replaying the Game: Hypnagogic Images in Normals and Amnesics", *Science*, 290, 2000, 350~353, 353.

17   같은 책, 353.

18   E. J. Wamsley, M. Tucker, J. D. Payne, J. A. Benavides, and R. Stickold, "Dreaming of a

Learning Task Is Associated with Enhanced Sleep-dependent Memory Consolidation", *Current Biology*, 20, 2010, 850~855.

19 S. F. Schoch, M. J. Cordi, M. Schredl, and B. Rasch, "The Effect of Dream Report Collection and Dream Incorporation on Memory Consolidation during Sleep", *Journal of Sleep Research*, 2018, e12754.

20 Wamsley et al., "Dreaming of a Learning Task".

21 G. W. Domhoff, "The Repetition of Dreams and Dream Elements: A Possible Clue to a Function of Dreams," in The *Functions of Dreaming*, ed. A. Moffett, M. Kramer, and R. Hoffmann, Albany, NY, State University of New York Press, 1993, 293~320, 315.

22 A. R. Damasio, *The Feeling of What Happens*, New York, Harcourt Brace, 1999(안토니오 다마지오, 고현석 역, 《느낌의 발견》, 아르테, 2023).

8장   **가능성 이해를 위한 네트워크 탐색**

---

1 R. Stickgold, L. Scott, C. Rittenhouse, and J. A. Hobson, "Sleep-induced Changes in Associative Memory", *Journal of Cognitive Neuroscience*, 11, 1999, 182~193.

2 J. A. Hobson and R. W. McCarley, "The Brain as a Dream-state Generator: An Activation-Synthesis Hypothesis of the Dream Process", *American Journal of Psychiatry*, 134, 1977, 1335~1348, 1347.

3 G. W. Domhoff, "Dreams Are Embodied Simulations That Dramatize Conceptions and Concerns: The Continuity Hypothesis in Empirical, Theoretical, and Historical Context", *International Journal of Dream Research*, 4, 2011, 50~62.

4 M. E. Raichle, A. M. MacLeod, A. Z. Snyder, W. J. Powers, D. A. Gusnard, and G. L. Shulman, "A Default Mode of Brain Function", *Proceedings of the National Academy of Sciences USA*, 98, 2001, 676~682.

5 D. Stawarczyk, S. Majerus, M. Maj, M. Van der Linden, and A. D'Argembeau, "Mind-wandering: Phenomenology and Function as Assessed with a Novel Experience Sampling Method", *Acta Psychologica*, 136, 2011, 370~381.

6 M. F. Mason, M. I. Norton, J. D. Van Horn, D. M. Wegner, S. T. Grafton, and C. N. Macrae, "Wandering Minds: The Default Network and Stimulus-independent Thought", *Science*, 315, 2007, 393~395.

7 M. D. Gregory, Y. Agam, C. Selvadurai, A. Nagy, M. Vangel, M. Tucker, E. M. Robertson, R. Stickgold, and D. S. Manoach, "Resting State Connectivity Immediately Following Learning Correlates with Subsequent Sleep-dependent Enhancement of Motor Task Performance", *Neuroimage*, 102, Pt 2, 2014, 666~673.

8 G. W. Domhoff and K. C. Fox, "Dreaming and the Default Network: A Review,

Synthesis, and Counterintuitive Research Proposal", *Consciousness and Cognition*, 33, 2015, 342~353, 345.

9   G. William Domhoff, *The Emergence of Dreaming: Mind-Wandering, Embodied Simulations, and the Default Network*, New York, Oxford University Press, 2018.

10 S. G. Horovitz, M. Fukunaga, J. A. de Zwart, P. van Gelderen, S. C. Fulton, T. J. Balkin, and J. H. Duyn, "Low Frequency BOLD Fluctuations during Resting Wakefulness and Light Sleep: A Simultaneous EEG-fMRI Study", *Human Brain Mapping*, 29, 2008, 671~682.

11 C. J. Honey, E. L. Newman, and A. C. Schapiro, "Switching between Internal and External Modes: A Multiscale Learning Principle", *Network Neuroscience 1*, 2018, 339~356, 356.

12 같은 책, 353.

13 E. J. Wamsley, K. Perry, I. Djonlagic, L. B. Reaven, and R. Stickgold, "Cognitive Replay of Visuomotor Learning at Sleep Onset: Temporal Dynamics and Relationship to Task Performance", *Sleep*, 33, 2010, 59~68.

14 S. M. Fogel, L. B. Ray, V. Sergeeva, J. De Koninck, and A. M. Owen, "A Novel Approach to Dream Content Analysis Reveals Links between Learning-related Dream Incorporation and Cognitive Abilities", *Frontiers in Psychology*, 9, 2018, 1398.

15 A. S. Gupta, M. A. van der Meer, D. S. Touretzky, and A. D. Redish, "Hippocampal Replay Is Not a Simple Function of Experience", *Neuron*, 65, 2010, 695~705.

9장   **헤아릴 수 없는 꿈의 내용**

1   Carolyn N. Winget and Milton Kramer, *Dimensions of Dream*, Gainesville, University Presses of Florida, 1979.

2   Calvin S. Hall, *The Meaning of Dreams*, New York, Harper & Brothers, 1953.

3   Calvin S. Hall and Robert. L. Van de Castle, *The Content Analyses of Dreams*, New York, Meredith Publishing Company, 1966.

4   Calvin S. Hall and Robert. L. Van de Castle, "The Content Analyses of Dreams", dreamresearch.net, https://www2.ucsc.edu/dreams/Coding/.

5   A. Schneider and G. W. Domhoff, "DreamBank," www.dreambank.net.

6   C. Vandendorpe, N. Bournonnais, A. Hayward G. Lachlèche, Y. G. Lepage, and A. Zadra, "Base de textes pour l'étude du rêve(Text bank for the study of dreams)", www.reves.ca.

7   D. Foulkes, "Dream Reports from Different Stages of Sleep", *Journal of Abnormal and Social Psychology*, 65, 1962, 14~25; A. Rechtschaffen, P. Verdone, and J. Wheaton,

"Reports of Mental Activity during Sleep", *Canadian Journal of Psychiatry*, 8, 1963, 409~414; R. Fosse, R. Stickgold, and J. A. Hobson, "Brain-Mind States: Reciprocal Variation in Thoughts and Hallucinations", *Psychological Science*, 12, 2001, 30~36.

8   K. Emmorey, S. M. Kosslyn, and U. Bellugi, "Visual Imagery and Visual Spatial Language: Enhanced Imagery Abilities in Deaf and Hearing ASL Signers", *Cognition*, 46, 1993, 139~181.

9   N. König, L. M. Heizmann, A. S. Göritz, and M. Schredl, "Colors in Dreams and the Introduction of Color TV in Germany: An Online Study", *International Journal of Dream Research*, 10, 2017, 59~64.

10   J. Montangero, "Dreams are Narrative Simulations of Autobiographical Episodes, not Stories or Scripts: A Review", *Dreaming*, 22, 2012, 157~172.

11   E. F. Pace-Schott, "Dreaming as a Story-telling Instinct", *Frontiers in Psychology*, 4, 2013, 159.

12   B. O. States, *Seeing in the Dark: Reflections on Dreams and Dreaming*, New Haven, Yale University Press, 1997.

13   M. Seligman and A. Yellen, "What Is a Dream?", *Behavioral Research and Therapy*, 25, 1987, 1~24.

14   R. Stickgold, C. D. Rittenhouse, and J. A. Hobson, "Dream Splicing: A New Technique for Assessing Thematic Coherence in Subjective Reports of Mental Activity", *Consciousness and Cognition*, 3, 1994, 114~128.

15   P. C. Cicogna and M. Bosinelli, "Consciousness during Dreams", *Consciousness and Cognition*, 10, 2001, 26~41.

16   A. D. Wilson and S. Golonka, "Embodied Cognition Is Not What You Think It Is", *Frontiers in Psychology*, 4, 2013, 58.

17   G. W. Domhoff and A. Schneider, "Much Ado about Very Little: The Small Effect Sizes when Home and Laboratory Collected Dreams Are Compared", *Dreaming*, 9, 1999, 139~151; E. Dorus, W. Dorus, and A. Rechtschaffen, "The Incidence of Novelty in Dreams", *Archives of General Psychiatry*, 25, 1971, 364~368; C. Colace, "Dream Bizarreness Reconsidered", *Sleep & Hypnosis*, 5, 2003, 105~128; Inge Strauch and Barbara Meier, *In Search of Dreams: Results of Experimental Dream Research*, Albany, State University of New York Press, 1996, 95~103.

18   E. J. Wamsley, Y. Hirota, M. A. Tucker, M. R. Smith, and J. S. Antrobus, "Circadian and Ultradian Influences on Dreaming: A Dual Rhythm Model", *Brain Research Bulletin*, 71, 2007, 347~354.

19   C. D. Rittenhouse, R. Stickgold, and J. Hobson, "Constraint on the Transformation of Characters, Objects, and Settings in Dream Reports", *Consciousness and Cognition*, 3, 1994, 100~113.

20 P. Sikka, K. Valli, T. Virta, and A. Revonsuo, "I Know How You Felt Last Night, or Do I? Self- and External Ratings of Emotions in REM Sleep Dreams", *Consciousness and Cognition*, 25, 2014, 51~66.

21 T. A. Nielsen, D. Deslauriers, and G.W. Baylor, "Emotions in Dream and Waking Event Reports", *Dreaming 1*, 1991, 287~300.

22 M. Schredl and E. Doll, "Emotions in Diary Dreams", *Consciousness and Cognition*, 7, 1998, 634~646.

23 Mélanie St-Onge, Monique Lortie-Lussier, Pierre Mercier, Jean Grenier, and Joseph De Koninck, "Emotions in the Diary and REM Dreams of Young and Late Adulthood Women and Their Relation to Life Satisfaction", *Dreaming*, 15, 2005, 116~128.

10장   **우리는 무슨 꿈을 꾸는가**

1 C. Hall and R. Van de Castle, *The Content Analysis of Dreams*, New York, Appleton-Century-Crofts, 1966; D. Kahn, E. Pace-Schott, and J. A. Hobson, "Emotion and Cognition: Feeling and Character Identification in Dreaming", *Consciousness & Cognition*, 11, 2002, 34~50.

2 G. William Domhoff, *Finding Meaning in Dreams: A Quantitative Approach*, New York, Plenum, 1996, 119~120.

3 R. M. Griffith, O. Miyagi, and A. Tago, "Universality of Typical Dreams: Japanese vs. Americans", *American Anthropologist*, 60, 1958, 1173~1179.

4 T. A. Nielsen, A. Zadra, V. Simard, S. Saucier, P. Stenstrom, C. Smith, and D. Kuiken, "The Typical Dreams of Canadian University Students", *Dreaming*, 13, 2003, 211~235.

5 Mathes, M. Schredl, and A. S. Goritz, "Frequency of Typical Dream Themes in Most Recent Dreams: An Online Study, *Dreaming,* 24, 2014, 57~66; F. Snyder, "The Phenomenology of Dreaming" in *The Psychodynamic Implications of the Physiological Studies on Dreams*, ed. H. Madow and L. Snow, Springfield, IL, Charles Thomas, 1970.

6 A. Zadra, "Recurrent Dreams: Their Relation to Life Events" in T*rauma and Dreams*, ed. Deirdre Barrett, Cambridge, MA, Harvard University Press, 1996, 241~247; A. Zadra, S. Desjardins, and E. Marcotte, "Evolutionary Function of Dreams: A Test of the Threat Simulation Theory in Recurrent Dreams", *Consciousness and Cognition*, 12, 2006, 450~463; A. Gauchat, J. R. Seguin, E. McSween-Cadieux, and A. Zadra, "The Content of Recurrent Dreams in Young Adolescents", *Consciousness and Cognition*, 37, 2015, 103~111.

7 G. Robert and A. Zadra, "Thematic and Content Analysis of Idiopathic Nightmares and Bad Dreams", *Sleep*, 37, 2014, 409~417.

8 A. Zadra and J. Gervais, "Sexual Content of Men and Women's Dreams", *Sleep and Biological Rhythms*, 9, 2011, 312.

9 M. Schredl, S. Desch, F. Röming, and A. Spachmann, "Erotic Dreams and Their Relationship to Waking-life Sexuality", *Sexologies*, 18, 2009, 38~43.

10 A. Zadra, "Sex Dreams: What Do Men and Women Dream About?", *Sleep*, 30, 2007, A376.

11 D. B. King, Teresa L. DeCicco, and T. P. Humphreys, "Investigating Sexual Dream Imagery in Relation to Daytime Sexual Behaviours and Fantasies among Canadian University Students", *Canadian Journal of Human Sexuality*, 18, 2009, 135~146.

12 M.-P. Vaillancourt-Morel, M.-È. Daspe, Y. Lussier, A. Zadra, and S. Bergeron,. "Honey, Who Do You Dream Of? Erotic Dreams and Their Associations with Waking-life Romantic Relationships" in *Great Debates and Innovations in Sex Research*, Montréal, QC, CA, Annual Meeting, Society for the Scientific Study of Sexuality, Nov. 8~11, 2018, www.sexscience.org.

13 J. Clarke, Teresa L. DeCicco, and G. Navara, "An Investigation among Dreams with Sexual Imagery, Romantic Jealousy and Relationship Satisfaction", *International Journal of Dream Research*, 3, 2010, 54~59.

14 J. B. Eichenlaub, E. van Rijn, M. G. Gaskell, P. A. Lewis, E. Maby, J. E. Malinowski, M. P. Walker, F. Boy, and M. Blagrove, "Incorporation of Recent Waking-life Experiences in Dreams Correlates with Frontal Theta Activity in REM Sleep", *Social Cognitive and Affective Neuroscience*, 13, 2018, 637~647.

11장   **꿈과 내면의 창의성**

1 Paul Strathern, *Mendeleyev's Dream: The Quest for the Elements*, New York, Hamish Hamilton, 2000, 286(폴 스트레턴, 예병일 역, 《멘델레예프의 꿈》, 몸과마음, 2003).

2 O. Theodore Benfey, "August Kekulé and the Birth of the Structural Theory of Organic Chemistry in 1858", *Journal of Chemical Education*, 35, 1958, 21~23, 22.

3 Salavador Dali, *50 Secrets of Magic Craftsmanship*, trans. Haakon M. Chevalier, New York, Dover Press, 1992, 36~38.

4 Dierdre Barrett, *The Committee of Sleep*, New York, Crown Publishers, 2001; D. Barrett, "Dreams and Creative Problem-solving", *Annals of the New York Academy of Sciences*, 1406, 2017, 64~67(디어더 배럿, 이덕남 역, 《꿈은 알고 있다》, 나무와숲, 2003).

5 Robert E. Franken, *Human Motivation*, Pacific Grove, CA: Brooks/Cole, 1994, 396(로버트 프랑켄, 강갑원 · 김정희 공역, 《인간의 동기》, 시그마프레스, 2009).

6 Mihaly Csikszentmihalyi, *Creativity : Flow and the Psychology of Discovery and*

Invention, New York, Harper Collins Publishers, 1996, 28(미하이 칙센트미하이, 노혜숙 역, 《창
의성의 즐거움, 북로드, 2003).

7   같은 책.

8   Engineering Dreams Workshop, MIT, Cambridge, MA, January 28~29, 2019.

12장   꿈 작업

1   Clara E. Hill, *Working with Dreams in Therapy: Facilitating Exploration, Insight, and
     Action,* Washington, DC, American Psychological Association, 2003.

2   Clara E. Hill and Patricia Spangler, "Dreams and Psychotherapy" in *The New Science
     of Dreaming, Volume 2—Content, Recall, and Personality Correlates*, ed. Deirdre Barrett
     and Patrick McNamara, Westport, CT, Praeger/Greenwood, 2007, 159~186.

3   N. Pesant and A. Zadra, "Working with Dreams in Therapy: What Do We Know and
     What Should We Do?", *Clinical Psychology Review,* 24, 2004, 489~512; C. L. Edwards, P.
     M. Ruby, J. E. Malinowski, P. D. Bennett, and M. T. Blagrove, "Dreaming and Insight",
     Frontiers in Psychology, 4, 2013, 979, https://doi.org/ 10.3389/fpsyg.2013.00979.

4   Montague Ullman, *Appreciating Dreams: A Group Approach*, Thousand Oaks, CA, Sage
     Publications, 1996.

5   C. L. Edwards, J. E. Malinowski, S. L. McGee, P. D. Bennett, P. M. Ruby, and M. T.
     Blagrove, "Comparing Personal Insight Gains Due to Consideration of a Recent
     Dream and Consideration of a Recent Event Using the Ullman and Schredl Dream
     Group Methods", *Frontiers in Psychology*, 6, 2015, 831, https://doi.org/10.3389/
     fpsyg.2015.00831.

6   R. J. Brown and D. C. Donderi, "Dream Content and Self-reported Well-being among
     Recurrent Dreamers, Past-Recurrent Dreamers, and Nonrecurrent Dreamers",
     Journal of Personality & Social Psychology, 50, 1986, 612~623.

13장   밤에 마주하는 것들

1   M. J. Fosse, R. Fosse, J. A. Hobson, and R. J. Stickgold, "Dreaming and Episodic
     Memory: A Functional Dissociation?", *Journal of Cognitive Neuroscience*, 15, 2003, 1~9.

2   T. A. Mellman, A. Kumar, R. Kulick-Bell, M. Kumar, and B. Nolan, "Nocturnal/Daytime
     Urine Noradrenergic Measures and Sleep in Combat-related PTSD", *Biological
     Psychiatry*, 38, 1995, 174~179.

3   M. A. Raskind, D. J. Dobie, E. D. Kanter, E. C. Petrie, C. E. Thompson, and E. R.

Peskind, "The Alpha1-adrenergic Antagonist Prazosin Ameliorates Combat Trauma Nightmares in Veterans with Posttraumatic Stress Disorder: A report of 4 Cases", *Journal of Clinical Psychiatry*, 61, 2000, 129~133.

4 Ernest Hartmann, *Boundaries in the Mind: A New Psychology of Personality*, New York, Basic Books, 1991.

5 C. Hublin, J. Kaprio, M. Partinen, and M. Koskenvuo, "Nightmares: Familial Aggregation and Association with Psychiatric Disorders in a Nationwide Twin Cohort", *American Journal of Medical Genetics*, 88, 1999, 329~336.

6 B. Krakow and A. Zadra, "Clinical Management of Chronic Nightmares: Imagery Rehearsal Therapy", *Behavioral Sleep Medicine*, 4, 2006, 45~70.

7 T. I. Morgenthaler, S. Auerbach, K. R. Casey, D. Kristo, R. Maganti, K. Ramar, R. Zak, and R. Kartje, "Position Paper for the Treatment of Nightmare Disorder in Adults: An American Academy of Sleep Medicine Position Paper", *Journal of Clinical Sleep Medicine*, 14, 2018, 1041~1055.

8 A. Germain, B. Krakow, B. Faucher, A. Zadra, T. Nielsen, M. Hollifield, T. D. Warner, and M. Koss, "Increased Mastery Elements Associated with Imagery Rehearsal Treatment for Nightmares in Sexual Assault Survivors with PTSD", *Dreaming*, 14, 2004, 195~206.

9 E. Olunu, R. Kimo, E. O. Onigbinde, M. U. Akpanobong, I. E. Enang, M. Osanakpo, I. T. Monday, D. A. Otohinoyi, and A. O. John Fakoya, "Sleep Paralysis: A Medical Condition with a Diverse Cultural Interpretation", *International Journal of Applied Basic Medical Research*, 8, 2018, 137~142.

10 R. J. McNally and S. A. Clancy, "Sleep Paralysis, Sexual Abuse, and Space Alien Abduction", *Transcultural Psychiatry*, 42, 2005, 113~122.

11 같은 책, 116.

12 C. H. Schenck, S. R. Bundlie, A. L. Patterson, and M. W. Mahowald,"Rapid Eye Movement Sleep Behavior Disorder: A Treatable Parasomnia Affecting Older Adults", *Journal of the American Medical Association (JAMA)*, 257, 1987, 1786~1789.

13 Y. Dauvilliers, C. H. Schenck, R. B. Postuma, A. Iranzo, P. H. Luppi, G. Plazzi, J. Montplaisir, and B. Boeve, "REM Sleep Behaviour Disorder", *Nature Reviews Disease Primers*, 4, 2018, 19.

14 R. Broughton, R. Billings, R. Cartwright, D. Doucette, J. Edmeads, M. Edwardh, F. Ervin, B. Orchard, R. Hill, and G. Turrell, "Homicidal Somnambulism: A Case Report", *Sleep*, 17, 1994, 253~264.

15 A. Zadra, A. Desautels, D. Petit, and J. Montplaisir, "Somnambulism: Clinical Aspects and Pathophysiological Hypotheses", *Lancet Neurology*, 12, 2013, 285~294.

16 M. E. Desjardins, J. Carrier, J. M. Lina, M. Fortin, N. Gosselin, J. Montplaisir, and A.

Zadra, "EEG Functional Connectivity Prior to Sleepwalking: Evidence of Interplay between Sleep and Wakefulness", *Sleep*, 40, 2017, https://doi.org/10.1093/sleep/zsx024.

17 D. Oudiette, I. Constantinescu, L. Leclair-Visonneau, M. Vidailhet, S. Schwartz, and I. Arnulf, "Evidence for the Re-Enactment of a Recently Learned Behavior during Sleepwalking", *PLoS ONE*, 6(3), 2011, e18056, https://doi.org/10.1371/journal.pone.001805.

18 C. H. Schenck and M. W. Mahowald, "A Disorder of Epic Dreaming ith Daytime Fatigue, Usually without Polysomnographic Abnormalities, That Predominantly Affects Women", *Sleep Research*, 24, 1995, 137.

14장   깨어 있는 마음, 잠자는 뇌

1 A. Zadra and R. O. Pihl, "Lucid Dreaming as a Treatment for Recurrent Nightmares", *Psychotherapy and Psychosomatics*, 66, 1997, 50~55.

2 Keith M. T. Hearne, "Lucid Dreams: An Electrophysiological and Psychological Study", PhD diss., University of Liverpool, UK, 1978.

3 Stephen LaBerge. "Lucid Dreaming: An Exploratory Study of Consciousness during Sleep", PhD diss., Stanford University, 1980.

4 S. LaBerge, W. Greenleaf, and B. Kedzierski, "Physiological Responses to Dreamed Sexual Activity during Lucid REM Sleep," *Psychophysiology*, 20, 1983, 454~455.

5 M. Dresler, S. P. Koch, R. Wehrle, V. I. Spoormaker, F. Holsboer, A. Steiger, P. G. Samann, H. Obrig, and M. Czisch, "Dreamed Movement Elicits Activation in the Sensorimotor Cortex", *Current Biology*, 21, 2011, 1833~1837.

6 B. Baird, S. A. Mota-Rolim, and M. Dresler, "The Cognitive Neuroscience of Lucid Dreaming", *Neuroscience & Biobehavioral Reviews*, 100, 2019, 305~323.

7 B. Baird, A. Castelnovo, O. Gosseries, and G. Tononi, "Frequent Lucid Dreaming Associated with Increased Functional Connectivity between Frontopolar Cortex and Temporoparietal Association Areas", *Scientific Reports*, 8, 2018, 17798, https://doi.org/10.1038/s41598-018-36190-w.

8 T. Stumbrys, D. Erlacher, and M. Schredl, "Testing the Involvement of the Prefrontal Cortex in Lucid Dreaming: A tDCS Study", *Consciousness and Cognition*, 22, 2013, 1214~1222.

9 U. Voss, R. Holzmann, A. Hobson, W. Paulus, J. Koppehele-Gossel, A. Klimke, and M. A. Nitsche, "Induction of Self Awareness in Dreams through Frontal Low Current Stimulation of Gamma Activity", *Nature Neuroscience*, 17, 2014, 810~812.

10 S. LaBerge, K. LaMarca, and B. Baird, "Pre-sleep Treatment with Galantamine Stimulates Lucid Dreaming: A Double-blind, Placebo-controlled, Crossover Study", *PloS One*, 13, 2018, e0201246.

11 S. A. Mota-Rolim, A. Pavlou, G. C. Nascimento, J. Fontenele-Araujo, and S. Ribeiro, "Portable Devices to Induce Lucid Dreams—Are They Reliable?", *Frontiers in Neuroscience*, 13, 2019, 428, https://doi.org/10.3389/fnins.2019.00428.

12 T. Stumbrys, D. Erlacher, M. Schadlich, and M. Schredl, "Induction of Lucid Dreams: A Systematic Review of Evidence", *Consciousness and Cognition*, 21, 2012, 1456~1475.

13 Paul Tholey, "Consciousness and Abilities of Dream Characters Observed during Lucid Dreaming", *Perceptual and Motor Skills*, 68, 1989, 567~578.

14 T. Stumbrys, D. Erlacher, and S. Schmidt, "Lucid Dream Mathematics: An Explorative Online Study of Arithmetic Abilities of Dream Characters", *International Journal of Dream Research*, 4, 2011, 35~40.

15 T. Stumbrys, "Lucid Nightmares: A Survey of their Frequency, Features, and Factors in Lucid Dreamers", *Dreaming*, 28, 2018, 193~204.

15장   **텔레파시와 예지몽**

1 Edmund Gurney, Frederic W. H. Myers, and Frank Podmore. Phantasms of the Living, 2 vols., London: Trübner and Co., 1886.

2 S. Freud, "Dreams and Telepathy", *International Journal of Psychoanalysis 3*, 1922, 283~305.

3 같은 논문, 283.

4 Gerhard Adler and Aniela Jaffé, eds. C. G. *Jung Letters*, Vol. I, Princeton NJ, Princeton University Press, 1992.

5 C. G. Jung, "Practice of Psychotherapy," in *Collected Works* of C. G. Jung, Vol. 16, ed. Gerhard Adler and R.F.C. Hull, Princeton, NJ, Princeton University Press, 1982, 503.

6 S. Freud, "Additional Notes Upon Dream-Interpretation. (C) The Occult Significance of Dreams", International Journal of Psycho-Analys, 24, 1943, 73~75.

7 같은 책, 74.

8 같은 책, 75.

9 M. Ullman, "An Experimental Approach to Dreams and Telepathy. Methodology and Preliminary Findings", *Archives of General Psychiatry*, 14, 1966, 605~613.

10 S. Krippner, C. Honorton, and M. Ullman, "An Experiment in Dream Telepathy with 'The Grateful Dead'", *Journal of the American Society of Psychosomatic Dentistry and Medicine,* 20, 1973, 9~17.

11 같은 책, 14.

12 Lance Storm, Simon J. Sherwood, Chris A. Roe, Patrizio E. Tressoldi, Adam J. Rock, and Lorenzo Di Risio, "On the Correspondence between Dream Content and Target Material under Laboratory Conditions: A Meta-analysis of Dream-ESP Studies, 1966–2016", *International Journal of Dream Research*, 10, 2017, 120~140.

13 C. Smith, "Can Healthy, Young Adults Uncover Personal Details of Unknown Target Individuals in Their Dreams?", *Explore*, 9, 2013, 17~25.

14 E. Cardena, E., "The Experimental Evidence for Parapsychological Phenomena: A Review", *American Psychologist*, 73, 2018, 663~677, 663.

15 A. S. Reber and J. E. Alcock, "Searching for the Impossible: Parapsychology's Elusive Quest", *American Psychologist*, 2019, Advance online publication, https://dx.doi.org/10.1037/amp0000486.

16 Richard Panek, *The Trouble with Gravity: Solving the Mystery Beneath Our Feet*, Boston, Houghton Mifflin Harcourt, 2019; Richard Panek, "Everything You Thought You Knew about Gravity Is Wrong", *Outlook*, Washington Post, August 2, 2019, https://www.washingtonpost.com/outlook/everything-you-thought-you-knew-about-gravity-is-wrong/2019/08/01/627f3696-a723-11e9-a3a6-ab670962db05_story.html.

후기   **꿈에 대해 우리가 아는 것과 모르는 것**

1 T. A. Nielsen and A. Germain, "Publication Patterns in Dream Research: Trends in the Medical and Psychological Literatures", *Dreaming,* 8, 1998, 47~58.

2 A. Zadra, T. A. Nielsen, A. Germain, G. Lavigne, and D. C. Donderi, "The Nature and Prevalence of Pain in Dreams", *Pain Research and Management 3,* 1998, 155~161.

3 A. E. Commar, J. M. Cressy, and M. Letch, "Sleep Dreams of Sex among Traumatic Paraplegics and Quadriplegics", *Sexuality and Disability 6,* 1983, 25~29.

뇌가 설계하고 기억이 써내려가는 꿈의 과학

당신의 꿈은 우연이 아니다

1판 1쇄 발행 2023년 10월 25일
1판 4쇄 발행 2024년 1월 19일

지은이 안토니오 자드라, 로버트 스틱골드
옮긴이 장혜인
펴낸이 고병욱

기획편집실장 윤현주 **책임편집** 한희진 **기획편집** 김경수
마케팅 이일권, 함석영, 복다은, 임지현
디자인 공희, 백은주
제작 김기창 **관리** 주동은 **총무** 노재경, 송민진

펴낸곳 청림출판(주)
등록 제1989-000026호

본사 04799 서울시 성동구 아차산로17길 49 1009, 1010호 청림출판(주)
제2사옥 10881 경기도 파주시 회동길 173 청림아트스페이스
전화 02-546-4341 **팩스** 02-546-8053

홈페이지 www.chungrim.com
이메일 cr2@chungrim.com

ISBN 979-11-5540-225-2 03400